Tableauで始めるデータサイエンス

Start data science with Tableau

Tomohiro IWAHASHI　Kohei IMANISHI　Hiroshi MASUDA
岩橋智宏・今西航平・増田啓志 著

秀和システム

本書で利用するTableau Prep Builderのフロー、Tableau Desktopワークブック、データ、Jupyter Notebookは、次のURLからダウンロードできます。

https://www.shuwasystem.co.jp/support/7980html/6025.html

本書について

1. 本書の内容は、macOS、Windowsに対応しています。

注　意

1. 本書は著者が独自に調査した結果を出版したものです。

2. 本書は内容に万全を期して作成しましたが、万一誤り、記載漏れなどお気づきの点がありましたら、出版元まで書面にてご連絡ください。

3. 本書の内容に関して運用した結果の影響については、上記にかかわらず責任を負いかねますのであらかじめご了承ください。

4. 本書およびソフトウェアの内容に関しては、将来予告なしに変更されることがあります。

5. 本書の一部または全部を出版元から文書による許諾を得ずに複製することは禁じられています。

商　標

Tableau、記載されているすべてのTableau製品は、Tableau Software Inc.の商標または登録商標です。

はじめに

　データを活用することの重要性は分かっているものの、いざ「**データサイエンス**」と言われると、なんだか難しいもの、自分とは関係のないどこかの「モノ好きなヒト」がやっていることなのでは？　と思う方もいらっしゃるでしょう。

　この本を手にとっていただいたということは、皆さんも何らかの理由でデータを分析し、そこから価値を得たいと思われているのではないでしょうか。一方で、データの山を目の前にして、どこから手をつけたら良いのか途方にくれているという方もいらっしゃるかもしれませんね。

　もしかすると、既にデータサイエンスに関する本を手に取って、コードの多さ・数式の多さにうんざりして本を閉じてしまった！　という方もいらっしゃるかもしれません。

　実は執筆者の一人である私も、そのような一人です……。

　多くのデータサイエンスの教本は、PythonまたはRのコーディングから始まるものが多く、コーディングの経験のない私にとっては、「なかなか勉強を進めるのが難しいな」、(恥ずかしながら)「ちょっと字が多くてツライな……」という感覚を覚えたのも事実です。

　一方で、私は仕事でBI(ビジネスインテリジェンス)ツールである**Tableau**を使ったデータ分析をしていて、データを分析することが楽しくて仕方ありませんでした。

　Tableauはコーディングが要らず、ドラッグとドロップの操作であっという間に**データの可視化**（データビジュアライゼーション）ができてしまう、とても便利なツールです。Tableauを使うとデータ分析は、ワクワクする楽しい作業にすら、なり得ます。データから事実を導き出したり、直感的な操作で「へぇ、そうなんだ！」という新たな知見を得たり、単純に可視化したデータの美しさに感心したりして、データから新たな発見を得ることが感動につながります。

　単なる数字の羅列だったデータが、面白いように色や形を伴って語りかけてくるような感覚を体験できるのです。

はじめに

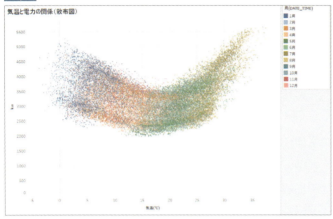

図p.1 Tableauによるデータの可視化の例

　もちろん、過去と現在を可視化することに大きな価値があるのは事実ですが、データは、より多くの可能性を秘めています。機械学習やAIといったデータサイエンスの力を利用して、過去や現在だけでなく、**未来予測**の情報や、私たちの予想を超える新しい真実についても知ることができるではずです。

　そこで、データが持っている可能性を模索するために、機械学習やデータサイエンスの学習を並行して進めていったのですが、学習を進めていくうちに、**データサイエンスのプロセスの中でTableauが持っている便利さと可視化の重要性**を、再認識するようになりました。

　例えば、データの**理解**について、Pythonのコードを書いて同様のことを実現することは、可能ではあります。しかしBIツールを使えば、簡単なドラッグアンドドロップ操作を数回行うことで、ほぼ考えるスピードと同時に答えが浮かび上がってきます。

　データの**準備**についても、やはりPythonでコーディングすることも可能ですが、ツールを使ってグラフィカルにフローを作成しておけば、どの操作をどの順番で実行したのかが一目瞭然となりますし、データが更新されたとしても、同じ操作を何回も再実行することができます。

はじめに

図p.2 Tableau Prep Builderのフロー作成例

つまり、データサイエンスのプロセスの中で、楽ができるところはツールの力を使ってどんどん楽をしてしまえば良いのではないかと思うのです。

そして何より、Tableauを使えば、楽しんでデータサイエンスのプロセスに取り組むことができます。もはや苦痛ではなくて、楽しいからやる……。それだけなのです。

一方、**モデル**の作成については、古典的な機械学習はもちろん、ディープラーニングを含む最新のアルゴリズムが迅速に、かつ無料で利用できる**Python**を利用しない手はないでしょう。

そこで、データの理解、準備についてはTableauが提供するツールを使い、モデルの作成についてはPythonを、そしてその結果をビジネスに活用するためのプレゼンテーションの手段として再びTableauをというように、TableauとPythonをうまく使い分け、補完し合うことで、データサイエンスのプロセスが効率的にかつ楽しく学んでいけると考え、これを実践する本を出版したいと思ったのです。

この本は、「ちょっと難しそう」と思われがちなデータサイエンスも、Tableauなら挑戦できるのではないか？　というアイデアから始まっています。

既にTableauを利用したビジュアル分析を実施していて、更に機械学習を用いた次のレベルのデータ活用にチャレンジしたい方、データサイエンスの本を買ったけれどコーディングと数学で挫折してしまった方に、特に手に取っていただきたいのです。

もちろん、現在データサイエンティストとして活躍されている方でも、「Tableauを使ってもっと効率的

v

はじめに

にデータサイエンスのプロセスを回したい」「魅力的なプレゼンテーションでビジネスサイドを説得したい」と思われているのであれば、是非この本を参考にしていただければ幸いです。

◎ 謝 辞

本書の執筆にあたり、本当に多くの方にご支援・ご教示をいただきました。また、多くの方との奇跡的なご縁で今回、執筆チームのそれぞれの活動が化学反応を起こし、書籍として実を結ぶことになりました。皆様のご支援なしには、本書の出版には至りませんでした。

皆様からの多大なるご支援に心から感謝いたします。

用語の表現方法、専門用語の選定に関してアドバイスをくださった株式会社キカガク講師陣の皆様：酒井 健三郎さん、一花 徳之さん、多森 康二さん、祖父江 誠人さん、山下 公志郎さん、佐川 史弥さん

そもそもの素晴らしい機会をご提供いただいた NEC の新郷 美紀さん

ユースケースのヒントとアドバイスをいただいた株式会社プリンシプル 木田 和廣さん、株式会社パッパーレ 鈴木 瑞人さん、株式会社 SIGNATE 高田 朋貴さん

執筆の先輩としてアドバイスをいただいた Tableau Japan 松島 七衣さん
Tableau Japan から今回の活動を応援していただいた佐藤 豊さん、道山 修一さん、山本 千賀さん、野口 健一さん
「Tableau データサイエンス勉強会」の運営とコミュニティの活性化に貢献をいただいている幹事メンバー・ユーザーの皆様

そして、執筆メンバーの家族、パートナー、親戚の皆様にも毎日の生活の中であたたかいサポートをいただき、改めて感謝いたします。

ありがとうございました！！

2019年9月
『Tableauで始めるデータサイエンス』執筆チーム一同を代表して
岩橋 智宏

Contents 目 次

はじめに ……………………… III

第1章
Tableau「で」始める
データサイエンスとは？

1.1 データサイエンスって何だろう？ ……………………………………… 2

1.2 データサイエンスのプロセスサイクルと
Tableauプロダクト ……………………………………………… 4

1.3 Tableau って何だろう？ ………………………………………………… 13

1.4 Tableau をインストールしてみよう！ ………………………………… 18

   1.4.1 インストール手順 ……………………… 18
   1.4.2 留意事項 ……………………… 25

第2章
基礎体力編

2.1 可視化の基本 ……………………………………………………………… 28

   2.1.1 データ探索を始めよう：プロバスケット選手のショットデータを読み解く
………………………… 28
   2.1.2 データへの接続 ……………………… 35
   2.1.3 時系列データの可視化 ……………………… 37

VII

目　次

2.1.4 ショットタイプによる分析（ツリーマップ）………………………… 52

2.1.5 位置情報の可視化 ……………………………… 71

2.2 データ準備の基本 ————————————————————————— 78

2.2.1 データ準備の必要性 ……………………… 78

2.2.2 Tableau Prep Builder を使ってみよう ……………………… 80

2.2.3 Tableau Prep Builder の基本的な使い方をアメダスデータを使って学ぶ
………… 95

2.3 機械学習の基本 ———————————————————————— 162

2.3.1 機械学習とは ……………………… 162

2.3.2 Python の基礎 ……………………… 173

2.3.3 Python によるデータ操作 ……………………… 191

2.3.4 Python による機械学習の実装 ……………………… 208

2.3.5 精度の検証とハイパーパラメータチューニング ……………………… 217

第3章
実践編：実データでデータサイエンスの サイクルを回してみる

3.1 銀行顧客の定期預金申し込みを推論してみよう！ ………… 228

3.1.1 データの収集 …………………… 229

3.1.2 データの理解 ……………… 230

3.1.3 モデルの作成と評価 ……………… 240

3.1.4 モデルの精度を可視化する ……………… 254

3.1.5 推論の実施 …………… 260

3.1.6 推論結果の利用 …………… 263

3.2 東京23区のマンション価格を推論してみよう！ …………… 280

3.2.1 問題設定 …………… 280

3.2.2 データの収集 …………… 281

3.2.3 データの準備と理解 …………… 282

目次

3.2.4 モデルの作成 ·············· 326
3.2.5 モデルの評価 ·············· 337
3.2.6 推論結果の利用 ·············· 340

3.3 気象情報を考慮して電力需要を推論してみよう！ ·········· 358
3.3.1 問題設定 ·············· 358
3.3.2 データの収集 ·············· 359
3.3.3 データの理解 ·············· 365
3.3.4 時系列分析とは ·············· 371
3.3.5 Prophetによる時系列解析 ·············· 374
3.3.6 Prophetによる時系列解析 -Tableau Desktop を使った評価 ·············· 388
3.3.7 精度向上の試行錯誤 ·············· 398

第4章
展望編

4.1 AIとBI連携の重要性 ·············· 416

4.2 データサイエンティストを目指す次のステップとは ·········· 419
4.2.1 画像 ·············· 420
4.2.2 自然言語 ·············· 420

4.3 データ活用の次のステージ：必要なスキルセットとは ······ 423
4.3.1 ビジネス力 ·············· 424
4.3.2 データサイエンス力 ·············· 425
4.3.3 データエンジニアリング力 ·············· 426
4.3.4 橋渡し力 ·············· 427

4.4 この次にどこを目指していくべきか ·············· 429
4.4.1 横展開型：様々な領域を広く浅く学んでいく ·············· 429
4.4.2 縦展開型：1点集中型で深く突き進めていく ·············· 431

目 次

Appendix
付　録

A.1 Pythonの環境構築 436

A.1.1　Windowsの場合 436

A.1.2　Macの場合 442

A.2 Tabpy Server インストール方法 449

A.2.1　Windowsの場合 449

A.2.2　Macの場合 454

A.3 Tabpy 利用方法の基礎 459

A.3.1　Tabpy Server の起動と接続確認 460

A.3.2　Tabpy Desktop から Python スクリプトを実行する 461

A.3.3　Python コードの中で何が行われているか確認する 465

A.4 Tabpy Client 実行の仕方 472

A.4.1　Tabpy を起動する 473

A.4.2　Jupyter Notebook で事前に関数を定義し Tabpy Server にデプロイする
.... 474

A.4.3　Tableau Desktop での計算式の作成 477

A.4.4　Tabpy Server からの戻り値を可視化に利用 478

A.5 Graphviz のインストールについて 487

A.5.1　Windowsの場合 487

A.5.2　Macまたは上の手順がうまく行かない場合 490

参考文献・著者紹介 493

+++ +++ + tableau

第1章

Tableau「で」始める
データサイエンスとは？

「データサイエンス」ってなんだか難しそうですね。でも、安心してください。
Tableau でデータと会話し、楽しみながら一緒にデータサイエンスの扉を開いていきましょう。

1.1 | データサイエンスって 何だろう？

+ + + + + tableau

　本書のタイトルともなっている「データサイエンス」ですが、実際に「データサイエンスとは何か？」という問いに答えるのはとても難しく、人によって答えが異なるという現状です。

　ある人は情報科学分野の一つとして、統計的なアルゴリズムを駆使し精度の高いモデルを追求することと狭義にとらえるでしょう。

　ソフトウェア工学の一つとして、データ活用を目的とするシステムを構築し届けること、そしてそれを運用していくこととととらえる人もいるでしょう。

　データの力を利用したビジネスプロセスの改善や改革を目的とし、ビジネスにどのようなインパクトを与えるかに大きな関心のある人もいるでしょう。

　これらはどれもデータサイエンスの側面で、どれが正しいということはありません。ただ、「**データから何らかの価値を産み出そうとする意志**」はどれにも共通していると言えます。

　加えて、ただデータを蓄え、検索して可視化するというだけではなく、統計学、機械学習といった技術的・科学的なアプローチを加え、人間が持っている力を拡張したり、時にそれを超えるような力で過去実現しなかったことが実現できるといった期待感が「データサイエンス」に込められていると考えます。

図1.1.1 「データサイエンス」の色々な側面

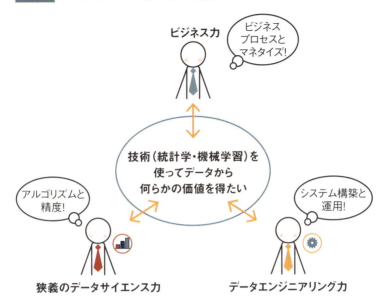

1.2 データサイエンスのプロセスサイクルとTableauプロダクト

ここでは、データサイエンスのプロセスを俯瞰的に見れるように、その進め方について紹介します。

今、データがあるからと言って、ある日突然そこから価値が生まれるわけではありません。そして何より試行錯誤の連続が必要になります。

そこで、データサイエンスのプロセスをどうやって進めていくかの指針（心のよりどころ）が必要になってくるわけです。このプロセスの進め方(**フレームワーク**)の代表格が、CRISP-DM（Cross-Industry Standard Process for Data Mining)です。

CRISP-DM自体はデータサイエンスという言葉が生まれる以前の「**データマイニング**」のためのフレームワークとして作られたものですが、現代のデータサイエンスの進め方の指針としても大変有用です。本書でも、このCRISP-DMの中でどの部分を実施しているのかを意識できるように構成しています。CRISP-DMには、データサイエンス（データマイニング）を進めるにあたって「**6つのステップ**」があると定義されています。これらを順に見ていきましょう。

図 1.2.1 CRISP-DM とは？

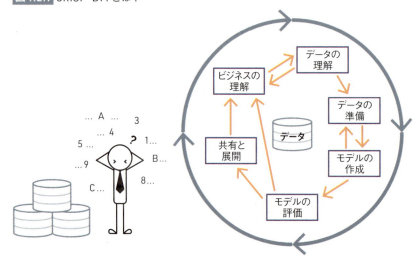

➕①ビジネスの理解

　ビジネスの全体像を理解した上で課題を設定し、プロジェクトの目的をあきらかにするステップです。要するにデータを活用して何を実現したいのか、どんな課題を解決したいかゴールを決めます。

　例えば売上、利益の低下を食い止めたい、顧客の解約率を改善したい、需要予測をして不良在庫率を削減したい等です。何のためにやっていたのだっけ？　といった状態にならないようプロジェクト内で合意を取ることおよび、効果を明確に評価するためにKPIを設定することが重要です。

➕②データの理解

　「①ビジネスの理解」で策定したビジネス課題を解決するために、現状どのようなデータがあるかを確認し、実施したい分析をするために十分なデータが揃っているか、不十分である場合、どのようなデータが更に必要かを確認します。

　外れ値、欠損値の確認、データの分布、データ同士の相関関係もここで把握します。また、次のステップであるデータの準備においてどのような準備作業が必要になるのかもここであたりを付けます。この作業は**Tableau Desktop**により探索的な可視化を行うことで作業効率がグッと上がります。

第1章 | Tableau「で」始めるデータサイエンスとは？

図1.2.2 CRISP-DM（②データの理解）

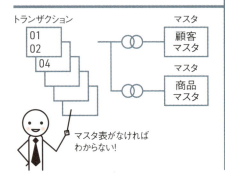
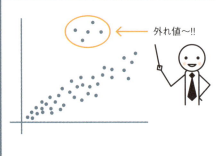

＋③データの準備

　データを、分析に適した形に**整形**します。実際、「データ分析の8割はデータの準備」といわれるほど、地道ではありますが重要な作業です。

　多くの場合、入手できる生データは整形されていない（汚い）データです。そのため、分割された表の統合、結合、フォーマットの変換、外れ値の除去、NULL値の処理、表記の揺れの統一、カテゴリ変数のダミー変数化、特徴量を作成する……等、様々な処理を行います。**Tableau Prep Builder**を用いると、このような複雑な処理をグラフィカルに定義し実行可能なフローとして定義することができます。

1.2 データサイエンスのプロセスサイクルとTableauプロダクト

図1.2.3 CRISP-DM（③データの準備）

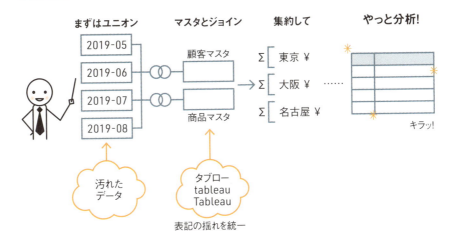

➕④ モデリング

課題を解決するために、統計的なアプローチを使って**モデル**を構築します。

　具体的には、多変量解析や機械学習の手法を使ったモデルを作成します。通常、目的ごとに複数のモデルを作成し、あらかじめ定めた指標をもとに、どのモデルを利用するのかを評価指標をもとに評価結果から決定します。もちろん、データを可視化し理解することで目的が達成される場合もあります。しかし今後データ活用は、人間の理解を超えて機械学習やAIの力を借りた推論、予測へと広がりを見せていくでしょう。このフェーズでは豊富な機械学習アルゴリズムを提供する**Python**を利用しましょう。

> **column　モデルって何？**
>
> 　機械学習の世界ではよくこの「モデル」という言葉が、「モデル」とか「学習モデル」といった使い方で登場します。「モデル」の定義を厳密に説明するのはとても難しいのですが、ここでは、今既にあるデータの中から導きだされる、法則だったりルールのようなものと考えると分かりやすいかもしれません。この「モデル」ができてしまえば、新しいデータが来た時に、そのデータに対する「答え」

をルールに当てはめて予測・推論することができます。

例えば、昨日の平均気温が30℃でビールが100ケース売れたとします。今日は平均気温が31℃で150ケース売れたとします。明日の平均気温は32℃と天気予報が言ったとしたら、明日は何ケースビールが売れるでしょう？

今日より売れそうですよね？　暑い時は喉も渇きますよね？　気温が1℃上がるごとに50ケース売れるという法則があるとすれば、明日は平均気温が32℃ならば、200ケースくらい売れるんじゃないでしょうか。

この「平均気温が1℃上がるとビールが50ケース売れる」という法則が「モデル」で、これは昨日と今日のデータを学習してできたものです。明日売れるビールが何ケースかは分かりませんが、「ヒント」になる平均気温（入力変数または説明変数）をモデルに当てはめて、知りたい結果（出力変数または目的変数）を予測・推論しています。

機械学習では訓練データと呼ばれる過去のデータをコンピュータの力で学習し、コンピュータが自ら「モデル」を発見し、未来の予測やものごとの分類に利用しています。

図1.2.4 CRISP-DM（④モデリング）

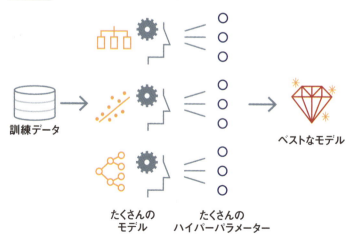

⑤評価

「④モデリング」で作成したモデルが「①ビジネスの理解」で定義したビジネスの目標を達成するために適切か（十分な**精度**が出るか）をビジネス観点から評価します。

評価の方法としては、実際のデータと予測値の誤差や正解率を検証します。モデルの精度の評価にあたっては、モデルを作るために利用したデータセット自体についての精度（**当てはまりの良さ**）だけでなく、モデル作成には使われない全く新しいデータについても適用できることを確認します。Pythonでも精度のスコアを検証することができますが、Tableauを使うと、更にどの部分で誤差が出ているのか深堀して究明し、ドメイン知識（業務や経験に基づく知識）と結び付けて機械に入力する、新しいデータを作り出すことも可能です。

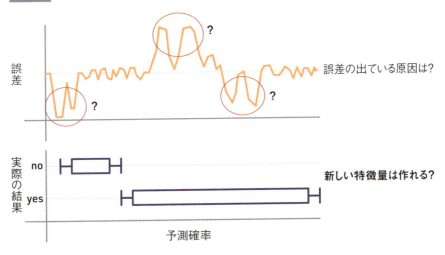

図1.2.5 CRISP-DM（⑤評価）

⑥共有・展開

分析結果を組織内で共有し、ビジネスアクションとして適用するための具体的な計画を立案・実施します。

「⑤評価」で得られた予測値の精度がどんなに高かったとしても、それを共有し、ユーザーが意思決定できるような形で提供できなければ、価値を最大化することが

第1章 | Tableau「で」始めるデータサイエンスとは？

できません。そのために、予測結果をどのように表現するか（プレゼンテーションの方法）も重要になります。Tableauの**ダッシュボード**による予測結果の可視化や、**Tableau Server / Online**を使った組織内でのインサイトの共有とコラボレーションが有用です。

図1.2.6 CRISP-DM（⑥共有と展開）

共有と展開

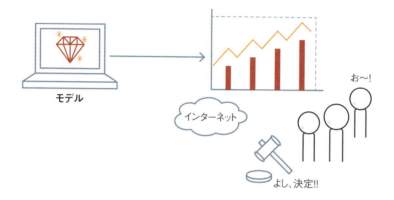

➕「①ビジネスの理解」に戻る

　　以上のプロセスの結果として実施したアクションが、ビジネス上の効果をもたらしたかどうかを、事前に設定したKPIを元に評価し、さらなる改善のために、このサイクルを繰り返します。

　　ただし、① ⇒ ② ⇒ ③ ⇒ ④ ⇒ ⑤ ⇒ ⑥と順番に繰り返すという訳ではありません。
　　③データの準備の後にもう一度②のデータ理解に戻ったり、⑤評価の結果、③データの準備、④モデリングに戻ったりと、行ったり来たりのトライアンドエラーを繰り返すことになります。

　　「どうせトライアンドエラーを繰り返すのだったら、このようなフレームワークなんて必要ないんじゃないだろうか？」と思われる方もいらっしゃるかもしれませんね。しかし、トライアンドエラーを繰り返すからこそ、自分が今どこで何をやっているのかを意

識する必要が出てくると感じています。地道で膨大な準備作業や、モデルの精度が出ずに落ち込んだ時に、全体を俯瞰して「今いる場所」がどこなのかを意識することで、データ分析の樹海から抜け出すこともできるのではないでしょうか。

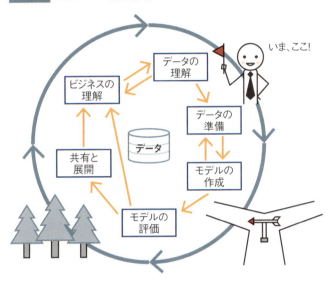

図1.2.7 CRISP-DM（俯瞰図）

＋CRISP-DMのプロセスと本書の構成

　本書の第2章では、「基礎体力編」と題して、CRISP-DMのステップの各要素にフォーカスします。

　「データの理解」について、2.1「可視化の基本」にて、Tableau Desktopを利用して学習します。

　「データの準備」について、2.2「データ準備の基本」にて、Tableau Prep Builderを利用して学習します。

　「モデリング」については、2.3「機械学習の基本」にて、Pythonの基本的な構文から始めてモデルの作成、Pythonでの評価方法までを学習します。

　第3章では、「実践編」と題して、CRISP-DMのステップを組み合わせ、与えられたデータを元にデータサイエンスのプロセスを回して、そこから価値を産み出すことに挑戦していきたいと思います。

第1章 Tableau「で」始めるデータサイエンスとは？

図1.2.8 CRISP-DMにおけるTableauプロダクトの役割分担

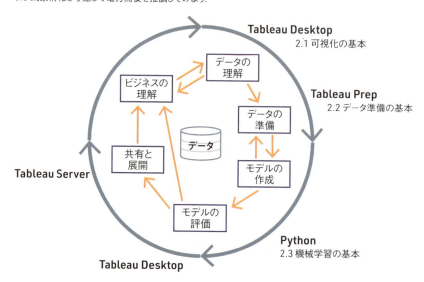

1.3 Tableau って何だろう?

　ここで、「Tableau っていったい何?」という方のために、Tableau 製品のラインアップについて少し詳しく説明します。

　Tableau は BI (ビジネスインテリジェンス) ツールとして始まった製品ですが、今はデータから価値を産むための総合的なプラットフォームとして、製品ラインアップを広げています。大きく分けて、3つの製品カテゴリがあります。

- ① Tableau Prep
- ② Tableau Desktop
- ③ Tableau Server / Online

図 1.3.1 Tableau プロダクトのラインアップ

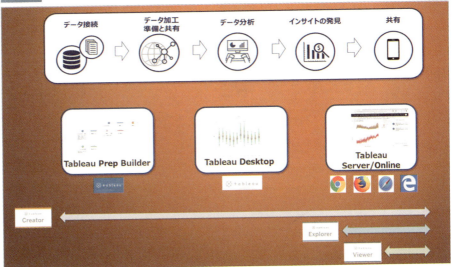

第1章 | Tableau「で」始めるデータサイエンスとは？

➕① Tableau Prep (Builder / Conductor)

Tableau Prep Builder は、分析の前にデータを **準備** するためのツールです。

データの結合、分析に適した形式への変換、クリーニングを、より多くの人が短時間で確実に行うことを可能にします。まずは、データフローを構築するための Tableau Prep Builderを利用しますが、組織全体でフローをサーバー上でアップロード共有し、スケジュール実行や実行履歴管理をするために Tableau Prep Conductorが利用できます。

図1.3.2 Tableau Prep Builder 画面

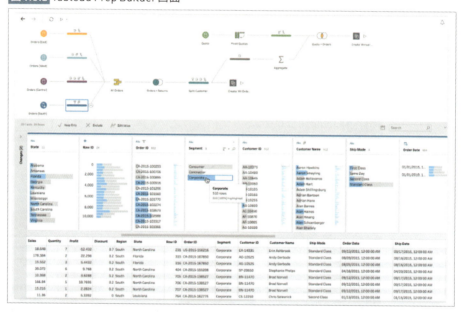

➕② Tableau Desktop

Tableau Desktopは、PC上にインストールするクライアントソフトウェアです。

データに接続し、ドラッグアンドドロップの操作で簡単にデータの可視化ができます。「これってどうだろう？」と思ったときに、見たい項目をドラッグするだけで、次の瞬間には見たい結果が見られる……。そんな心強いツールです。データ探索に強みを持つセルフサービスBIというカテゴリのツールになります。

1.3 | Tableau って何だろう？

図 1.3.3 Tableau Desktop 画面

③ Tableau Server / Online

　Tableau Online と Tableau Serverは、作成したワークブックやダッシュボードを組織内で共有し、コラボレーションするためのプラットフォームです。

　Webブラウザーがあり、ライセンスユーザーであれば、誰でも・どこからでもレポートを共有することができます。また、ユーザーごとの細かなアクセス管理やサイトの分割管理が可能です。まとめると以下の3点の機能が提供されます。

(1) データやワークブックの共有機能

　データソースやワークブックを一元管理しつつ、モバイルアプリでも閲覧可能です。更にコメントや配信機能、バージョン管理の機能等も充実しております。

(2) Webでの分析・編集機能

　Tableau DesktopをPCにインストールすることなく、Webブラウザーさえあればどこからでもワークブックを作成、編集、閲覧可能です。

◉ (3) アクセス管理機能

　管理ビューを使用することで、誰がいつどのワークブックを閲覧していたかを簡単に把握することが可能です。またユーザーやグループ、プロジェクト（フォルダのようなもの）を使用して権限設定を行うことも可能です。

　Tableau Online は、完全クラウドベースの分析プラットフォームです。サーバーの管理は不要であり、安全かつスケーラブルです。また、ハードウェアを維持する必要がありません。

　Tableau ServerはTableau Online のオンプレミス版で、企業のイントラネット内もしくは、AWSやAzure、GCP等のIaaS上にTableau Serverを立てたい場合に利用します。

図1.3.4 Tableau Server / Online - ブラウザー 画面

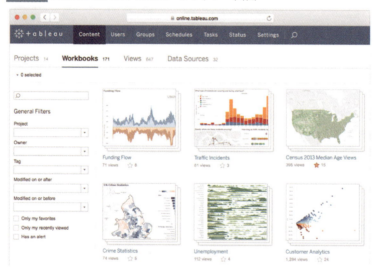

✚ ライセンス体系

　これらのプロダクトを利用するためのライセンス体系として、以下のロールがあり、組織の中でのデータ分析に対する取り組みの役割に応じて適切なロールを選択することができます。

◉ Creator

パワーユーザー向けです。

Tableau Prep Builder、Tableau Desktop、Tableau Server / Onlineの全ての
プロダクトを利用することができます。データソースの定義と共有を含めほとんどすべ
ての操作が可能です。

◉ Exploler

Tableau Server / Onlineにて、Webブラウザーベースでの利用となります。ワー
クブックのWeb上での編集、閲覧および、Viewerでできる全ての操作が可能です
（データソースの定義と共有はCreatorが実施する必要があります）。

◉ Viewer

Tableau Server / Onlineにて、Webブラウザーベースでの利用となります。基本
的に閲覧ユーザー向けです。フィルタやパラメータ変更等のインタラクティブな操作
が可能です。

表1.1.1 ライセンスとソフトウェアの関係

	Tableau Prep Builder	Tableau Desktop	Tableau Server / Online
Creator	○	○	○（作成・編集可）
Explorer			○（作成・編集可）
Viewer			○（閲覧）

詳細については、こちらのリンクを参照ください。

Tableauの新しいライセンスプログラムで「データをすべての人に」が現実に

https://www.tableau.com/ja-jp/about/blog/2018/3/tableau-announces-new-
offerings-84436

1.4 Tableauを インストールしてみよう！

1.4.1 インストール手順

　データ分析の冒険の旅に出る前に、装備を整えましょう。まずはTableau Desktopをインストールしましょう。インストールの手順はとっても簡単です。

❶「Tableau」「ダウンロード」でWeb検索し、「Tableauを今すぐダウンロード」のページを開きます。

図1.4.1 Tableauを今すぐダウンロードのページを検索

❷「Tableauを今すぐダウンロード」ページから「無料トライアルを開始する」ボタンをクリックします。

1.4 | Tableauをインストールしてみよう！

図1.4.2 Tableau Desktop無料トライアルの開始

❸環境に応じたインストールイメージのダウンロードが始まります。

図1.4.3 Tableau Desktopインストーラー・ダウンロードの開始

❹ダウンロード済みのインストーラーを起動します。「このライセンス契約書の条件を読んで同意します」をチェックしてインストールボタンをクリックします。

図1.4.4 Tableau Desktop インストーラー起動

❺インストールが始まります（「このアプリがデバイスに変更を加えることを許可しますか？」というポップアップが出る場合は「はい」をクリックします）。

図1.4.5 Tableau Desktop インストール開始

❻ライセンスについて選択します。有効なライセンスを持っている場合は「プロダクトキーを使用したライセンス認証」を選択します。まだライセンスを購入していない場合は「今すぐ使用を開始」を選択し、14日間のトライアルを開始します。

図1.4.6 Tableau ライセンスの選択

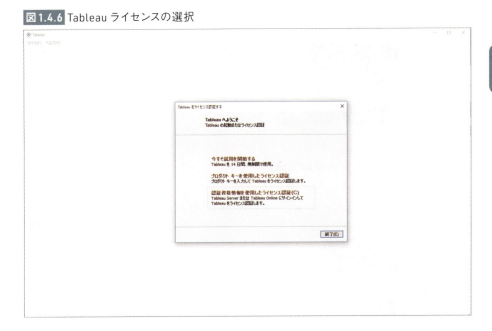

❼無料トライアルを選択する場合、メールアドレスを登録し続行をクリックして、製品の試用を開始します。

図1.4.7 登録の完了

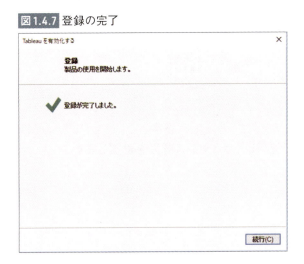

❽プロダクトキーの入手が完了した場合、ライセンスを追加することができます。「ヘルプ」→「プロダクトキーの管理」を選択します。

図1.4.8 プロダクトキーの管理の選択

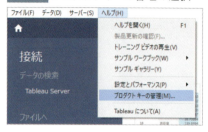

❾ライセンス認証を選択します。

図1.4.9 プロダクトキーの管理ポップアップ

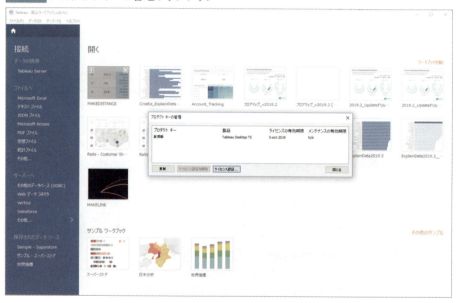

❿プロダクトキーを使用したライセンス認証を選択します。

1.4 | Tableauをインストールしてみよう！

図1.4.10 ライセンス認証の選択

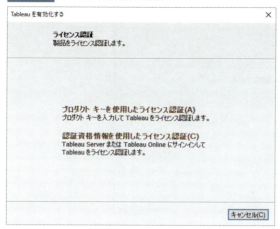

⓫入手しているプロダクトキー番号を入力します。

図1.4.11 プロダクトキーの入力

⓬ライセンス認証が完了します。

第1章 | Tableau「で」始めるデータサイエンスとは？

図 1.4.12 ライセンス認証完了

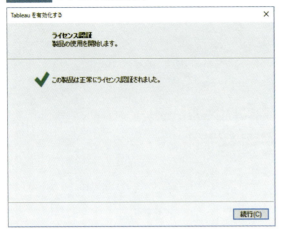

❸ Tableau Desktopのインストールが完了しました！

「日本分析」などのサンプルワークブックをクリックするとサンプルのワークブックを開いてみることができます。

また、画面左側の「接続」ペインからテキストファイルやEXCEL、その他のデータソースにすぐに接続ができるようになっています。

図 1.4.13 Tableau Desktop スタート画面

1.4 | Tableauをインストールしてみよう！

❹ **Tableau Desktopのバージョンを確認します。**

「ヘルプ」⇒「Tableau について」を選択するとTableau Desktopのバージョンが表示されます。

この本では、2019年9月にリリースされた**バージョン2019.3**の利用を前提とします。

Tableau Desktopは、コンピューター上に複数のバージョンを同時にインストールすることができます。もし古いバージョンのTableau Desktopをお使いの方は、バージョン2019.3 をダウンロードしてインストールしてください。Windowsのスタートメニューまたは MacのLaunchpadから起動したい Tableau Desktopのバージョンを指定することができます。

図1.4.14 Tableau Desktop バージョン確認

1.4.2 留意事項

ご利用の古いバージョンのTableau Desktopはアンインストールする必要はありませんが、新しいバージョンで保存したワークブックは、"基本的には"古いバージョンでは開くことができなくなります（任意のバージョンでエクスポートする必要があります）。

明示的にバージョンを選択してインストールをしたい場合、以下のリンクからダウンロードしてください。

https://www.tableau.com/support/releases

ライセンス版を購入するまでに時間がもう少し必要という場合は、Tableau Desktopの機能限定版である**Tableau Public**（インストールプログラム）が利用できます。Tableau Publicはこちらからダウンロード可能です。

https://public.tableau.com/ja-jp/s/download

なお、「Tableau Public」には、インストールして利用するプログラムとしてのTableau Publicと、Web上でワークブックを共有するパブリックスペースとしてのTableau Publicの二つの意味があります（少し紛らわしいですが……）。

Tableau Publicには、Tableau Desktopと比較して以下の制限があります。

- 接続できるデータソースは Excel、CSV、Google スプレッドシート等で、データベースサーバーには接続できない
- 作成したワークブック (ワークシートやダッシュボードをまとめたもの) は Tableau Public というウェブ上のパブリックスペースにのみ保存可能であり、誰でも見られてしまうためセキュアなデータには利用できない
- Tabpy Server を含め外部接続サービスには接続できない

使用感を試すという目的ではTableau Publicを使用して練習し、必要になったタイミングでTableau Desktopに切り替えるという選択肢もあります。

本書では、Tableau Desktopの他に、Tableau Prep Builder、Python環境とJupyter Notebookのインストールも必要になりますが、これらについては巻末にインストール方法を掲載しますので、必要に応じて参照してください。

さぁ、これでデータ分析の冒険の準備が整いました。早速、**第2章**からデータ分析を楽しんで、課題に挑戦していきましょう！

第2章
基礎体力編

第1章で考えた「Tableauでデータサイエンスに取り組む」ことの意味を踏まえ、
データの「可視化」「前準備」「モデルの作成と評価」といった
基礎知識を身につけることにしましょう。

2.1 | 可視化の基本

2.1.1 データ探索を始めよう：プロバスケット選手のショットデータを読み解く

　データを探索して、新しいひらめきや隠された知見を探し当てた時、心がときめきますね。Tableauを使うとドラッグアンドドロップ操作で簡単にデータを探索し理解を深めることができますよ！

　では早速、データ探索を始めてみましょう。

　この節では、アメリカ・プロバスケットボールのレジェンドであるコービー・ブライアント（Kobe Bryant）選手の20年間にわたるショットのデータを探索します。

図2.1.1 コービー・ブライアント選手（出典：ウィキペディア）

2.1 | 可視化の基本

まず、Kaggleからこちらのデータセット（https://www.kaggle.com/c/kobe-bryant-shot-selection）をダウンロードします。URLを打ち込むのを省略したい方はGoogleで「Kaggle」「Kobe」と検索していただくと1番上の検索結果に表示されます。

➕ダウンロード方法

❶「Data」を押下

図 2.1.2 Kaggle Kobe Bryant Shot Selection のページ (Overview)

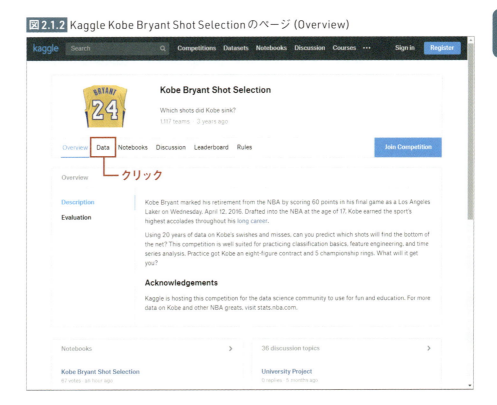

❷「Download All」を選択

図 2.1.3 Kaggle Kobe Bryant Shot Selection のページ (Data)

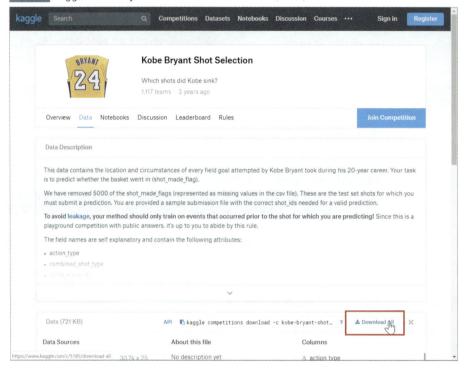

❸ 任意の方法でログイン

例として、メールアドレスを利用するケースを記載します。

❸-1：Kaggle が初回の場合「Register」を押下

図 2.1.4 Kaggle ログイン画面

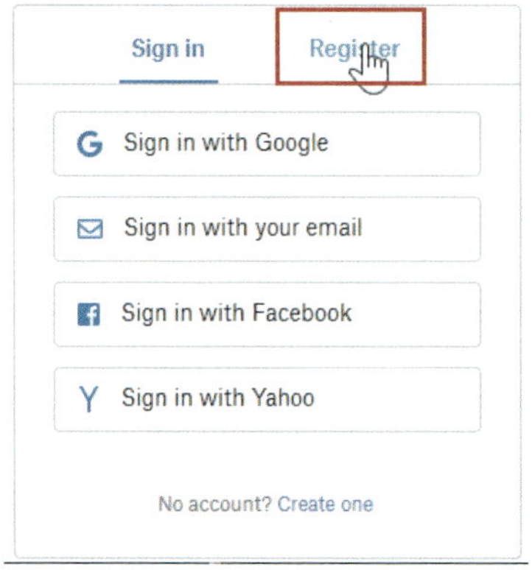

❸-2：「Register with your email」を選択

Googleアカウントで登録したい場合は「Register with Google」を選択します。

図 2.1.5 Kaggleアカウント登録画面

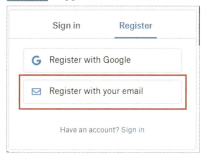

❸-3：必要な項目を入力して「Get Started」

図 2.1.6 Kaggleアカウント登録画面（詳細）

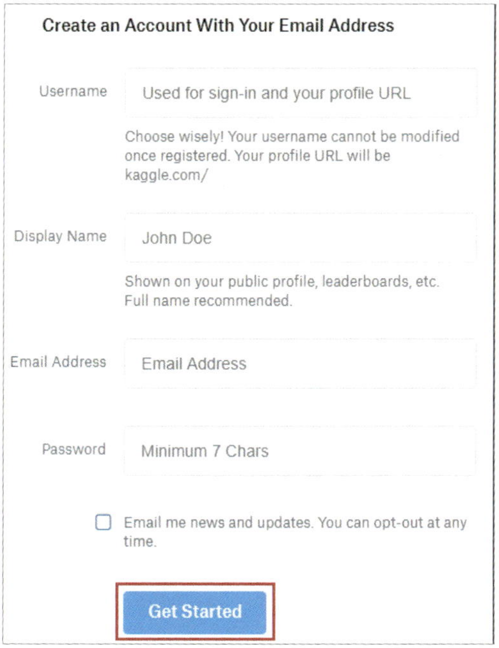

●-4：Terms of Use と Privacy Policy を読み、2つの「I agree」にチェックを入れて「Create Account」を選択

図2.1.7 Kaggle アカウント登録画面（利用規約）

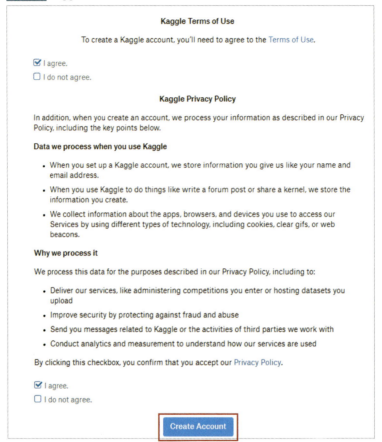

●-5：作成したアカウントでログイン

2.1 | 可視化の基本

図2.1.8 Kaggle Kobe Bryant Shot Selection のページ (Overview、ログイン後)

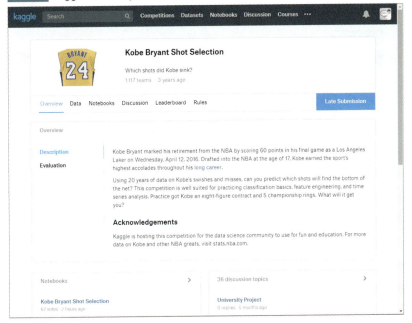

❹ 「I understand and Accept」を選択

図2.1.9 Kaggle Kobe Bryant Shot Selection のページ (Rules)

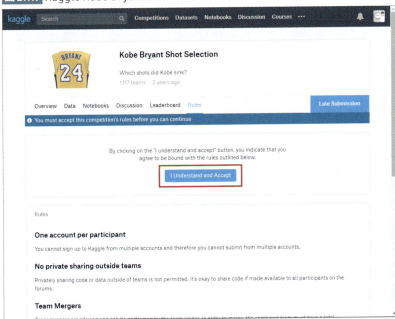

❺「Data」を選択

図2.1.10 Kaggle Kobe Bryant Shot Selection のページ（Rules、同意後）

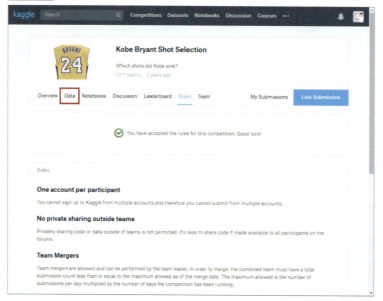

❻「Download All」を選択

図2.1.11 Kaggle Kobe Bryant Shot Selection のページ（Data）

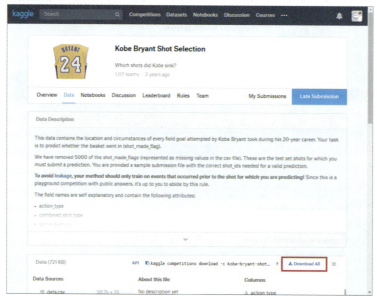

「kobe-bryant-shot-selection.zip」がダウンロードされます。

2.1.2 データへの接続

先ほどダウンロードした「kobe-bryant-shot-selection.zip」のファイルを解凍しておきます（右クリックして「すべて展開」してください）。

図 2.1.12 ダウンロードファイル

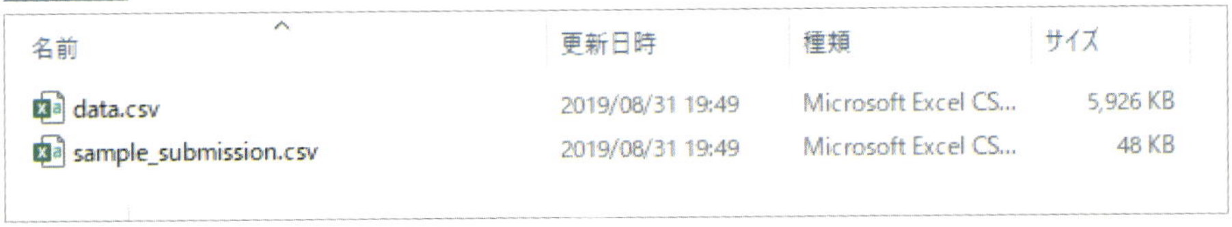

名前
更新日時
種類
サイズ
data.csv
2019/08/31 19:49
Microsoft Excel CS...
5,926 KB
sample_submission.csv
2019/08/31 19:49
Microsoft Excel CS...
48 KB

次に、Tableau Desktopを起動し、「テキストファイル」→「data.csv」を選択します。

❶「テキスト ファイル」を選択

図 2.1.13 Tableau Desktop 接続画面

接続
データの検索
Tableau Server
ファイルへ
Microsoft Excel
テキスト ファイル
JSON ファイル

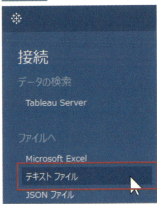

❷「data.csv」を選択して「開く」を押下

図 2.1.14 テキストファイル選択画面

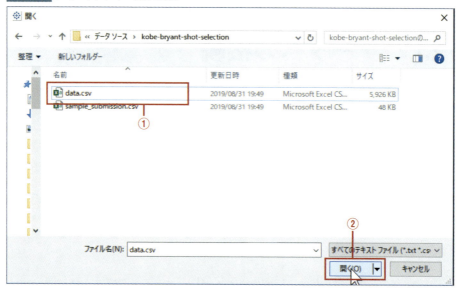

ざっとデータ項目を眺めるところところから始めます。

どんな情報があるでしょう？

図 2.1.15 データソース画面

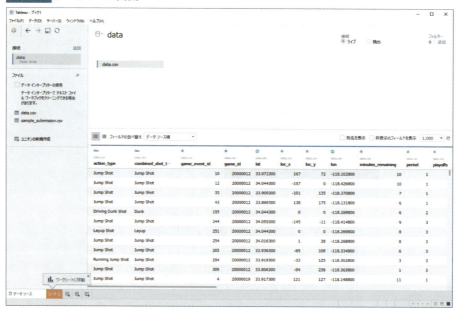

shot_idがあるので、一つひとつのショットに対してユニークな番号で、1レコードに付き1ショット※で記録されているようです。

※表記は「シュート」のほうが馴染みがあると思いますが、正しくは「ショット」のようなので本説明では「ショット」に統一させていただきます。

game_idは行われた試合のID、試合が行われた日付もgame_dateとしてあるようです。

action_typeやcombined_shot_typeは、そのショットがどのようなタイプだったか（ダンクショットとか）のようです。

位置情報のようなものもありますね……。早速、可視化を進めながらデータの理解を進めていきましょう。

データ分析を始める際に、全体を眺めて大まかにどのような項目があるのか、それがどういう意味の項目なのか想像することが大切です。

> **point**
> 何がキー項目なのかをチェックしましょう。つまり一つのレコードが何の単位なのかを確認します。

2.1.3 時系列データの可視化

まず、時系列の切り口で何が見えるか分析してみましょう。

❶ 左下の「シート1」を押下

図2.1.16 シート選択

シート1を開くと左側に「ディメンション」と「メジャー」の項目があります。すべての項目はTableauによって自動的に割り振られます。**ディメンション**とは分析の軸で、**メジャー**は数値項目です。

図 2.1.17 ディメンションとメジャー

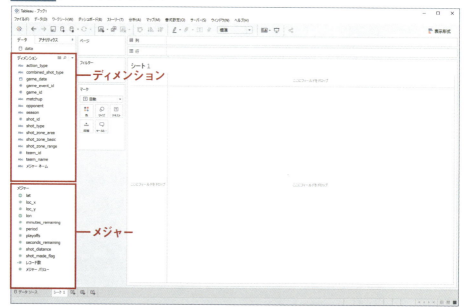

❷ディメンションの「game_date」を右クリックしながら列にドラッグし、「月/年(game_date)」を選択

図 2.1.18「game_date」

2.1 | 可視化の基本

図 2.1.19 「game_date」を列に設定

図 2.1.20 「月/年(game_date)」を選択

図 2.1.21「game_date」を列に設定した後の状態

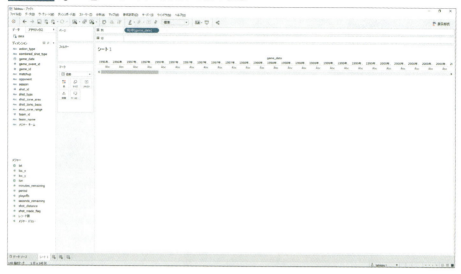

❸ディメンションの「shot_id」を右クリックしながら行にドラッグアンドドロップし、「カウント (shot_id)」を選択

図 2.1.22「shot_id」を選択しドラッグ

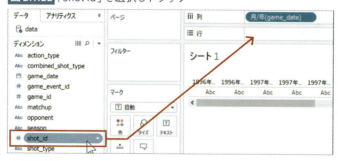

図 2.1.23「shot_id」を行に設定

2.1 | 可視化の基本

図2.1.24 「カウント(shot_id)」を選択

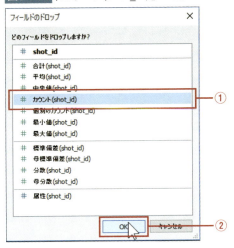

すると、年月ごとのショット数が表示できます。

図2.1.25 ショット数の時系列推移

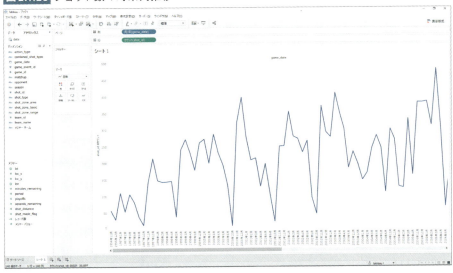

次に折れ線グラフから棒グラフに変更してみましょう。

❹ マークのグラフの種類（デフォルトは「自動」）を押下し、「棒」を選択して表示形式を棒グラフに切り替え

41

第 2 章 | 基礎体力編

図 2.1.26 マークのグラフの種類（自動）

図 2.1.27 マークのグラフの種類（棒）

図 2.1.28 ショット数の時系列推移（棒グラフ）

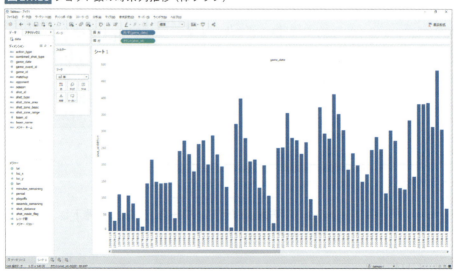

周期的に波があるようです。またショットのない月もありますね。

「season」を列（「game_date」の前）に入れてみると、NBAのシーズンは毎年5月頃始まり、10月頃に終わるようです。

図2.1.29「season」を選択しドラッグ

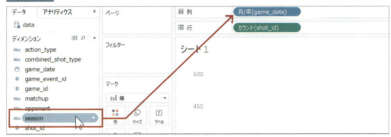

図2.1.30「season」を列に設定

図2.1.31 ショット数の時系列推移（年月、season単位）

「season」の切り口で見たほうがわかりやすそうですね。

列にある「月/年(game_date)」を削除して、「season」の単位で見てみましょう（列にある「月/年(game_date)」を外に出しましょう）。

図 2.1.32 「月/年(game_date)」を削除

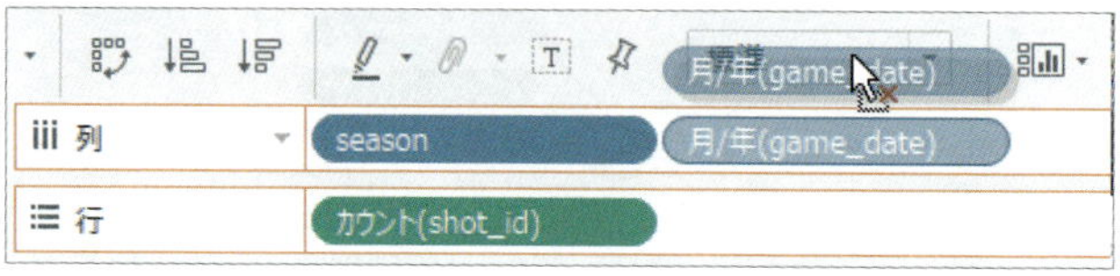

図 2.1.33 ショット数の時系列推移（season単位）

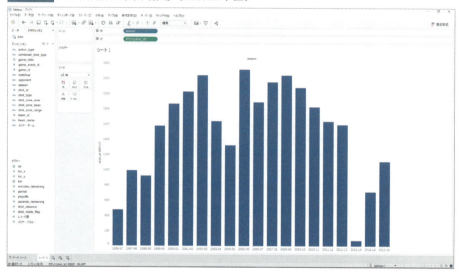

❺ メジャーの「shot_made_flag」をディメンションに変更し、マークの色にドラッグ&ドロップして、ショットの成功率を色で表示

成功（1）を青色、失敗（0）を赤色で表示しましょう。

表 2.1.1 メジャー「shot_made_flag」の意味

メジャー	値	意味
shot_made_flag	1	成功
	0	失敗

図 2.1.34「shot_made_flag」をディメンションに変換

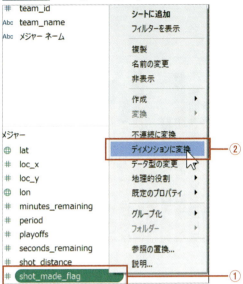

図 2.1.35「shot_made_flag」をディメンションに変換後

図 2.1.36「shot_made_flag」をマークの色に設定

図2.1.37 ショット数の時系列推移（成功と失敗で色分け後）

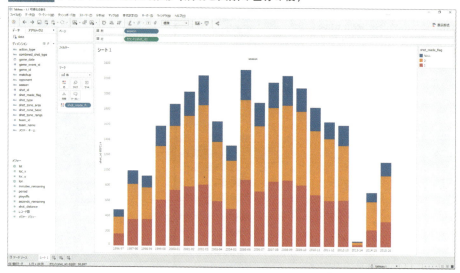

NULLの値を除外して、失敗（0）の値を赤色、成功（1）を青色に変更しましょう。凡例のNULLの項目をクリックして、「除外」を選択してください。

図2.1.38 色の凡例

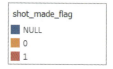

図2.1.39 NULLの除外

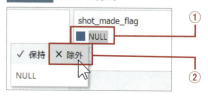

マークの「色」をクリックして、「色の編集」を選択してください。

2.1 | 可視化の基本

図2.1.40 マーク

図2.1.41 マークの色

図2.1.42 色の編集画面（編集前）

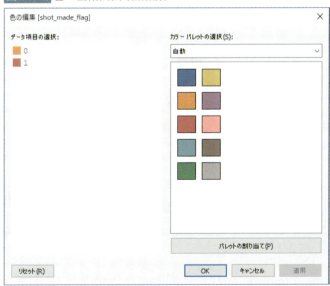

色を編集したら「OK」ボタンを押下してください。

47

図 2.1.43 色の編集画面（編集後）

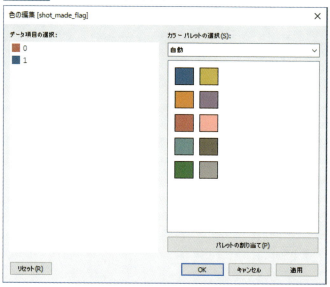

図 2.1.44 ショット数の時系列推移（NULL除外、色修正後）

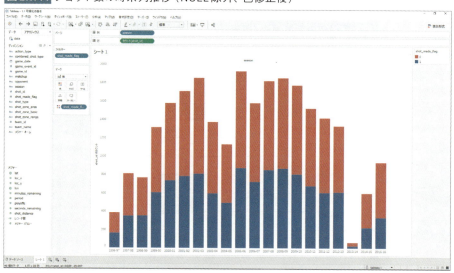

　シート名を「シート1」から「時系列分析」に変更しましょう。
　シート名をダブルクリックするか、シート名を右クリックして「名前の変更」を選択して、「時系列分析」と入力してください（シート名を変更後、自動的にタイトルも変更されるはずです）。

2.1 | 可視化の基本

図2.1.45 シートの「名前の変更」

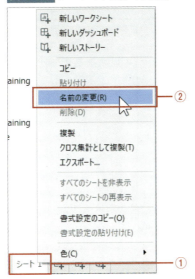

図2.1.46 ショット数の時系列推移(シート名修正後)

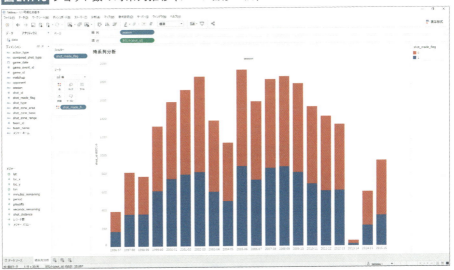

次に、ショット数の「合計に対する割合」で表示します。

❶「カウント(shot_id)」を右クリック →「簡易表計算」→「合計に対する割合」を選択

第 2 章 | 基礎体力編

図 2.1.47 「簡易表計算」の「合計に対する割合」

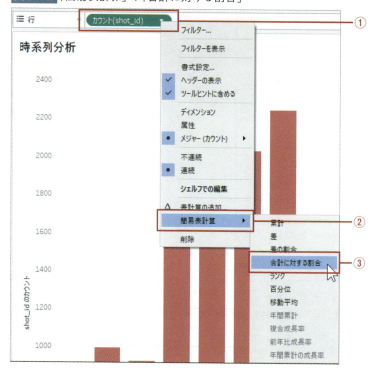

❷ 再度、「カウント (shot_id)」を右クリック →「次を使用して計算」→「セル」を選択

図 2.1.48 計算方法を「セル」単位に変更

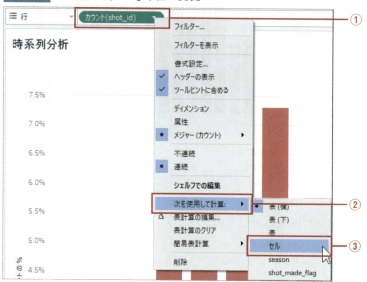

❸「ラベル」を表示

マークの「ラベル」を選択して、「マークラベルを表示」にチェックを入れましょう。

図 2.1.49 マーク

図 2.1.50 マークのラベル

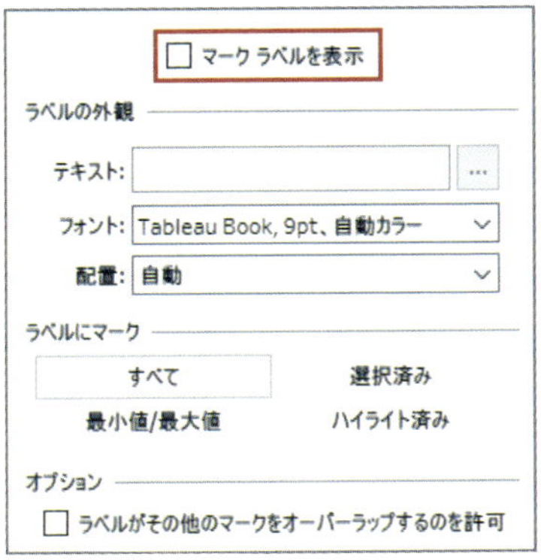

図 2.1.51 「マーク ラベルを表示」を選択

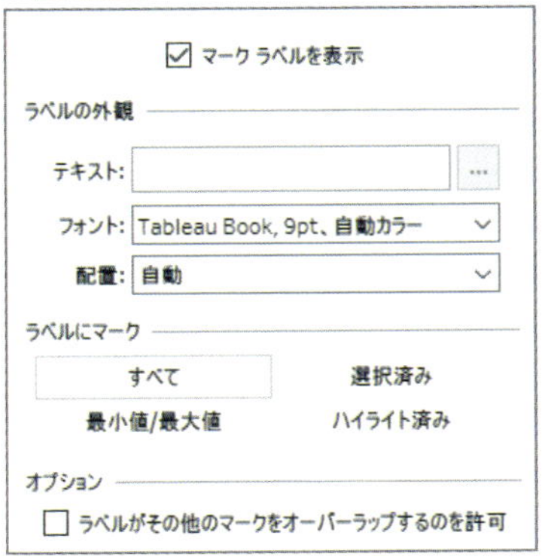

シーズンごとの得点率がわかります。現役生活を通して40パーセントを超えるショッ

トの成功率です。引退が迫るにつれて成功率は落ちていることがわかります。

図 2.1.52 ショット数の時系列推移（成功と失敗の割合）

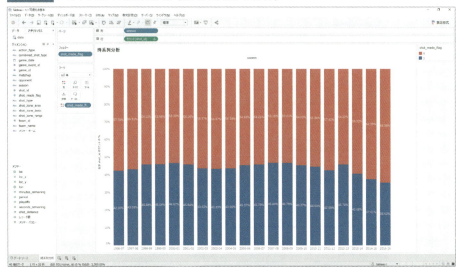

> **point**
> 期間ごとの比率の変化を見る場合は、「簡易表計算」の「合計に対する割合」で確認すると良いです。

2.1.4 ショットタイプによる分析（ツリーマップ）

ショットがどのようなタイプだったのかの情報があるので、こちらを可視化してみましょう。このような場合、ツリーマップを利用すると数の割合が感覚として理解しやすいです。

❶新しいシートを作成

メニューの「ワークシート」→「新しいワークシート」かショートカットアイコン 🔲 を選択してください。

2.1 | 可視化の基本

図 2.1.53 新しいワークシートの作成

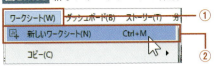

❷ 「action_type」「combined_shot_type」「レコード数」を選択して、表示形式の中の「ツリーマップ」を選択

図 2.1.54 表示形式から「ツリーマップ」を選択

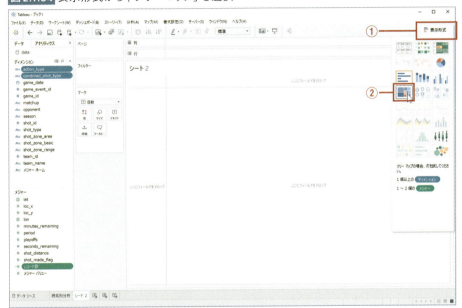

❸ 「combined_shot_type」を色に設定

53

図2.1.55「combined_shot_type」を色にドラッグアンドドロップ

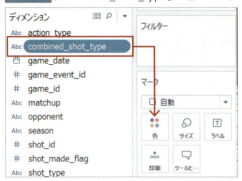

図2.1.56 ショットの種類ごとのツリーマップ

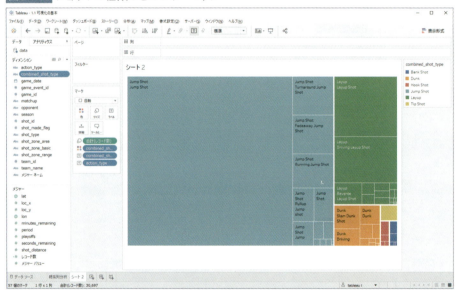

❹「レコード数」をラベルにも設定

2.1 | 可視化の基本

図 2.1.57 「レコード数」

「Jump Shot」が多くの割合を占めていることが分かります。さらに細かい分類は「action_type」に情報があるようです。階層構造を作っておくとドリルダウンもできますね（階層構造を作るには「action_type」を「combined_shot_type」にドラッグ＆ドロップしてみてください）。

図 2.1.58 「action_type」を「combined_shot_type」にドラッグ＆ドロップ

OK を押下してください。

図 2.1.59 階層の作成

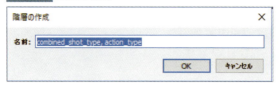

色に設定されている「combined_shot_type」の横のマイナスマークをクリックしてみてください。

図 2.1.60 階層の縮小

図 2.1.61 ショットの種類ごとのツリーマップ (概要)

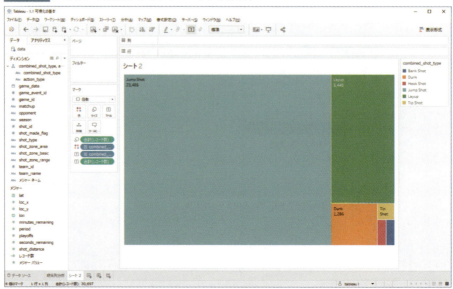

もう一度、今度は「combined_shot_type」の横のプラスマークをクリックしてみてください。

図 2.1.62 階層の展開

図 2.1.63 ショットの種類ごとのツリーマップ

シート名を「ショットタイプによる分析」に変更しておきましょう。

図2.1.64 ショットの種類ごとのツリーマップ（シート名変更後）

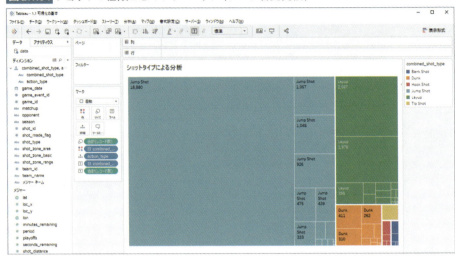

❶ 新しいシートを作成
❷ 行に「combined_shot_type」に設定、列にレコード数を設定

図2.1.65 ショットの種類ごとの棒グラフ

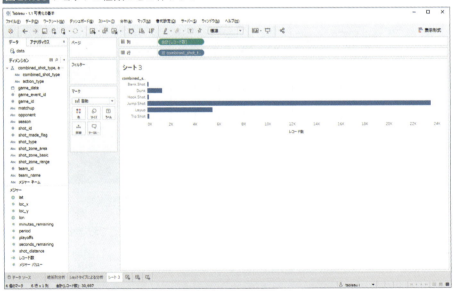

2.1 | 可視化の基本

❸色に成功と失敗を示す「shot_made_flag」を設定して、NULLを除外

図2.1.66 「shot_made_flag」を色にドラッグアンドドロップ

図2.1.67 ショットの種類ごとの棒グラフ（成功と失敗で色分け後）

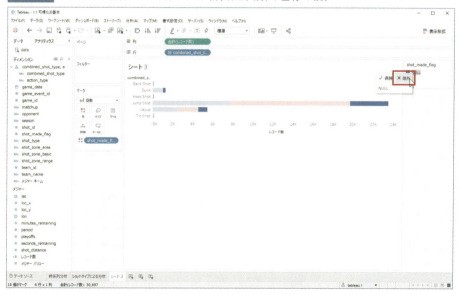

❹「合計（レコード数）」の項目を簡易表計算で「合計に対する割合」に変更

図 2.1.68 「簡易表計算」-「合計に対する割合」

表計算の計算方法を「表(横)」に変更してみましょう。

図 2.1.69 計算方法を「表(横)」に変更

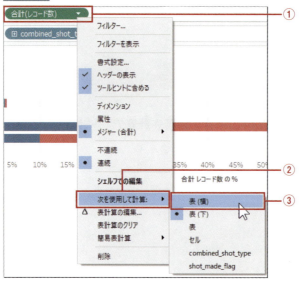

2.1 可視化の基本

❺ラベルを表示

「ラベル」→「マークラベルを表示」にチェックを入れてください。

図 2.1.70 ラベル

❻ショットの成功率の高い順にソート

普通にソートすると全体でソートされてしまうので、少し工夫が必要です。色々とやり方はあると思いますが、簡単な方法をご紹介します。

まず、凡例の「失敗(0)」を右クリックして、一時的に非表示にします。

図 2.1.71 色の凡例（shot_made_flag）

図 2.1.72 「0（失敗）」を非表示に設定

次に降順ソートボタン ↓F を押下して、成功率の高い順にソートしましょう。

図 2.1.73 ショットの種類ごとの棒グラフ（成功率でソート後）

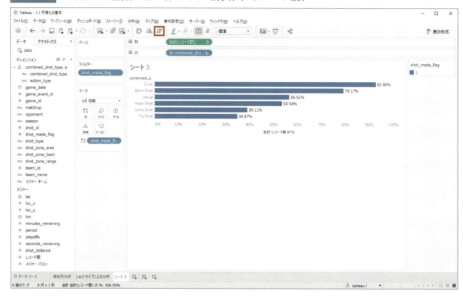

凡例を再度クリックして、項目（「0(失敗)」）を再表示させます。

図 2.1.74 色の凡例（shot_made_flag）

図 2.1.75 非表示のデータを再表示

2.1 | 可視化の基本

図 2.1.76 ショットの種類ごとの棒グラフ（成功率でソート後）

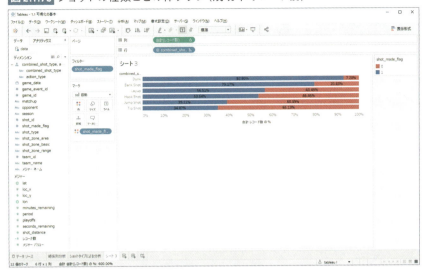

❼「ビュー全体」に変更

図 2.1.77 ビュー全体

図 2.1.78 ショットの種類ごとの棒グラフ（サイズ変更後）

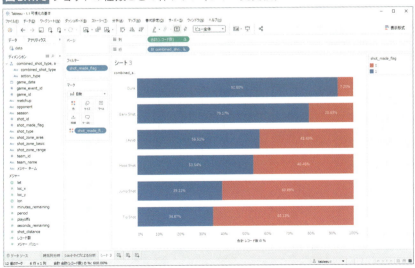

第2章 | 基礎体力編

ショットごとの成功率を比較すると、Dunkの成功率が高く、Jump Shotは意外と低いことが分かります。

❽ shot_made_flagの値に別名を設定

0や1ではわかりにくいので、成功と失敗を明記しておきましょう。
「shot_made_flag」を右クリックして、「別名」を選択してください。

図2.1.79 「shot_made_flag」の別名の設定

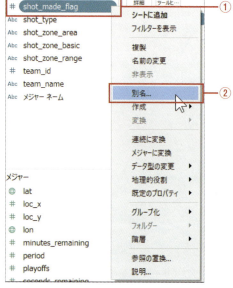

図2.1.80 別名の編集

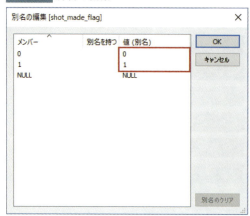

別名を「失敗(0)」、「成功(1)」という形で設定しましょう。

図 2.1.81 別名の編集 (修正後)

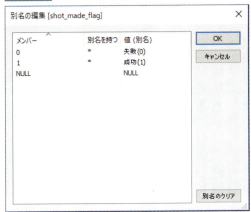

シート名を「タイプごとのショット成功率」に変更しておきましょう。

図 2.1.82 ショットの種類ごとの棒グラフ (シート名と色の凡例修正後)

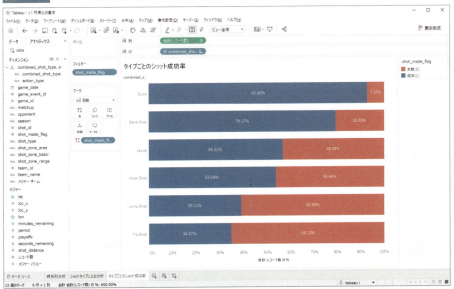

時系列の変化をこちらも表計算を使って考察すると、年を経るにつれ、Dunkや Layupが減ってJump Shotに集中しているようですね。

第 2 章 | 基礎体力編

図 2.1.83 ショットの種類の割合の変化

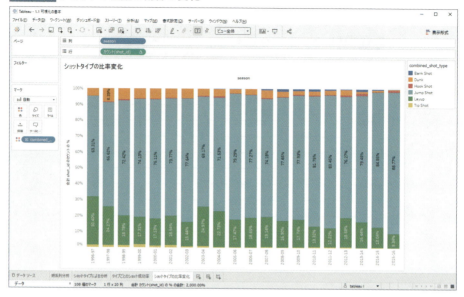

ちなみに、上記の Viz の作成方法は以下の通りです。

❶「shot_id」を右クリックして行に設定、カウントを選択

図 2.1.84 「shot_id」を行に設定

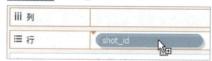

2.1 | 可視化の基本

図2.1.85 「カウント(shot_id)」を選択

❷「season」を行に設定

図2.1.86 「season」ごとのショット数

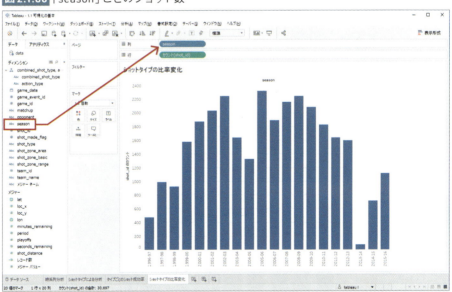

❸「combined_shot_type」を色に設定

67

第 2 章 | 基礎体力編

図 2.1.87 ショットの種類別の「season」ごとのショット数

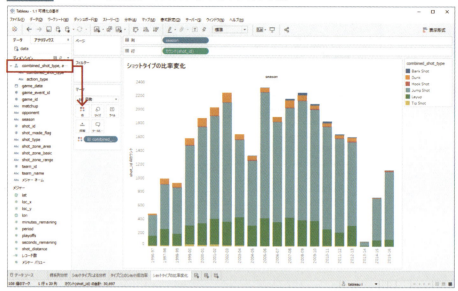

❹「カウント (shot_id) を右クリックして、簡易表計算で「合計に対する割合」を選択

図 2.1.88「簡易表計算」→「合計に対する割合」

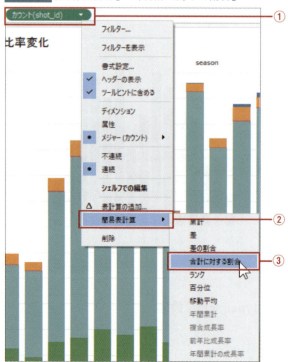

2.1 | 可視化の基本

「カウント(shot_id)を右クリック→「次を使用して計算：」→「表(下)」を選択してください。

図2.1.89 計算方法を「表(下)」に変更

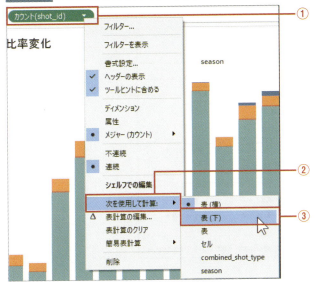

図2.1.90 「season」ごとショットの種類の割合

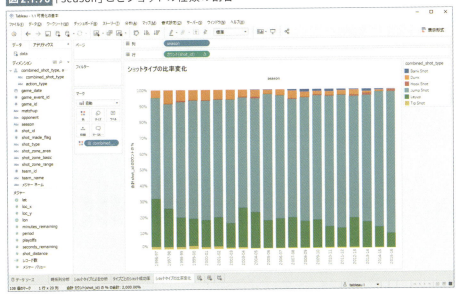

69

❺マークのラベルを表示

「ラベル」→「マークラベルを表示」をクリックします。

図 2.1.91 「マーク ラベルを表示」

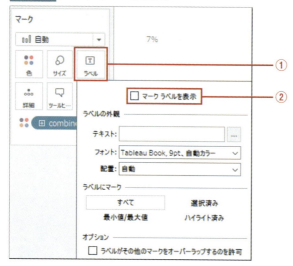

図 2.1.92 「season」ごとショットの種類の割合（ラベル表示後）

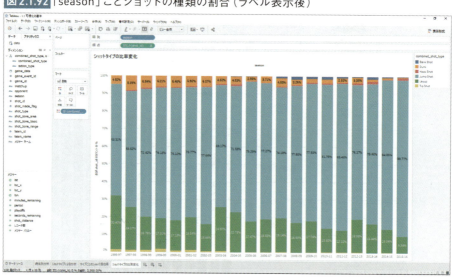

2.1.5 位置情報の可視化

　このデータの面白いポイントは、ショットが打たれた位置情報らしきもの（loc_x、loc_y）が存在するところです。これを利用して可視化を行ってみましょう。操作はとても簡単です。「loc_x」を列に、「loc_y」を行に、「shot_id」を詳細に入れて個々のデータを個々のポイントとして表示します。なんとなくバスケットボールのコートの形が見えてきましたね。

図2.1.93 ショットを打った位置

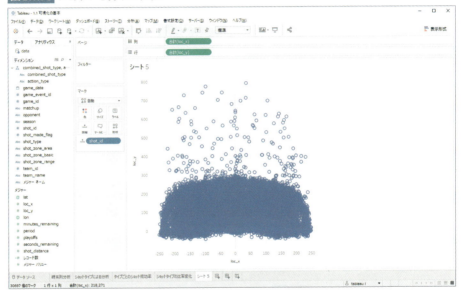

サイズを小さくしてみましょう。

図2.1.94 サイズの変更

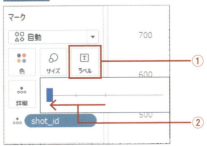

第2章 | 基礎体力編

図2.1.95 ショットを打った位置（サイズ変更後）

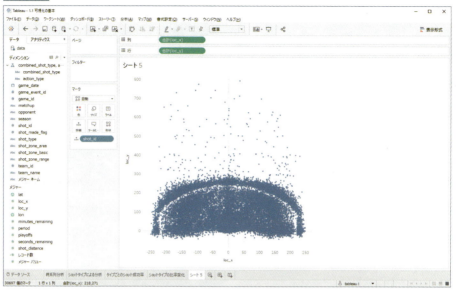

ショットの成功と失敗を示す「shot_made_flag」を色に追加してみましょう（NULLは除外します）。

図2.1.96 ショットを打った位置（成功と失敗で色分け後）

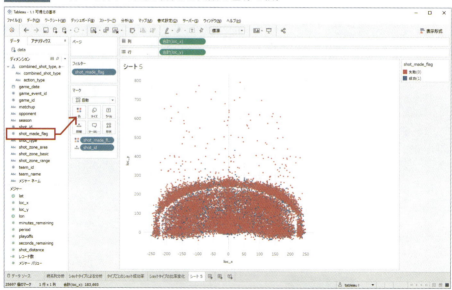

図 2.1.97 色の凡例

「並べ替え」をして、青色の「成功(1)」が最前面に表示されるようにしましょう。

図 2.1.98 色の凡例の並べ替え

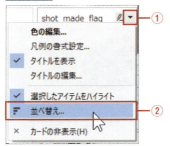

図 2.1.99 色の凡例の並べ替え（変更前）

図 2.1.100 色の凡例の並べ替え（変更後）

図2.1.101 ショットを打った位置（青色の「成功(1)」を最前面に変更後）

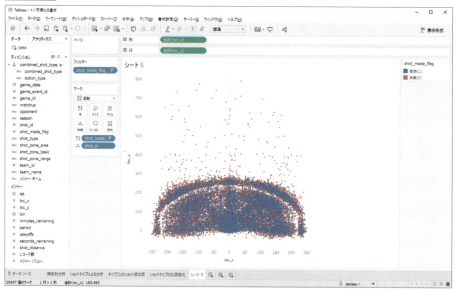

「shot_made_flag」を列に入れた方がわかりやすいですね。Ctrlキーを押しながら色にある「shot_made_flag」を列にドラッグ&ドロップしてください。

ゴールからの距離が遠いとミスショットになるものが多いようです。

図2.1.102 ショットを打った位置（「shot_made_flag」を列にも設定）

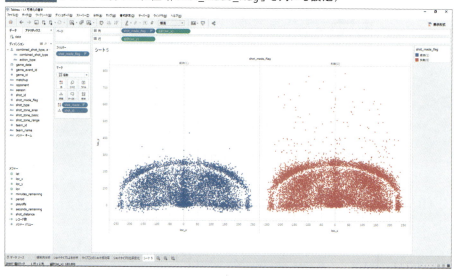

ショットの種類ごとに色分けしてみます。

「combined_shot_type」を色に設定してみましょう。

図 2.1.103 ショットを打った位置（ショットの種類ごとに色分け後）

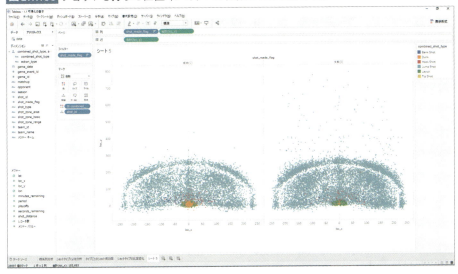

密度を使った表現をするとよりわかりやすいので、変更してみましょう。

❶ マークのグラフの種類から「密度」を選択

図 2.1.104 マークのグラフの種類

❷色を選択、「明るくて濃い多色」を選択

図 2.1.105 色の変更

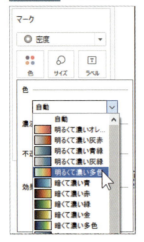

「濃淡」を100%に変更してみましょう。最後にシート名を変更しておきましょう。

図 2.1.106 「濃淡」の変更

2.1 | 可視化の基本

図 2.1.107 ショットを打った位置（グラフの種類を密度に変更後）

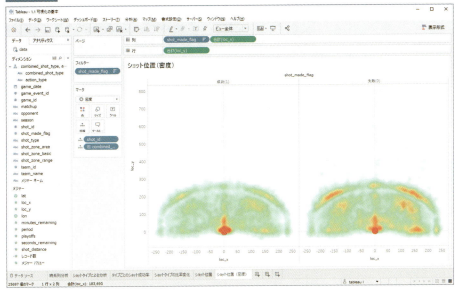

　Tableauを使うと、無機質で数字の羅列だったデータが、自分から何かを語りかけてくるようですね。バスケットボールにあまり興味のなかった人でも、データを通してCobe Bryant選手の選手人生を垣間見ることができ、バスケットボールに少し興味を持てるようになるのではないでしょうか？

　皆さんも周りにある身近なデータを使って、データ探索を楽しんでください！

2.2 データ準備の基本

この節では、Tableau Prep Builderを使用したデータ準備の方法について紹介します。

解説は、次のステップで進めます。

- データ準備の必要性
- Tableau Prep Builderを使ってみよう
- Tableau Prep Builderの基本的な使い方をアメダスデータを使って学ぶ

2.2.1 データ準備の必要性

『ハーバード・ビジネス・レビュー』の調査によると、データ分析全体作業のうち80%の時間をデータ準備に費やし、実際に分析している時間は20%と言われています。色々なところからデータを収集・整形・結合して、分析に適した形にするというのはとても時間がかかるものですよね。

データ準備が必要になる原因の、よくあるパターンを見てみましょう。

＋フォーマットが異なる

例えば、購買のデータと会計のデータではシステムもデータのフォーマットも異なると思います。そのような場合はレイアウトを修正した上で適切な項目で結合したりする必要がありますね。あるいは縦と横を入れ替えるピボット操作のようなことをする必要もあるかもしれません。

＋正規化され複数に分割されている

基幹系や業務システムのデータベースに格納されているデータは正規化されて、複数のテーブルに分割されているケースが多いです。しかし、分析することを考えた

場合、正規化されていない状態のほうが都合がよい場合があります。その場合はトランザクションのデータとマスタデータを結合してみましょう。

図2.2.1 正規化されたデータの非正規化

トランザクションデータ

社員番号	社員名	部署ID
30001	山中	B1
30005	荒美	B2
30006	鈴木	B1
…	…	…

マスタデータ

部署ID	部署名
B1	営業
B2	人事

トランザクション＋マスタデータ

社員番号	社員名	部署ID	部署名
30001	山中	B1	営業
30005	荒美	B2	人事
30006	鈴木	B1	営業
…	…	…	…

> **note　正規化とは**
>
> 　一般的なデータベースの考え方として、データを重複して持つことを避けるためにトランザクションデータとマスタデータを別の表で個別に管理します。必要な時にデータ同士を結合（ジョイン）することで必要な情報を取り出します。正規化してデータを持つことによって、マスタデータの一元管理、更新処理負荷を小さくするといったメリットがあります。

＋年、月によってファイルが異なる

　同じ種類のデータでも、複数に分かれているファイルを一つにして分析したいケースもあると思います。例えば今年のデータと去年のデータは別のファイルになっているかもしれません。過去データを時系列にまとめて分析したいときに異なるファイルを一つにまとめる（ユニオンする）必要があります。

＋表記の揺れ

　システムや人によって表記が異なる場合、それらを修正する必要があります。例えば会社名一つにしても、以下のように複数のパターンが考えられます。このような表記の揺れは、データ準備の段階で目的に応じて適切な表記に統一する必要があります。

第2章｜基礎体力編

- Tableau
- Tableau Japan
- Tableau Japan 株式会社
- Tableau Japan K.K.
- タブロージャパン

＋集計のレベルを合わせる

　よくあるケースとして、企業内で基幹システム等から出力される実績データと、Excel等で手動で作成する予算データの粒度が異なることがあります。例えば、実績のデータが年月日までの細かい単位であるのに対し、予算のデータが年月までの粗い単位だった場合、実績と予算を比較するためには、実績のデータを年月単位に集約する必要があります。また、センサーデータ等のように秒単位で集められていても、実際には秒単位で見るより、分単位、時間単位の平均や合計を取ってその推移を確認した方が変化傾向を把握しやすい場合もあり、分析に適した集計レベルを検討する必要があります。

2.2.2 Tableau Prep Builder を使ってみよう

＋Tableau Prep Builderとは

　Tableau Prep Builderとは、ITやデータサイエンスに詳しくない方でも簡単にデータの結合や形式変換、クリーニングを行うことのできるソフトウェアです。

　インストールはとても簡単なのでですが、念のためインストールファイルのダウンロード方法のみ記載しておきます。

❶以下のURLからパッケージをダウンロードしてインストール

https://www.tableau.com/ja-jp/support/releases/prep

　最新バージョンを選択してください（執筆時点では2019.3.1）。

2.2 | データ準備の基本

図2.2.2 Tableau Prep ダウンロードおよびリリースノート

❷「Tableau Prep <該当のバージョン名> を ダウンロード」を選択

図2.2.3 Tableau Prep ダウンロード画面

❸ Windows 用もしくは、Mac 用をダウンロード

任意のフォルダにダウンロードしてください。

図2.2.4 Tableau Prep ダウンロード画面 (ファイルのダウンロード)

ファイルのダウンロード	
Windows	Mac
• TableauPrep-2019-3-1.exe (678 MB)	• TableauPrep-2019-3-1.dmg (887 MB)

　ダウンロードしたファイルを実行して、基本的に「次へ」を押していただければ大丈夫です。

第2章 | 基礎体力編

✚ 7つの基本操作

　Tableau Prep Builderには7つの基本操作があります（バージョン「2019.3」からRやPythonとの連携が可能な「スクリプトの追加」が加わり、7つになりました）。

図2.2.5 Tableau Prep Builderの基本操作

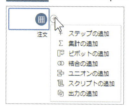

表2.2.1 Tableau Prep Builderの基本操作とアイコン

基本操作	アイコン
ステップの追加	━
集計の追加	Σ
ピボットの追加	⫟⫟
結合の追加	◯◯
ユニオンの追加	⫤
スクリプトの追加	📜
出力の追加	📄 ▷

　それぞれについてどのようなことができるのか、簡単に見ていきましょう。

◉ ステップの追加

　ステップの追加を使用することで様々なデータの修正を行うことが可能です。

- フィルター
- グループ化と置換
- クリーニング
- 値の分割
- フィールド名の変更

2.2 データ準備の基本

- フィールドの複製
- 保持するフィールド
- 計算フィールドの作成
- データの役割としてのパブリッシュ

図 2.2.6 ステップの中で実行可能な操作

　ステップの追加を行うと、「フローペイン」の下にデータの分析結果を示す「プロファイルペイン」、詳細データを示す「データグリッド」が表示されます。

図 2.2.7 ステップ画面の説明

◉ 集計の追加

特定の項目をキーとして、値を集計することが可能です。目的としては他のテーブルとの結合の前準備やパフォーマンス向上等が考えられます。

例えばオーダー日、地域、カテゴリ単位で売上データを集計することができます。

図2.2.8 集計画面

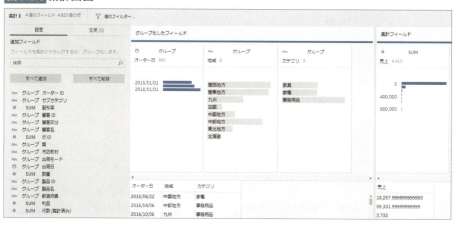

日付のデータに関しては「レベルごとにグループ化」することもでき、年月日単位のデータを「月の開始」を利用して、年月単位に集計することも可能です。

図2.2.9 月初で集計

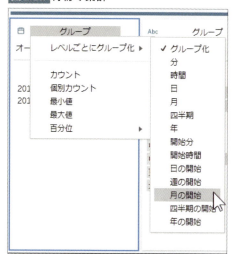

2.2 データ準備の基本

◉ ピボットの追加

ピボットとは、列を行に変換する、もしくは行を列に変換することです（行から列へのピボットは2019.1.1以降）。Tableau Desktop等でデータを分析する場合、縦持ちのほうが都合がよいケースがあるため、以下のような形で横持ちのデータを縦持ちに変換することがあります。

図 2.2.10 ピボットの概念

図 2.2.11 ピボットの画面

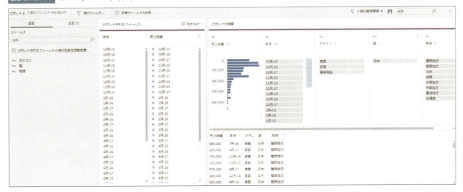

◉ 結合の追加

結合とはデータを横につなげることです。ExcelのVLOOKUP関数のイメージが近いです。特定のキー項目を元に複数のテーブルを一つのテーブルにすることが可能です。

図2.2.12 結合の概念

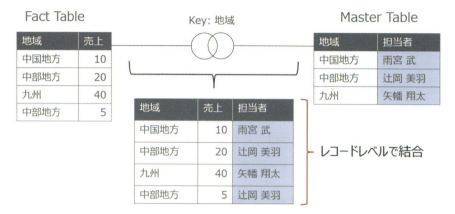

2つのテーブルをフローペインに追加してから、結合したいテーブルを選択して、ドラッグ&ドロップでもう一つのテーブルに重ねると、「結合」と「ユニオン」オプションが表示されるので、**図2.2.13**のように「結合」の部分にドロップしてください。

図2.2.13 結合の操作

図2.2.14 結合の画面

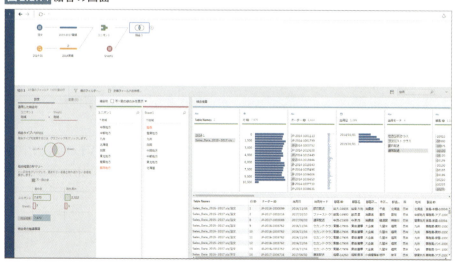

結合する2つのテーブルの中に不一致の項目があった場合、Tableau Prep Builderは赤字で教えてくれます。例えば以下の例では「関西地方」と「関西」で表記のずれがあることがわかります。

この場合は「関西」を右クリックして「値の編集」を行うことで、直接「関西地方」に画面上で修正することが可能です。

図 2.2.15 結合句の修正（修正前）

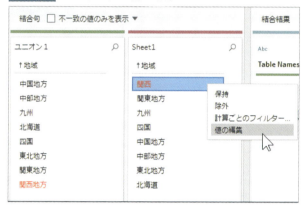

図 2.2.16 結合句の修正（修正後）

「適用した結合句」には結合する際のキー項目を設定します。

「結合タイプ」には内部結合や外部結合等の設定が可能です。

表2.2.2 結合タイプの種類

結合タイプ	説明	画面表示
内部結合	両方のテーブルに含まれる行を結合	結合タイプ：内部結合
左外部結合	左のテーブルに含まれる行をすべて結合	結合タイプ：左外部結合
右外部結合	右のテーブルに含まれる行をすべて結合	結合タイプ：右外部結合
不一致のみ	不一致の行を結合	結合タイプ：不一致のみ
左の不一致のみ	左のテーブルの不一致行のみを結合（左のテーブルにのみあるものを残す）	結合タイプ：左の不一致のみ
右の不一致のみ	右のテーブルの不一致行のみを結合（右のテーブルにのみあるものを残す）	結合タイプ：右の不一致のみ

「結合結果のサマリー」には何行が結合されたかが示されています。

図2.2.17 結合結果のサマリー

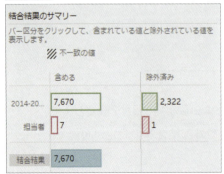

◉ ユニオンの追加

結合と少し似ていますが、ユニオンはデータを縦に結合します。例えば2018年のデータと2019年のデータをユニオンすることで2年分のデータを一つにまとめることができます。

図2.2.18 ユニオンの概念

ユニオンについては2つの段階で実施可能です。一つはファイルの読み込み時、もう一つはフロー上で実行可能です。

まずはファイルの読み込み時のワイルドカードユニオンから見ていきましょう。複数のCSVファイルに分割されているとき、それらをまとめて読み込む際に、ワイルドカードユニオンを使用することができます。

第 2 章｜基礎体力編

図 2.2.19 複数ファイルの読み込み画面

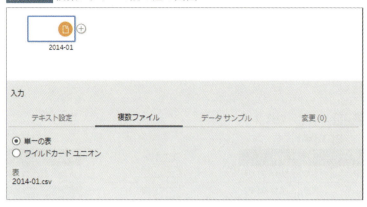

初期表示は「単一の表」が選択されていますが、ここで「ワイルドカードユニオン」を選択してみてください。

図 2.2.20 ワイルドカードユニオン

図2.2.21 一致パターン

これで複数のファイルをまとめて取り込むことが可能です。

以上が、ワイルドカードユニオンの紹介でした。続いてもう一つのユニオンの方法を見てみましょう。

2つのテーブルをフローペインに追加してから、ユニオンしたいテーブルを選択して、ドラッグ＆ドロップでもう一つのテーブルに重ねると、「結合」と「ユニオン」オプションが表示されるので、今度は「ユニオン」の部分にドロップしてください。

図2.2.22 ユニオンの操作

図2.2.23 ユニオンの画面

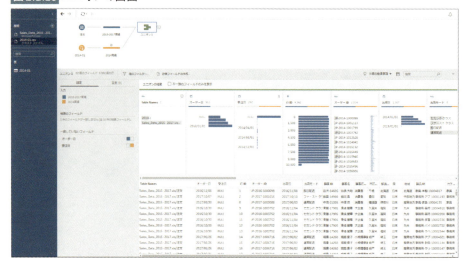

複数のテーブルをユニオンすると項目名などが不一致のケースもあるかもしれません。その場合は「不一致のフィールドのみを表示」にチェックを入れてみてください。

図2.2.24「不一致のフィールドのみを表示」

図2.2.25「不一致のフィールドのみを表示」にチェックを入れた後の画面

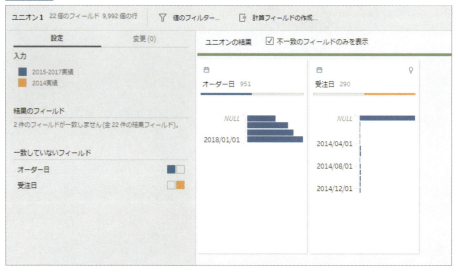

この例ではどうやら「オーダー日」と「受注日」の名前が一致していないようですね。

「オーダー日」を「受注日」にドラッグ＆ドロップして、「不一致のフィールドのみを表示」のチェックを外してみてください。

図2.2.26 「オーダー日」を「受注日」にドラッグ＆ドロップ

図2.2.27 「オーダー日」を「受注日」にマージ後

● スクリプトの追加

バージョン2019.3で追加された新機能です。Tableau Prep BuilderからRやPythonのコードを呼ぶことが可能です。この機能については158ページのコラム「Tableau Prep BuilderからPythonを実行してみよう」でご紹介いたします。

◉ 出力の追加

Tableau Prep Builderで加工した結果をファイルに保存するか、Tableau Server / Onlineにデータソースとしてパブリッシュすることが可能です。

ファイルに保存する場合、以下の3つの形式が選択可能です。

- Tableau データ抽出 (.hyper)
- Tableau データ抽出 (.tde)
- コンマ区切り値 (.csv)

「コンマ区切り値 (.csv)」についてはご存知の方も多いと思いますが、名前の通りコンマで区切ったテキストデータになります。

「Tableau データ抽出 (.hyper)」と「Tableau データ抽出 (.tde)」についてですが、どちらもTableau専用の形式になります。Tableau Desktop 10.5以降のバージョンを使用している場合は、高速で大容量に対応したインメモリの「Tableau データ抽出 (.hyper)」形式を使用してください。

図2.2.28 「出力」の画面

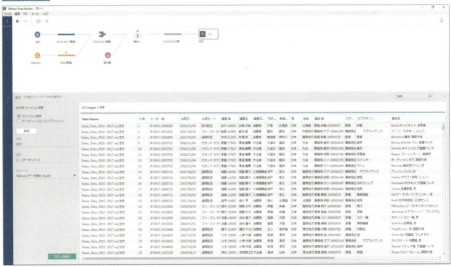

図2.2.29 「出力」時の設定

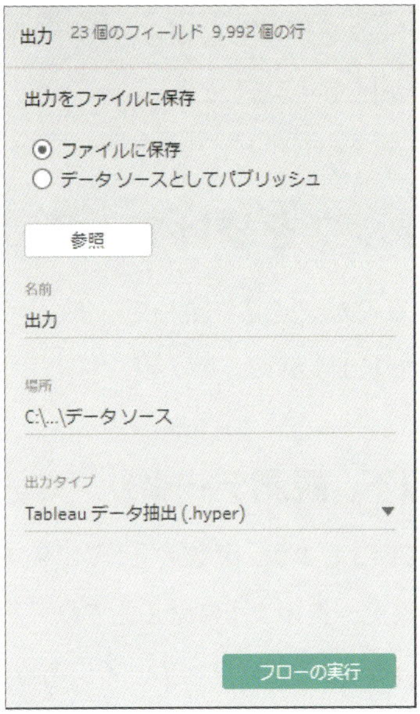

出力　23個のフィールド 9,992個の行

出力をファイルに保存

(●) ファイルに保存
(○) データソースとしてパブリッシュ

[参照]

名前
出力

場所
C:\...\データソース

出力タイプ
Tableau データ抽出 (.hyper) ▼

[フローの実行]

図2.2.30 「出力タイプ」の設定

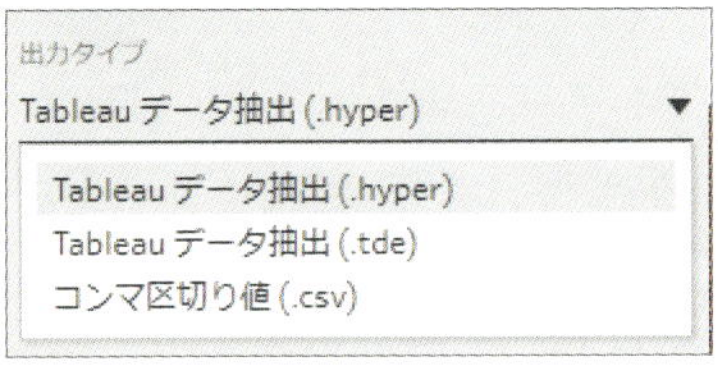

出力タイプ
Tableau データ抽出 (.hyper) ▼

Tableau データ抽出 (.hyper)
Tableau データ抽出 (.tde)
コンマ区切り値 (.csv)

2.2.3 Tableau Prep Builder の基本的な 使い方をアメダスデータを使って学ぶ

　前項でTableau Prep Builderの基本機能ついて説明しました。今度は実際の データを使用して、Tableau Prep Builderの使用方法について理解を深めましょう。

　サポートサイト（https://www.shuwasystem.co.jp/support/7980html/6025. html）からダウンロードしたデータを使用して、アメダスのデータの前処理を行います。
　ここでは、東京都内で数か所の観測地点から得られた気象情報の記録と、観測 地点の名前や緯度経度を含むマスタデータがあるということが分かっていますが、そ れ以外の情報は分かりません（実際に分析の現場では、提供されるデータについて

第2章｜基礎体力編

細かな説明がされなかったり、実際にわからなかったりということもあります）。まずはTableau Prep Builderから接続しデータを理解しながら、分析を開始するためにどのような前処理を実施していけばよいか見ていきましょう。

➕あるべきデータの姿と現実のギャップを挙げてみる

まずは、どんなデータが与えられているのか、実際に眺めてみましょう。分析を始められる形にするためには、何が足りないでしょうか？

◉①観測地ごとの気象データ（以下、観測データ）

「amd_data」フォルダのデータを見てみましょう。複数のTSV（タブ区切り形式のテキストファイル）があり、観測値の気象データのように見えますね。どうやら観測地ごとに異なるファイルとして提供されているようです。ファイル名にある数字の識別子は観測地点のIDでしょうか。

図2.2.31 「amd_data」フォルダの中のファイル

名前	更新日時	種類	サイズ
amd_43266.tsv	2019/08/24 19:42	TSV ファイル	15,213 KB
amd_44046.tsv	2019/08/24 19:42	TSV ファイル	15,036 KB
amd_44051.tsv	2019/08/24 19:42	TSV ファイル	13,482 KB
amd_44056.tsv	2019/08/24 19:42	TSV ファイル	15,088 KB
amd_44112.tsv	2019/08/24 19:42	TSV ファイル	15,257 KB
amd_44116.tsv	2019/08/24 19:42	TSV ファイル	15,152 KB
amd_44126.tsv	2019/08/24 19:42	TSV ファイル	13,482 KB
amd_44132.tsv	2019/08/24 19:42	TSV ファイル	15,305 KB
amd_44136.tsv	2019/08/24 19:42	TSV ファイル	15,298 KB
amd_44166.tsv	2019/08/24 19:42	TSV ファイル	15,189 KB

一つのファイルを開いてみるとこのようなデータが入っています。

図2.2.32 「amd_43266.tsv」のデータ

	A	B	C	D	E	F	G	H	I	J	K	L	M	N	O	P	Q	R	S
1	datetime	pr	f_pr	max_ws	f_max_ws	ave_wv	f_ave_wv	ave_ws	f_ave_ws	max_tp	f_max_tp	min_tp	f_min_tp	sl	f_sl	sd	f_sd	dsd	f_ds
2	201201010010		0	0	22	0	31	0	17	0	21	0	18	0	0	2		56	
3	201201010020		0	0	31	0	33	0	20	0	22	0	18	0	0	2		56	
4	201201010030		0	0	25	0	32	0	19	0	24	0	21	0	0	2		56	
5	201201010040		0	0	27	0	31	0	20	0	25	0	23	0	0	2		56	
6	201201010050		0	0	23	0	33	0	15	0	23	0	22	0	0	2		56	
7	201201010100		0	0	26	0	34	0	17	0	22	0	22	0	0	2		56	
8	201201010110		0	0	27	0	34	0	19	0	23	0	21	0	0	2		56	
9	201201010120		0	0	30	0	35	0	20	0	21	0	19	0	0	2		56	
10	201201010130		0	0	23	0	36	0	16	0	20	0	17	0	0	2		56	
11	201201010140		0	0	19	0	36	0	14	0	18	0	17	0	0	2		56	
12	201201010150		0	0	21	0	2	0	13	0	17	0	15	0	0	2		56	
13	201201010200		0	0	15	0	2	0	8	0	15	0	13	0	0	2		56	
14	201201010210		0	0	24	0	3	0	13	0	15	0	14	0	0	2		56	
15	201201010220		0	0	21	0	4	0	12	0	15	0	10	0	0	2		56	

amd_43266

　ここでは、datetime（年月日と時刻、10分単位の時刻）と max_tp (10分間の間の最高気温）を分析に利用します。

◉②観測地点の位置情報（以下、観測地マスタ）

　「amd_master.csv」の中にはLatとLngという項目があることから、位置情報が含まれていそうですね。「Aid」が観測地点のIDでしょうか。

図2.2.33 「amd_master.csv」のデータ

	A	B	C	D	E	F	G	H
1	Aid	Alt	Lat1	Lat2	Lng1	Lng2	Name	
2	11001	26	45	31.2	141	56.1	宗谷岬	
3	11016	3	45	24.9	141	40.7	椎内	
4	11046	65	45	18.3	141	2.7	礼文	
5	11061	8	45	24.2	141	48	声問	
6	11076	13	45	20.1	142	10.2	浜鬼志別	
7	11091	30	45	14.5	141	11.2	本泊	
8	11121	23	45	14.9	141	51.1	沼川	
9	11151	14	45	10.7	141	8.3	沓形	
10	11176	16	45	6.4	141	45.9	豊富	
11	11206	18	45	7.5	142	21	浜頓別	
12	11276	25	44	57.9	142	16.8	中頓別	
13	11291	7	44	56.4	142	35.1	北見枝幸	
14	11316	14	44	50.5	142	28.8	歌登	
15	12011	22	44	49.7	142	4.6	中川	

amd_master

　Tableau Prep Builder から「①観測データ」の一つに繋いで、どのようなデータなのか見てみましょう。「amd_data」フォルダの中から一つのファイル「amd_43266.tsv」に接続し、右クリックでステップを追加します。「クリーニング1」のステップが追加され、ここでざっくりどのようなタイプのデータが入っているのか、データの分布がどのようになっているのかが確認できます。

図 2.2.34 観測データ

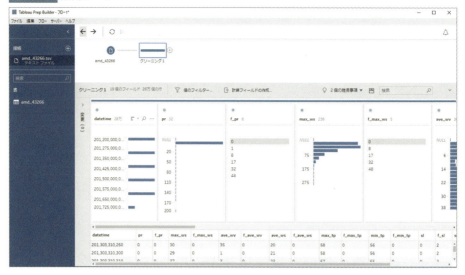

データを眺めてみると、以下のような点に気づくかと思います。

（1）datetime が日付と時刻として認識されていないようです。

図 2.2.35 datetime

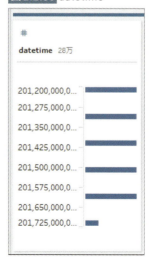

(2) 気温(「max_tp」)の単位が10倍になっていそうです。分布を見ると0から400となっています。最高気温が400℃ということはないので、気温を10倍した値が記録されているようです。

図2.2.36 「max_tp」(気温)の分布

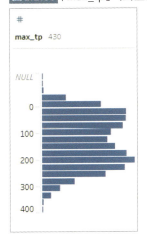

(3) データの中にNULLが含まれています。

(4) 10分間ごとのデータとなっており、5年分(2012年～2017年)のデータを日別で分析するには細かすぎます。

　そもそも10分単位に気温が変化するということもあまりないですし、5年間の気温の推移を確認しようとした時に10分という単位は細かすぎます。ここでは、1日の平均気温にデータを集約して5年間の推移を見ることにしましょう。

(5) 「①観測データ」だけではどこで計測されたかわからないので、「②観測地マスタ」と結合する必要がああります。

　ここが一番の難関となるのですが、気象データには「どの地点で取得されたか」の観測地IDが入っていないのです。観測地点が分からなければ、地図上にマップすることもできません。こちらについては後ほど「ユニオン」の説明で解決策をご紹介します(実はファイル名にヒントが隠されています……)。

③観測地マスタ

「Aid」は観測地ID、観測地名、緯度、経度の情報が入っているようです。

図 2.2.37 観測地マスタ

ここでも不思議な個所が見られます。

(6) 緯度情報と思われる「Lat1」と「Lat2」が2つに分かれています（経度情報と思われる「Lng1」と「Lng2」も同様に分割されています）。

緯度は英語で「Latitude」なので、Lat1、Lat2はどちらも緯度なのでしょうが、例えば、稚内市役所の緯度経度は「緯度：45.41567500、経度：141.67308200」のように、通常は小数点で表されます。

ここで分割されているのは、どのような意図なのでしょうか？

図2.2.38 観測地マスタの緯度と経度

Aid	Alt	Lat1	Lat2	Lng1	Lng2	Name
11,001	26	45	31.2	141	56.1	宗谷岬
11,016	3	45	24.9	141	40.7	稚内
11,046	65	45	18.3	141	2.7	礼文
11,061	8	45	24.2	141	48	声問
11,076	13	45	20.1	142	10.2	浜鬼志別
11,091	30	45	14.5	141	11.2	本泊
11,121	23	45	14.9	141	51.1	沼川

　ここで、Lat2の分布を見てみると、0から60までに分布していることが分かります。ここでピンとおもいつくのは、Lat1が時であるのに対して、Lat2は分なので、0分から60分までの範囲になっているのではないかと考えます。そこで、Lat2 については60で割って小数に変換し、Lat1と足して緯度を作ることにします。同様に経度（Longitude）についてもLng1、Lng2を変換します。

図2.2.39 観測地マスタの2つの緯度（Lat1とLat2）

第2章 | 基礎体力編

表2.2.3 準備が必要なポイント

連番	対象表	準備が必要ポイント	対応
(1)	観測データ	「datetime」が日付と時刻として認識されていない	「datetime」を日付＋時刻型に変換する
(2)	観測データ	気温「max_tp」の単位が10倍になっていそうである	「max_tp」を10分の1する
(3)	観測データ	データの中にNULLが含まれている	NULLを除外する
(4)	観測データ	10分間ごとのデータとなっている	日付単位で集計し、1日の平均気温に集約する
(5)	観測データ	「①観測地ごとの気象データ」だけではどこで計測されたかわからない	ファイル名に入っている観測地点IDを抜き出す
(6)	観測地マスタ	緯度情報と思われる「Lat1」と「Lat2」が2つに分かれている	「分」単位の「Lat2」を60で割って小数に変換し、「Lat1」と足す

ざっくりフローのスケッチをする

Tableauを使用する場合は設計せずに直接トライするケースも多いですが、複雑な加工を行う際は事前に処理の概要フローを作成してみましょう。サンプルを以下に示します。

図2.2.40 データ準備のフロー

◉ 実際にフローを作ってみよう（ステップ・バイ・ステップ）

前述したフローを元に、実際にTableau Prep Builderでフローを作成してみましょ

う。実際の現場でのデータの前処理をイメージしながら試してみましょう。

❶観測データ「amd_data」の「amd_43266.tsv」を読み込む

「接続」から「テキストファイル」を選択して、ダウンロードしたフォルダの「amd_43266.tsv」を選択してください。

図2.2.41 テキストファイル選択画面

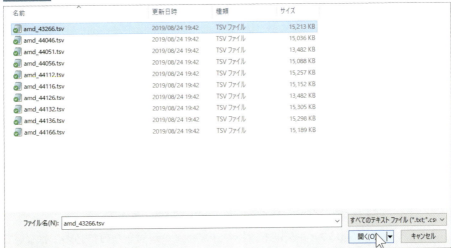

図2.2.42 Tableau Prep Builder画面

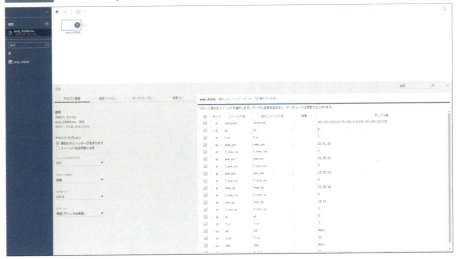

❷「複数ファイル」のタブを押下

図2.2.43 入力

❸「ワイルドカードユニオン」を選択

図2.2.44 複数ファイル - 単一の表

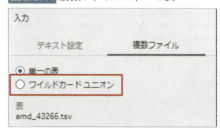

❹「一致パターン(xxx*)」に「amd_*.tsv」を入力

　今回はフォルダ以下、すべてのファイルが対象なので必須ではないですが、今後のために一致パターンの指定についても試してみましょう。

図2.2.45 一致パターン

❺「適用」ボタンを押下

2.2 | データ準備の基本

図2.2.46 複数ファイル - ワイルドカードユニオン（一致パターン設定後）

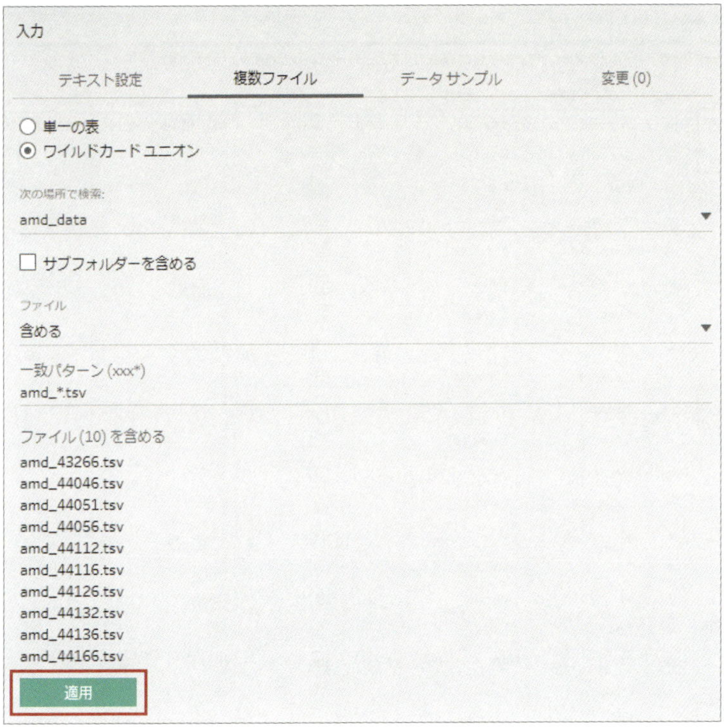

入力

テキスト設定	複数ファイル	データサンプル	変更(0)

○ 単一の表
● ワイルドカードユニオン

次の場所で検索:
amd_data ▼

☐ サブフォルダーを含める

ファイル
含める ▼

一致パターン (xxx*)
amd_*.tsv

ファイル (10) を含める
amd_43266.tsv
amd_44046.tsv
amd_44051.tsv
amd_44056.tsv
amd_44112.tsv
amd_44116.tsv
amd_44126.tsv
amd_44132.tsv
amd_44136.tsv
amd_44166.tsv

適用

❻対象の「フィールド」を選択

以下の4つの項目を選択

表2.2.4 観測データにて使用するフィールド名

フィールド名	内容
datetime	日時
pr	降水量
max_tp	気温
File Paths	ファイル名

105

図2.2.47 フローに含めるフィールドの選択

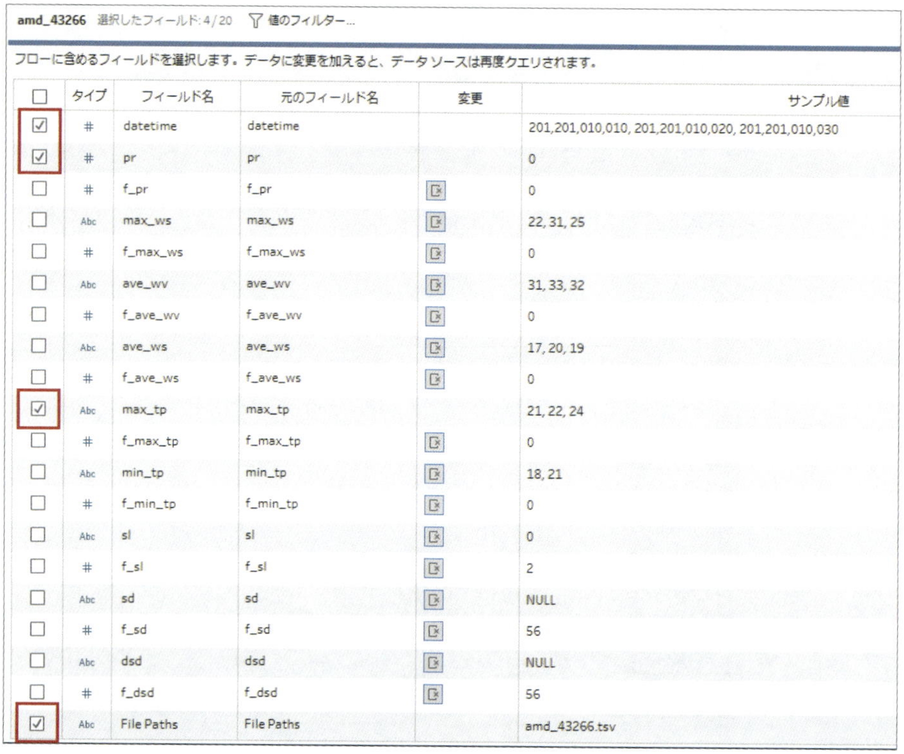

☐	タイプ	フィールド名	元のフィールド名	変更	サンプル値
☑	#	datetime	datetime		201,201,010,010, 201,201,010,020, 201,201,010,030
☑	#	pr	pr		0
☐	#	f_pr	f_pr	🗗	0
☐	Abc	max_ws	max_ws	🗗	22, 31, 25
☐	#	f_max_ws	f_max_ws	🗗	0
☐	Abc	ave_wv	ave_wv	🗗	31, 33, 32
☐	#	f_ave_wv	f_ave_wv	🗗	0
☐	Abc	ave_ws	ave_ws	🗗	17, 20, 19
☐	#	f_ave_ws	f_ave_ws	🗗	0
☑	Abc	max_tp	max_tp		21, 22, 24
☐	#	f_max_tp	f_max_tp	🗗	0
☐	Abc	min_tp	min_tp	🗗	18, 21
☐	#	f_min_tp	f_min_tp	🗗	0
☐	Abc	sl	sl	🗗	0
☐	#	f_sl	f_sl	🗗	2
☐	Abc	sd	sd	🗗	NULL
☐	#	f_sd	f_sd	🗗	56
☐	Abc	dsd	dsd	🗗	NULL
☐	#	f_dsd	f_dsd	🗗	56
☑	Abc	File Paths	File Paths		amd_43266.tsv

❼ステップの追加

「amd_43266」の横のプラスマークを押下して、「ステップの追加」を選択します。

図2.2.48 ステップの追加

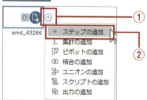

❽「クリーニング1」の「datetime」のデータ型を「文字列」に設定

「datetime」の「#」を押下してください。

2.2 データ準備の基本

図2.2.49 datetime の型

「文字列」を選択してください。

図2.2.50 datetime の型を「文字列」に変更

❾ 同様に気温「max_tp」のデータ型を「数値（整数）」に設定

「max_tp」の「Abc」を押下してください。

第 2 章 | 基礎体力編

図2.2.51 「max_tp」の型

「数値（整数）」を選択してください。

図2.2.52 「max_tp」の型を「数値(整数)」に変更

❿「max_tp」からNULLの除外

「max_tp」の「・・・」（その他のオプション）→「フィルター」→「NULL値」を選択してください。

図2.2.53 「max_tp」のフィルタの設定

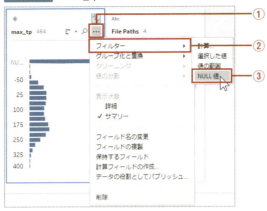

「NULL以外の値」を選択して、「完了」ボタンを押下してください。

図2.2.54 「max_tp」のフィルタに「NULL以外の値」を設定

⓫ 「クリーニング1」のステップ名を「NULLの削除」に変更

「クリーニング1」を右クリックして「ステップ名の変更」を選択してください。

第2章 | 基礎体力編

図2.2.55 ステップ名の変更

「NULLの削除」と入力してください。

図2.2.56 ステップ名の変更（変更後）

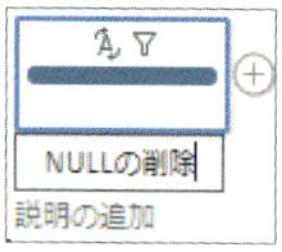

図2.2.57 フロー全体

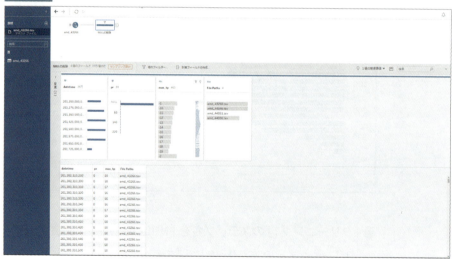

⓬日付（YYYYMMDD）の作成

「NULLの削除」の横のプラスマークを押下して、「ステップの追加」を選択してください。

図2.2.58 ステップの追加

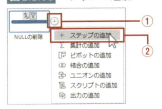

❸「計算フィールドの作成」

「計算フィールドの作成」を押下してください。

図2.2.59 計算フィールドの作成

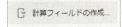

日時の上位8桁を切り取って日付を作成しましょう。計算フィールドに以下を設定してください。

- フィールド名：DATE
- 計算式：LEFT([datetime],8)

図2.2.60 計算フィールドの追加（DATE）

第2章 基礎体力編

⓮「DATE」のデータ型を「日付」に設定

「DATE」のデータ型「Abc」を押下してください。

図2.2.61 「DATE」のデータ型

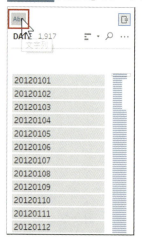

「日付」を選択してください。

図2.2.62 「DATE」のデータ型を「日付」に変更

⓯「クリーニング1」のステップ名を「日付の作成」に修正

図2.2.63 フロー全体（日付を作成後）

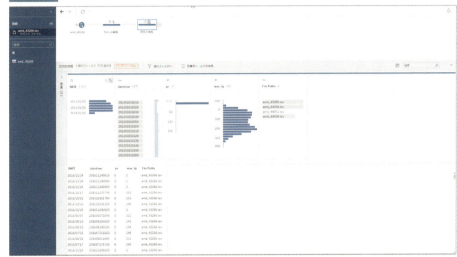

⓰ 気温の単位修正

「日付の作成」の横のプラスマークを押下して、「ステップの追加」を選択してください。

⓱ 計算フィールドの作成

「計算フィールドの作成」を押下して、計算フィールドに以下を設定してください。

- フィールド名：TEMP
- 計算式：[max_tp]/10

図2.2.64 計算フィールドの追加（TEMP）

❽「max_tp」フィールドの削除

「max_tp」フィールドの「・・・」（その他オプション）を押下してください。

図2.2.65 「max_tp」フィールドのその他オプション

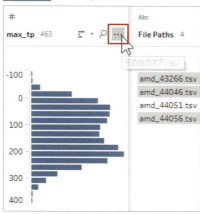

「削除」を選択してください。

2.2 | データ準備の基本

図 2.2.66 「max_tp」フィールドの削除

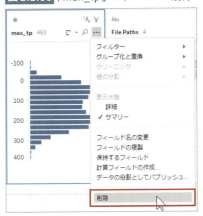

⓳「クリーニング1」のステップ名を「気温の単位修正」に修正

図 2.2.67 フロー全体（気温の単位修正後）

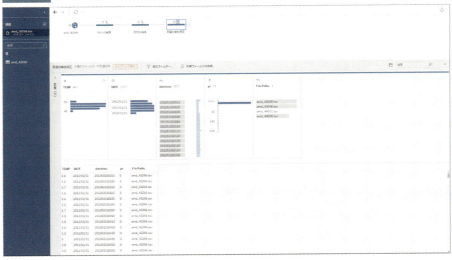

⓴観測地点IDを作成

「気温の単位修正」の横のプラスマークを押下して、「ステップの追加」を選択してください。

㉑ 計算フィールドの作成

計算フィールドに以下を設定して、ファイル名から観測地点のIDである「Aid」を取得しましょう。

- フィールド名：Aid
- 計算式：MID([File Paths],5,5)

図2.2.68 計算フィールドの追加（Aid）

㉒「File Paths」フィールドの削除

「File Paths」フィールドの「・・・」（その他オプション）を押下してください。

図2.2.69 「File Paths」フィールドのその他オプション

「削除」を選択してください。

図2.2.70 「File Paths」フィールドの削除

㉓「クリーニング1」のステップ名を「観測地点ID作成」に修正

図2.2.71 フロー全体(観測地点ID作成後)

㉔気温と降水量を集計

「観測地点ID作成」の横のプラスマークを押下して、「集計の追加」を選択してください。

図2.2.72 集計の追加

㉕「グループ化したフィールド」に「Aid」と「DATE」を設定

集計の基準を設定する必要がありますので、「Aid」を「グループ化したフィールド」にドラッグ&ドロップしてみましょう。

2.2 | データ準備の基本

図 2.2.73 グループ化したフィールド（「Aid」設定前）

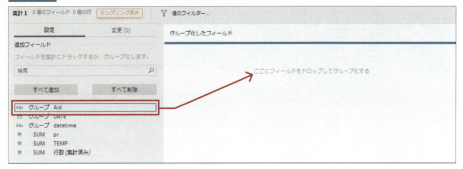

図 2.2.74 グループ化したフィールド（「Aid」設定中）

図 2.2.75 グループ化したフィールド（「Aid」設定後）

同じように「DATE」を「グループ化したフィールド」にドラッグ&ドロップしてください。

第 2 章 | 基礎体力編

図 2.2.76 グループ化したフィールド（「Aid」「DATE」設定後）

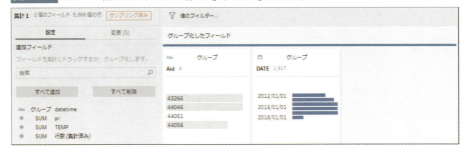

❷⓺ 「集計フィールド」に「pr」と「TEMP」を設定

降水量「pr」を「集計フィールド」にドラッグ&ドロップしてください。

図 2.2.77 集計フィールド（「pr」設定前）

図 2.2.78 集計フィールド（「pr」設定中）

図 2.2.79 集計フィールド（「pr」設定後）

同様に「TEMP」を「集計フィールド」にドラッグ&ドロップしてください。

図2.2.80 集計フィールド（「pr」「TEMP」設定後）

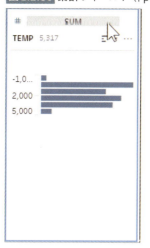

　気温「TEMP」の値をよく見てみてください。値が数千になっていますね。これは10分おきの気温を1日分全て合計してしまっているからのようです。このように合計しても意味のない値の場合は平均を使用してみましょう。「TEMP」の集計方法をSUM（合計）からAVG（平均）に変更してみましょう。
　「TEMP」の「SUM」を押下してください。

図2.2.81 TEMPの集計方法（変更前）

　集計方法を「平均」に変更してください。

図2.2.82 TEMPの集計方法（変更後）

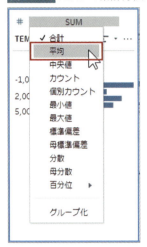

図2.2.83 フロー全体（集計追加後）

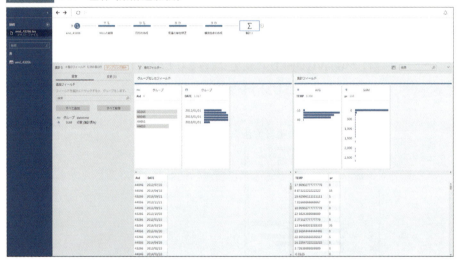

❷❼「amd_master.csv」を読み込む

「接続」から「テキストファイル」を選択して、ダウンロードしたフォルダの「amd_master.csv」を選択してください。

図2.2.84 「amd_master.csv」の読み込み

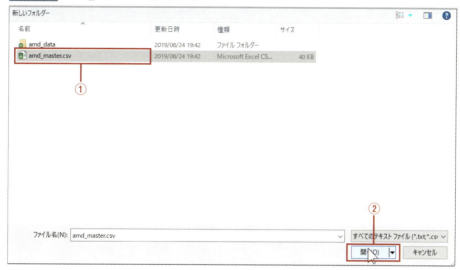

㉘ 緯度経度を時分から小数点に変換

「amd_master」の横のプラスマークを押下して、「ステップの追加」を選択してください。

㉙ 緯度を作成

「計算フィールドの作成」を押下して、計算フィールドに以下を設定してください。

- フィールド名：Lat (緯度)
- 計算式：[Lat1]+[Lat2]/60

図2.2.85 計算フィールドの追加（Lat（緯度））

㉚ 経度を作成

同様に、「計算フィールドの作成」を押下して、計算フィールドに以下を設定してください。

- フィールド名：Long（経度）
- 計算式：[Lng1]+[Lng2]/60

図2.2.86 計算フィールドの追加（Long（経度））

㉛ 不要な項目の削除

「Lat1」「Lat2」「Lng1」「Lng2」を選択して、「フィールドの削除」を押下してください。

図2.2.87 不要なフィールドの削除

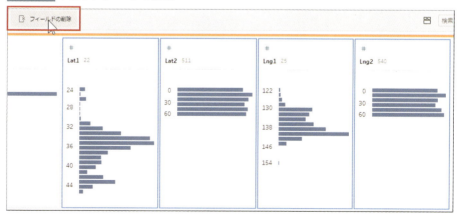

㉜「Aid」のデータ型を「文字列」に修正

「Aid」のデータ型「#」を押下してください。

図2.2.88 「Aid」のデータ型

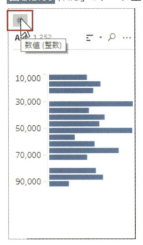

「文字列」を選択してください。

図2.2.89 「Aid」のデータ型を文字列に変更

㉝「クリーニング1」のステップ名を「緯度経度の修正」に修正

図2.2.90 フロー全体（緯度経度の修正後）

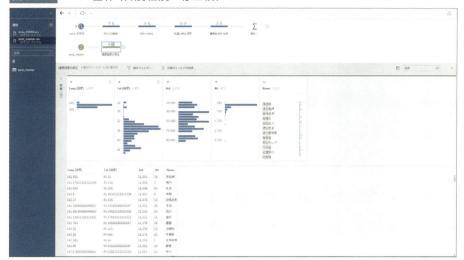

❸❹ 観測情報と観測値マスタの情報を結合

「緯度経度の修正」を「集計1」にドラッグ&ドロップして、「結合」を選択してください。

図2.2.91 観測値マスタを観測情報にドラッグ&ドロップ

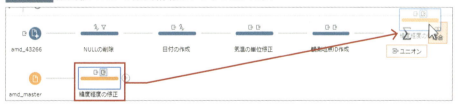

図2.2.92 フロー全体（観測値マスタと観測情報の結合後）

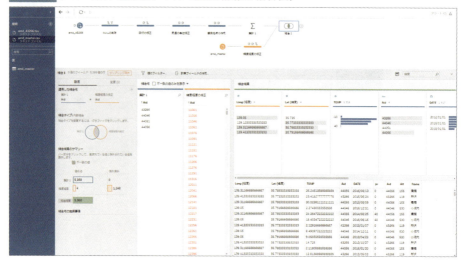

㉟「出力を追加」

「結合1」の横のプラスマークを押下して、「出力の追加」を選択してください。

図2.2.93 出力の追加

デフォルトでは、以下に「出力.hyper」という形式で保存されます。

C:¥Users¥<ユーザー名>¥Documents¥マイ Tableau Prep リポジトリ¥データ ソース

2.2 | データ準備の基本

図2.2.94 出力の設定

今回は中身の閲覧しやすいCSVの形式で保存してみましょう。「出力タイプ」を「コンマ区切り値(.csv)」に変更してみてください。

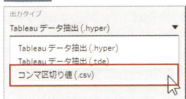

図2.2.95 出力タイプの設定

「フローの実行」を押下すると加工したデータが生成されます。

図2.2.96 フローの実行

㊱ フローファイルを保存

せっかくここまで加工処理を作ったので、フローを保存しておきましょう。

「ファイル」→「名前を付けて保存」から、任意の名前を付けて「保存」ボタンを押下してください。

「ファイルの種類」は2種類あります。今回は「Tableau フローファイル (*.tfl)」としておきましょう。

> **note**
> - Tableau フローファイル (*.tfl)：フローファイルのみを保存します。
> - パッケージド Tableau フローファイル (*tflx)：フローファイルに加えて、加工前のデータ自体もファイルに含み保存します。

2.2 | データ準備の基本

図2.2.97 名前を付けて保存

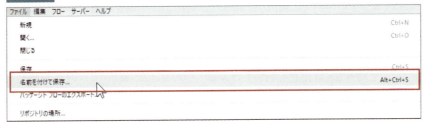

図2.2.98 ファイル名、ファイルの種類を指定して保存

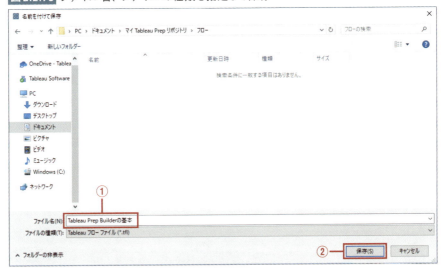

図2.2.99 フロー全体(出力追加後)

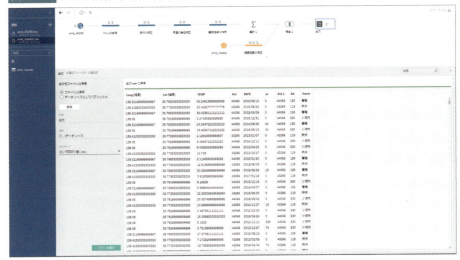

➕可視化をしてみよう

Tableau Desktopで先ほど作成したデータ（出力.csv）を開いてみましょう。

それでは早速、Tableau Prep Builderによるデータ準備作業が完了した出力結果を使って、可視化を行っていきましょう。一口に東京といっても実際には東西に広く伸びており、都心と西部山間部では結構な気温差があるようです。どの程度気温の差があるのか可視化して分析してみましょう。

❶出力ファイルを開く

接続から「テキストファイル」を選択して、先ほど作成した「出力.csv」を開いてください。

C:¥Users¥<ユーザー名>¥Documents¥マイ Tableau Prep リポジトリ¥データソース¥出力.csv

❷シートを作成

「シート1」を押下してください。

図2.2.100 シートを開く

❸地理的役割を設定

「Lat(緯度)」→「地理的役割」→「緯度」を設定してください。

図 2.2.101 地理的役割を設定（緯度）

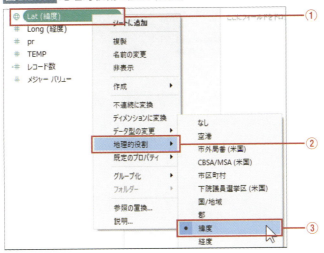

「Long(経度)」→「地理的役割」→「経度」を設定してください。

図 2.2.102 地理的役割を設定（経度）

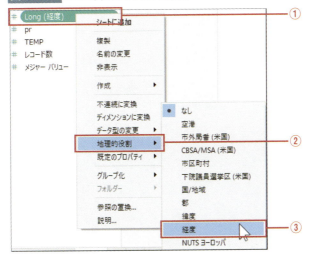

❹ **緯度と経度をマッピング**

まず「Lat (緯度)」をダブルクリックして、次に「Long (経度)」もダブルクリックしてみましょう。

図 2.2.103 緯度と経度の地図表示

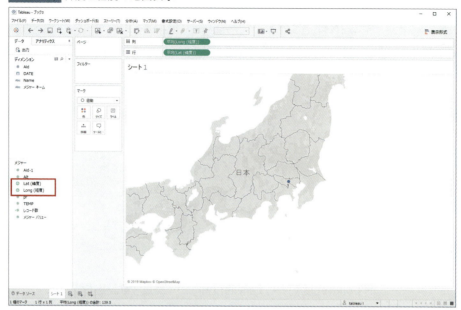

❺ディメンションの「Name」を「マーク」の「ラベル」にドラッグ＆ドロップ

図 2.2.104 ラベルを追加

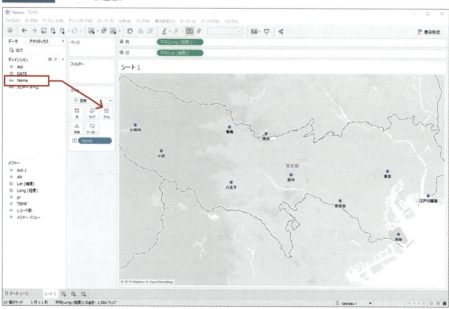

2.2 | データ準備の基本

❻メジャーの「TEMP」をマークの「色」にドラッグ&ドロップ

図2.2.105 気温を色に設定

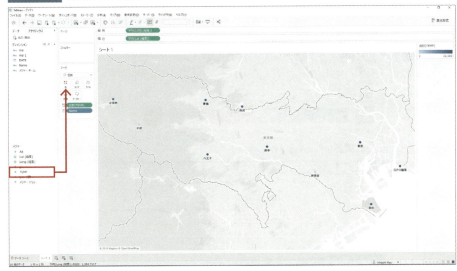

気温は合計してもあまり意味がないので、平均に変更してみましょう。

マークの色に設定した「合計(TEMP)」を右クリック→「メジャー(合計)」→「平均」を選択してください。

図2.2.106 気温の集計方法を平均に変更

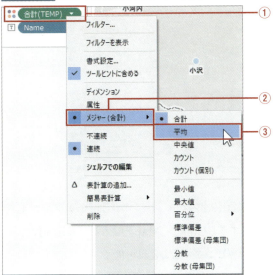

135

「色」を押下→「色の編集」を選択してください。

「オレンジ - 青の分化」を選択して、赤が温かく、青が寒いイメージがありますので、「反転」にチェックを入れて「OK」を押下してください。

図2.2.107 色の詳細設定

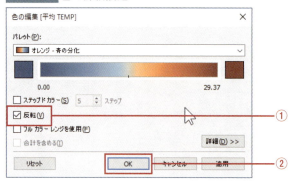

図2.2.108 色の設定を変更後

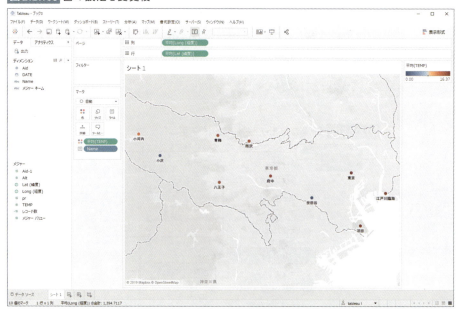

　Tableau Desktopでは2019.2のバージョンから地図の種類が追加されています。新しい地図の機能を活用するとGoogle Mapのような詳細な道路地図やサテライト（衛星地図）上に情報をマッピングすることが可能です。

2.2 | データ準備の基本

❼ サテライトマップに変更（2019.2以降）

「マップ」→「マップレイヤー」

図 2.2.109 マップレイヤー

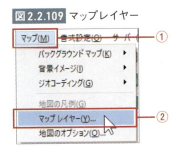

「スタイル」を衛星写真である「サテライト」に変更してみましょう。

図 2.2.110 地図のスタイルを変更

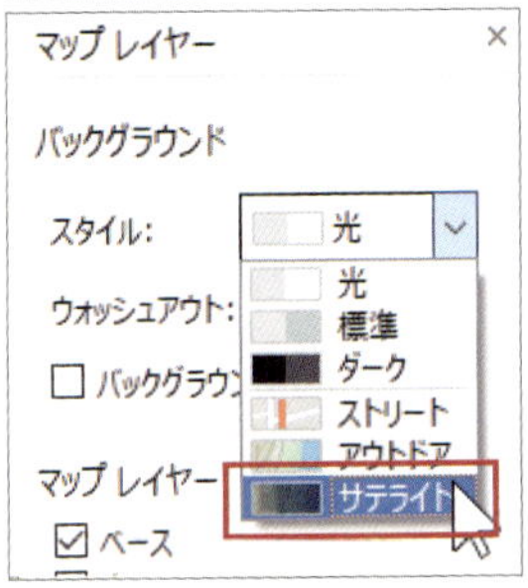

東京の西側はかなり山手であることが衛星写真からもよくわかりますね。

第 2 章 | 基礎体力編

図2.2.111 サテライト（衛星写真）に変更後

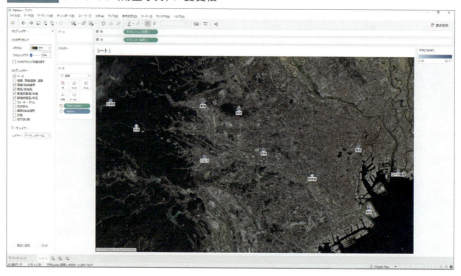

❽サイズを調整

「平均(TEMP)」をサイズに設定して、マークのサイズを選択して、大きくしてみましょう。

まずはCtrlキーを押しながら色に設定した「平均(TEMP)」をサイズに設定してみてください。次にサイズを押下して少し右に設定してみましょう。

図2.2.112 サイズを変更

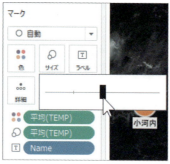

これで大きくなりましたね。ご自分のPCの画面の解像度やサイズに合わせて調整してみてください。

2.2 | データ準備の基本

図 2.2.113 サイズを変更後

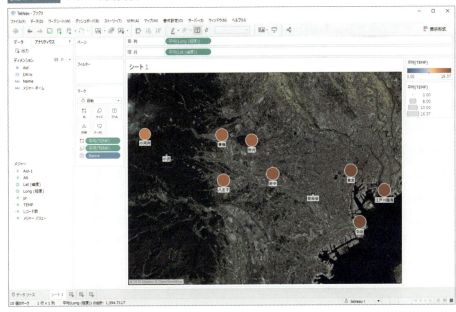

　Tableauにはアニメーションのように情報を変更させるページ機能というのがあります。これを活用して時系列による変化を動的に表現してみましょう。

❾ページを設定

　「DATE]を右クリックしてページにドラッグ&ドロップしてください。

図 2.2.114 「DATE」をページに設定

　「月/年(DATE)」を選択してください。

図2.2.115 フィールドのドロップ

図2.2.116 ページ設定後（2012年1月）

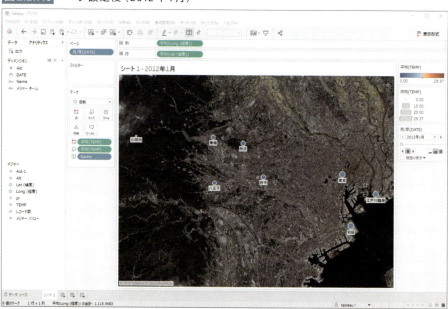

2.2 データ準備の基本

再生ボタンを押してみましょう。

図 2.2.117 ページ

図 2.2.118 ページ設定後（2012年3月）

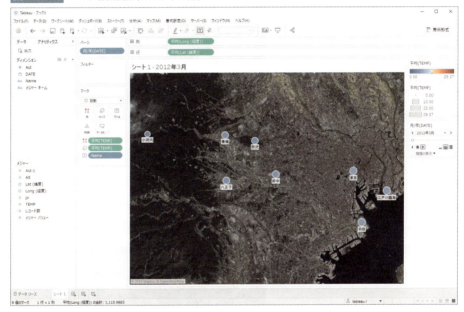

図2.2.119 ページ設定後（2012年6月）

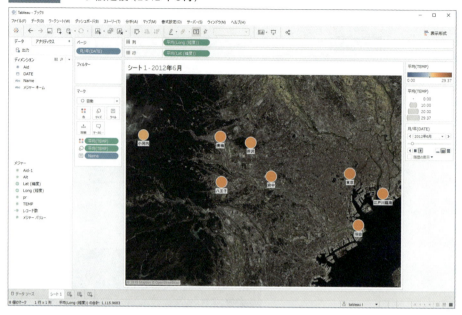

図2.2.120 ページ設定後（2012年9月）

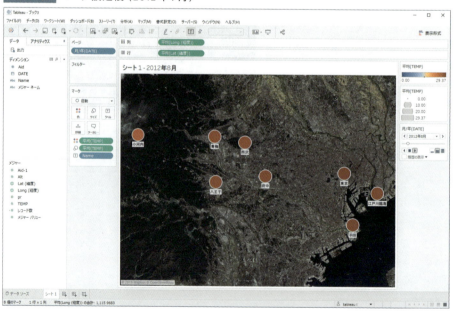

2.2 | データ準備の基本

図2.2.121 ページ設定後（2012年12月）

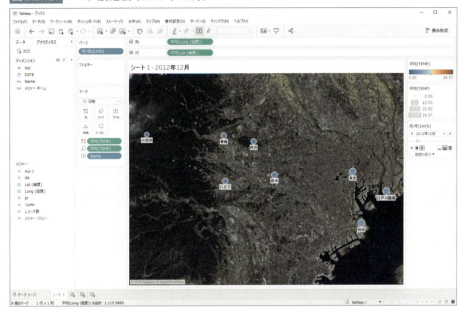

❿ 「シート1」の名前を「気温マップ」に変更

「シート1」を右クリックして「名前の変更」を押下してください。

図2.2.122 名前の変更

「気温マップ」に設定します。

143

第 2 章 | 基礎体力編

図 2.2.123 名前の変更後

地域と時系列による特徴が見えてきましたね。次に見方を少し変えてみましょう。

❶❶ **新しいワークシートを作成**

メニューの「ワークシート」→「新しいワークシート」を選択してください。
もしくは下のショートカットアイコン を押下してください。

図 2.2.124 新しいワークシートの作成

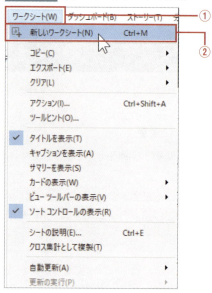

❶❷ **行にメジャーの「TEMP」を設定**

繰り返しの説明にはなりますが、気温を合計してもあまり意味がないので、集計方法は平均にしておきましょう。

2.2 | データ準備の基本

図 2.2.125 気温のグラフ

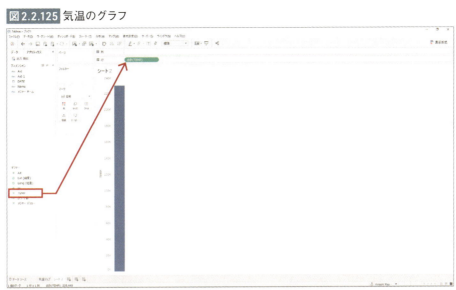

⓭ 列に「DATE」を設定

「DATE」を右クリックして列にドラッグ&ドロップして、「月/年(DATE)」を選択してください。

図 2.2.126 フィールドのドロップ

145

図2.2.127 気温の時系列のグラフ

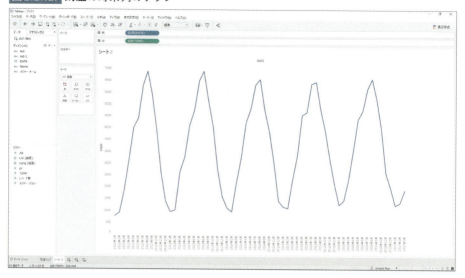

⓮「Name」を色に設定

　このグラフから東京と小河内では約5度温度が異なることがわかります。やはり東京の中でも「西部・山間部」のほうは気温が低く、かなり温度差はあるようです。当初立てた仮説が立証されましたね。東京の中にも避暑地的なところがありそうです。

図2.2.128 気温の時系列のグラフ（観測地で色分け後）

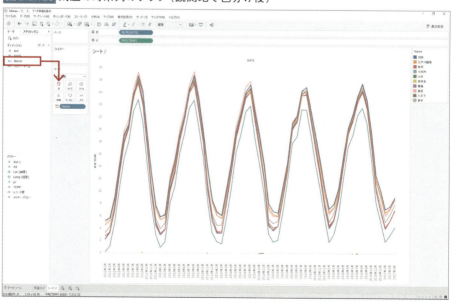

2.2 | データ準備の基本

　ここまでの可視化で、十分インサイトの発見はできましたが、更にステップアップして、レイアウトや体裁など表現の方法を工夫してみましょう。

❶⓯マークを「円」に設定

図2.2.129 グラフの種類を円に変更

図2.2.130 気温の時系列のグラフ（観測地別）

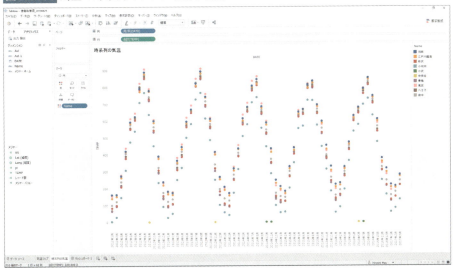

147

⓰背景色を変更

「書式設定」→「網掛け」を選択してください。

図 2.2.131 書籍設定 - 網掛け

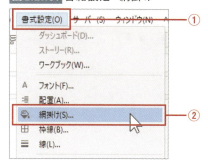

「ワークシート」の色を黒に設定してください。

図 2.2.132 ワークシートの色の変更

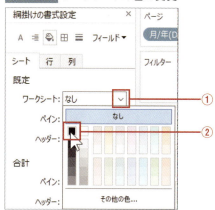

2.2 | データ準備の基本

図2.2.133 気温の時系列のグラフ（背景色変更後）

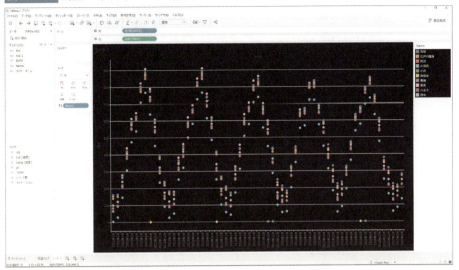

気温マップに合わせて時系列のグラフにもページ機能を追加してみましょう。

⓱ ページを設定

「DATE」を右クリックしてページにドラッグ&ドロップしてください。

図2.2.134 ページの設定

「月/年(DATE)」を選択してください。

149

図 2.2.135 フィールドのドロップ

図 2.2.136 気温の時系列のグラフ（ページ追加後）

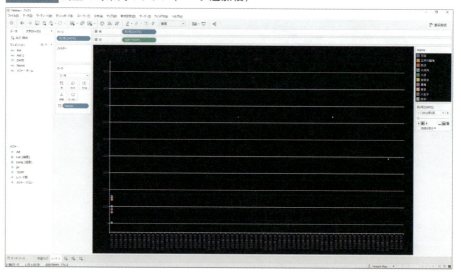

「履歴の表示」にチェックを入れてください。

2.2 | データ準備の基本

図2.2.137 ページの設定

「履歴の表示」の横の逆三角形（▼）のボタンを押下して、「次の履歴を表示するマーク」を「すべて」に設定してください。

図2.2.138 履歴の表示の詳細設定

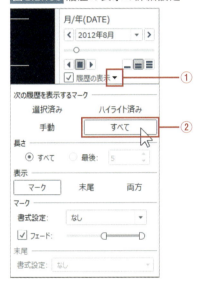

❽「シート2」の名前を「時系列の気温」に変更

「シート2」を右クリックして「名前の変更」を選択してください。

第 2 章｜基礎体力編

図 2.2.139 名前の変更

「時系列の気温」に設定してください。

図 2.2.140 シート名変更後

ここまでできたら、それぞれのシートのグラフをまとめてダッシュボードにしてみましょう。

❶❾ 新しいダッシュボードを作成

メニューの「ダッシュボード」→「新しいダッシュボード」を選択してください。
もしくは、下のショートカットアイコン を押下してみてください。

2.2 | データ準備の基本

図 2.2.141 新しいダッシュボード作成

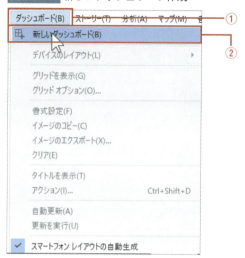

⑳「気温マップ」と「時系列の気温」をダッシュボード上に配置

シートから「気温マップ」と「時系列の気温」をダッシュボード上にドラッグ&ドロップしてください。

図 2.2.142 ダッシュボード

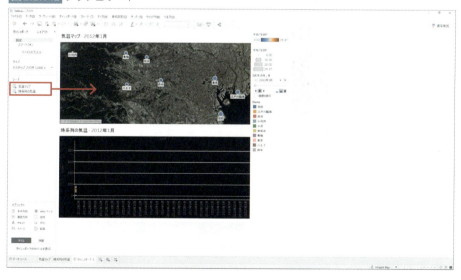

㉑シートのタイトルを非表示に変更

第2章 | 基礎体力編

シートのタイトルを右クリック →「タイトルの非表示」を選択してください。

図2.2.143 シートのタイトルを非表示に設定

図2.2.144 シートのタイトルを非表示に設定

図2.2.145 ダッシュボード（各シートのタイトルを非表示に設定）

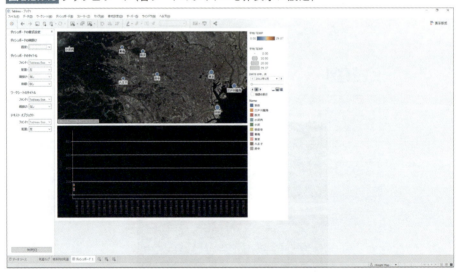

❷❷ ダッシュボードの背景色を変更

「ダッシュボード」→「書式設定」を選択してください。

2.2 | データ準備の基本

図2.2.146 ダッシュボードの書式設定

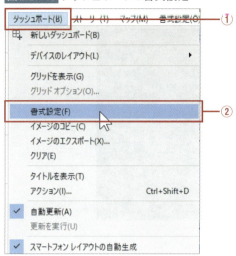

「ダッシュボードの網掛け」の「既定」を黒に設定してください。

図2.2.147 ダッシュボードの網掛けを黒に変更

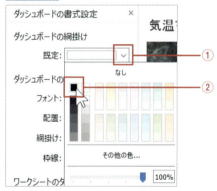

第2章 | 基礎体力編

図2.2.148 ダッシュボード（背景色を黒に設定）

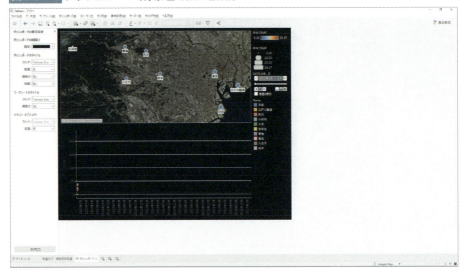

㉓ ページを再生

再生ボタンを押下してみてください。

図2.2.149 ページ機能

年/月の推移と共に、各観測地点の気温の変動がグラフ表示され、対応する気温（丸の色と大きさ）も連動して変化していきます。

2.2 | データ準備の基本

図 2.2.150 ダッシュボード（ページ機能で再生）

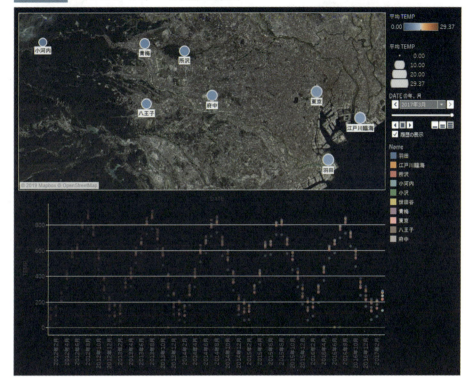

㉔ 名前を付けて保存

「ファイル」→「名前を付けて保存」から、任意の名前を付けて保存してください。

以上、可視化によりインサイトを得る部分と、ダッシュボードとしての見せ方や装飾の部分について説明いたしました。ここまでで、整形されていない状態のデータをTableau Prep Builderを利用して前準備し、前処理が済んだデータからTableau Desktopを使ってインサイトを発見し、インタラクティブなダッシュボードに仕上げるところまでできましたね。

お疲れ様でした。この節の解説は、以上です。

第2章｜基礎体力編

column Tableau Prep Builder から Python を実行してみよう

　2019年9月にリリースされた**Tableau 2019.3**のバージョンでは、Tableau Prep Builder から R や Python のスクリプトが呼び出せるようになりました。

　このコラムでは、Python 連携の簡単な例として、行番号を振る Python スクリプトを呼び出してみます。

Tableau Prep の Python 連携のうれしいポイント

　Tableau Desktop からはこれまでも、R や Python のスクリプトを呼び出すことができました。では、Tableau Prep Builder から Python が呼び出せると何がうれしいのだろう？　と思う読者の方もいらっしゃるかもしれません。

　Tableau Prep と Python を連携をすることで、前処理の中で必要になる処理に Python のコーディングを組み込むことができるようになるので、コーディング次第で何でも実現可能ということです。例えば行番号を振ったり、重複行を排除したり、一行前と比較したり、ランダムに抽出したり、データベースに書き込んだり（！）、予測値を取得したりと、色々と考えられますね。

　Tableau Prep Builder と Python を連携するステップは、以下の通りです。

- ①**Tabpy をセットアップ、起動する**
- ②**Python スクリプトを準備する**
- ③**Tableau Prep Builder から Python 関数を実行するステップを追加する**

行番号を振る

　現在のところ（執筆時点のバージョン：2019.3）、Tableau Prep Builder では INDEX 関数等の表計算がサポートされておりません。従って行番号を振ることができないのですが、Python 連携を行うと簡単に実現可能です。

❶Tabpy を起動する

　付録の**A.2**「Tabpy Server インストール方法」を参照してください。

　（Windows の場合）Anaconda Prompt にて「cd c:¥tabpy」「my-tabpy-env¥Scripts¥activate」「tabpy」で起動できましたよね。

　（Mac の場合）ターミナルから「cd tabpy」「soure my-tabpy-env/Scripts/activate」「tabpy」で Tabpy を起動します。

❷ Pythonスクリプトを準備する

サポートサイト（https://www.shuwasystem.co.jp/support/79□□□□6025.html）からダウンロード可能な「SetIndex.py」のファイルを使用し□□□（簡単なPythonコードなので、直接テキストエディタ等でファイルを□□□ても大丈夫です）。

中身は以下のようになっており、SetIndex関数を定義して、その中で「index」カラムの値に行番号をセットして、返り値としています。

図2.C.1 Pythonスクリプト

```python
def SetIndex(df):
    df['index'] = df.index
    return df
```

❸ データに接続

サポートサイトからダウンロードした、あやめの花の属性である「iris.data.csv」のデータに接続してみましょう。

❹ 行番号用の列の追加

計算フィールドを使用して、事前に「index」という列を作成し、「0」の値を入れておきましょう。この列の値を後でPythonで書き換えます（Pythonスクリプトの中で呼び出している項目が小文字の「index」となっております）。

図2.C.2 計算フィールドの追加

❺ Pythonスクリプトの追加

Pythonスクリプトを追加してみましょう。

図 2.C.3 スクリプトの追加

❻ Tabpyへの接続

まず、接続タイプで「Tableau Python (TabPy) Server」を選択し、「Tableau Python (TabPy) Serverに接続」を押下してください。

次に、Serverに「localhost」、ポートに「9004」を設定して、「サインイン」を押下してください。

図 2.C.4 Tableau Python (TabPy) Serverへの接続

❼ ファイル名の指定

ファイル名の下の参照ボタンを押下して、「SetIndex.py」を指定してください。関数名には「SetIndex」を入力してください。

プロファイルペインの非表示アイコン を押下して、明細を確認してみると、行番号が計算されていることがわかります。

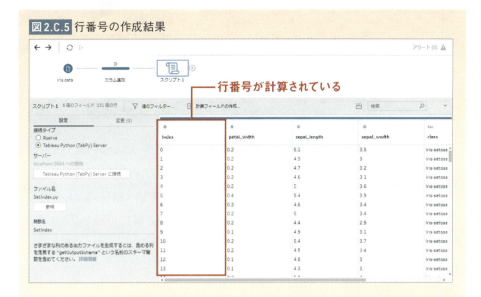

図2.C.5 行番号の作成結果

　無事にTableau Prep BuilderからPythonのスクリプトを呼び出すことができましたね。

　前述のようにこれを応用すると、Pythonで計算した予測値を追加したり、K-meansクラスタリングを行った結果を格納したり、データベースへ書き出したりすることも可能です。

　皆様もぜひ色々なPythonスクリプトを作成して、Tableau Prep上で実行してみてくださいね。

2.3 機械学習の基本

本節では、人工知能・機械学習・ディープラーニングの違いから始まり、機械学習を実装するために必要なPythonの基礎を学びます。基本的なPythonの扱い方を学んだ後は、scikit-learnを用いた機械学習の実装、精度向上のためのチューニング方法までをお伝えします。Tableauとの連携に必要な知識を凝縮しておりますので、ぜひ楽しみながら学んでいきましょう。

2.3.1 機械学習とは

＋人工知能・機械学習・ディープラーニングの違い

機械学習と一緒によく聞く言葉として、人工知能（AI）、ディープラーニングというものがあります。これら3つの違いをしっかりと整理した上で読み進めていきましょう。

図2.3.1 人工知能・機械学習・ディープラーニングの違い

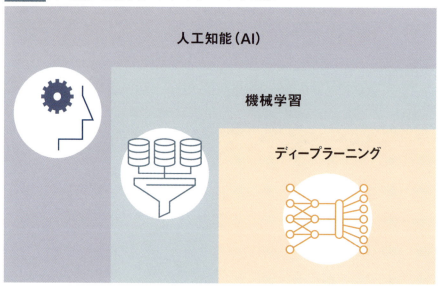

人工知能（AI）

まずは、人工知能です。Artificial Intelligenceの略でAIとも呼ばれています。人工知能という言葉は、3つの中で一番の大枠となる概念を指します。人によって定義が異なるくらいふわっとした表現ではありますが、言うなれば、人間の**知能**をコンピュータを用いて人工的に作ったものです。人間は日々成長し学習しています。それと同様にコンピュータ自らが学習し、自ら判断を下すように作られたのが人工知能です。集めたデータを用いてデータの特徴を学習し、学習した結果に基づいて何かしらの判断を行うだけではなく、広義の意味では、人間の持っている知見をルールベースにして組み込んだものも人工知能にあたります。

このように人工知能と一口に言っても、様々な意味を包含しているため、基本的な議論の的は人工知能の中枢を担う**機械学習**になります。

機械学習

人工知能のメイン機能である機械学習とは、収集したデータから自ら学習し、何かしらの判断を行う仕組みを指します。

基本的に機械学習はデータに基づいて、ある定めた評価軸（定量化されたもの）を最小化するように学習していきます。例えば、誤差がそれにあたります。実際の値が5であるものに対し、予測した値が3であるとしましょう。このときの誤差（2つの値の差）は2になります。しかし、理想は誤差が0になることですよね。実際の値が5であるものを5だと予測するのが良いのは納得できるかと思いますが、もちろんそんな簡単にいくわけではありません。評価軸である誤差を最小化するために、収集したデータに基づいて、コンピュータが**パラメータ**と呼ばれる値を上手く調整していきます。

パラメータは以下の図がイメージしやすいかと思います。

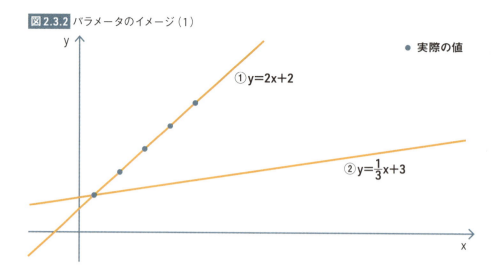

図2.3.2 パラメータのイメージ（1）

　図2.3.2は、実際のデータ5つが表示されているグラフになります。その点（データ）を上手く通るような直線を描きたいと考えた際に、コンピュータは①と②の2つの直線を描きました。さて、どちらのほうがデータから上手く学習ができていそうでしょうか。

　そうです、①ですよね。①は実際の値にしっかりとフィットするような形で直線を描けています。では、①と②の違いは一体何なのでしょうか。中学生の数学用語を借りてお伝えすると、これらの違いは傾きと切片であり、機械学習的にお伝えするとこれが**パラメータ**にあたります。

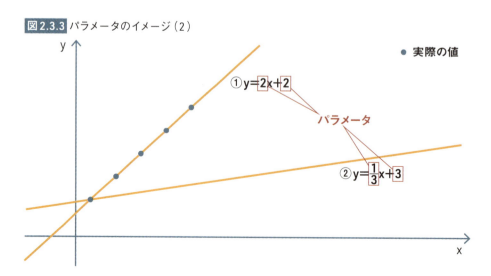

図2.3.3 パラメータのイメージ（2）

2.3 | 機械学習の基本

実際のデータに対し、良いパラメータ (今回でいうと傾き2、切片2)を見つけることができると良い当てはまりになり、悪いパラメータだとデータに上手く当てはまらないのがわかるかと思います。何を持って良し悪しを判断するかというと、先程お伝えした評価軸である誤差などがそれにあたります。先程からお伝えしていた「評価軸」とは、正式名称で**評価関数**と呼びます。良し悪しを判断するための関数 (式) です。どのような評価関数があるのかはぜひ調べてみてください。

機械学習をお伝えする上で欠かせないのが、以下の3つのトピックです。

- 教師あり学習
- 教師なし学習
- 強化学習

囲碁で人間に勝利したというニュースで有名になったAlphaGoは、**強化学習**を用いて実装されています。注目を浴びるようになってきた強化学習ではありますが、実現場で実装されているほとんどが**教師あり学習**です。教師あり学習とは入力データと出力データをセットで学習するタイプの機械学習を指し、本書でお伝えする機械学習も教師あり学習になります。この教師あり学習も回帰と分類という2つのタイプに分けることができます。回帰は数値を予測する場合を指し、分類はカテゴリを予測する場合を言います。つまり、電力や家賃を予測する場合は回帰、ワインの等級や動物の種類を予測する場合は分類となります。これら3つの違いについては本書ではお伝えしませんが、重要トピックなのでぜひ勉強してみてください。

◉ ディープラーニング

機械学習、その中でも教師あり学習には様々な手法 (アプローチ) があります。例えばですが、「重回帰分析」「サポートベクターマシン」「決定木」と呼ばれるものがあります。 これらは、学習していくための手順や評価関数等が異なっていますが、どれも手順が明確に定まっています。このようにコンピュータが処理を行う手順が明確化されているものを**アルゴリズム**と呼びます。

そして、**ディープラーニング**は機械学習アルゴリズムの一種になります。正直、「一

第2章│基礎体力編

種のアルゴリズム」でくくることができないほどディープラーニングの中でも様々なアプローチが存在します。画像に特化したディープラーニング、時系列データに特化したディープラーニング等が台頭してきたこともあり昨今のAIブームが始まりました。ディープラーニングは画像や時系列、自然言語（テキスト）といった領域には非常に有効です。「ディープラーニング」という言葉を初めて聞く人からすると、ディープラーニングは万能であるという印象が強いですが、決してそんなことはなく、従来のアルゴリズムで解決できる問題設定もたくさんあるということをしっかり覚えておきましょう。

✛学習と推論

　先程から「学習」という言葉を多用していましたが、人工知能、特に機械学習を勉強していく際に必ず出てくるキーワードとして、学習と推論があります。

　非常に重要なキーワードですので、2つの具体的なイメージが湧いてからプログラミングに移りましょう。

　まずは、学習と推論を人間に例えてみましょう。0歳の赤ちゃんを想像してください。0歳の赤ちゃんが初めて犬を見たとしましょう。その時に赤ちゃんが犬を指差して「いぬ！」と認識することはできるでしょうか。もちろん答えはNoです。初めて犬を見るので、人間よりも小さくて4つ足で歩いてる生物が犬だと知らないわけです。それではなぜ、赤ちゃんが成長していくと犬や猫を認識することができるのでしょうか。そうです、赤ちゃんと一緒にいる親が「あれは犬って言うんだよ」と答えを教えるわけです。1回だけではなく、2回、3回と赤ちゃんが見た生物が「犬」であるということを覚えさせていく、この過程が**学習**にあたります。人間に対して使用する「学習」と似た意味で捉えることができます。そして、学習の過程を経た赤ちゃんが犬を見た時、赤ちゃん自身の口から「犬！」と発することができるようになるわけです。このように学習した結果を元に何かの出力を行うことを機械学習では**推論**と呼びます。

166

図2.3.4 人間が学習するイメージ

学習と推論のイメージが湧きましたでしょうか。実際の活用シーンをイメージするために、もう少し違う例で見てみましょう。

◉ 学習

学習では、ある入力と出力に対して情報をひもづけてあげるために、「この入力を行うとこの出力が得られる」といったデータを渡して、その規則性を見つけることを行います。

具体的な例を見てみましょう。ここでは、入力用の学習データとして「男性」と「女性」の写真を使うこととします。

図2.3.5 男性と女性

今回の例では、ある画像（1人が写った顔写真）を入力として、この画像内に写っている人間が「男性」か「女性」かを見分けたいという問題設定にするとします。人間の目では全く難しくない問題ですが、これがコンピューターにとっては案外難しかったりします。

第2章 | 基礎体力編

⦿ ルールベースで見分ける方法

　それではまず、機械学習ではないルールベースで見分ける方法についてお伝えします。

　ルールベースと言っても、そのルールを決めるのは人間の勘やノウハウに依存します。まずは、「男性」か「女性」を見分けるために必要な要素を洗い出します。例えばですが、肌の色、唇の色、髪の毛の長さ、鼻の面積、目の大きさ、顔の大きさなどが挙げられます。これらは、全て数値で表現することが可能です。色に関してもRGB（Red Green Blue）で表される光の強さ（輝度）を定量評価することにより数値に落とし込むことができます。

　これらの要素に対し、「髪の毛の長さが○○cmより長ければ女性」「肌の色が黒ければ男性」といった基準（ルール）を人間の知見から定めてプログラムを書いていきます。

　これがルールベースで見分ける方法になります。　実際にこれらの基準を明確に決めるのは正直難しいです。多くの定量化した要素をもとに人間は「男性」か「女性」かを見分けています。　ルールベースで見分ける場合にやはりネックとなるのが「基準値をどこに定めるか」になります。基準値を定めるのが難しいので、基準値をコンピュータに決めてもらう（学習してもらう）のが機械学習を用いたアプローチになります。

⦿ 機械学習を用いて見分ける方法

　機械学習では、コンピューターで扱うために、画像の情報をまず**数値**に変換します。

　先ほどお伝えしたように画像の色をRGBの輝度で定量評価することにより学習していきます。先程から繰り返しお伝えしている定量評価というのは、機械学習実装の際に非常に重要なポイントとなります。一見定性的に見える指標をどうやったら定量的に表現できるのかを考えていくことは非常に重要であり難しい部分でもあります。

　ここで1つ、うまく学習を行う上で重要な**特徴量**についてお伝えします。画像をそのまま定量評価しようとしたのが輝度になりますが、「男性」と「女性」をより見分けや

すくするために何か工夫を施せないでしょうか。例えばですが、各画像の肌色の数をカウントしてみるとか、フルカラーも必要ないので白黒で表現した画像を用いる、顔の輪郭のみを抽出するなどの方法が挙げられます。これらのように元の数値とは異なる指標に変換した値のことを特徴量と呼びます。その画像の**特徴**をうまく**定量**評価した値のことです。

そして図に示すように、この特徴量を入力として、それに対する出力（「この画像は『男性』である」といった出力）も1セットで、モデルに与えます。

モデルというのは、広義の意味で使用されている用語ではありますが、機械学習では「データの特性を数式で表現したもの」だと認識していただければと思います。以下の図がイメージしやすいかと思います。

図2.3.6 モデルのイメージ

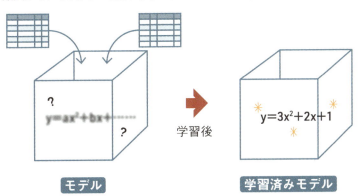

図2.3.6のように、モデル自体はデータの規則性を表現した数式が入る箱のようなものであり、明確な式が定まっているわけではないものを指します。学習後、数式が明確になったものを**学習済みモデル**と呼ばれます。つまり、パラメータが定まった計算式が箱に入っているイメージです。慣れればイメージが湧いてくる用語ではあるので、ぜひ本書で「モデル」という言葉の理解も深めていきましょう。

学習に与えるデータに関して見ていきましょう。特徴量となる画像を入力とし、それに対する出力結果（この画像は「男性」ですという答え）も同時にモデルに渡します。

出力をtで表現しますが、tは目標となる値を意味する英単語targetの頭文字を取っています。

図2.3.7 学習（男性の画像とその答え）

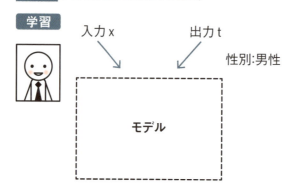

男性だけではなく、女性の画像とその答えも同時に与えます。

図2.3.8 学習（女性の画像とその答え）

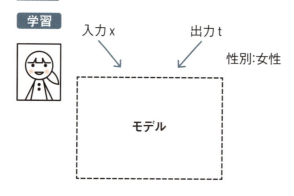

もちろん、1枚だけではコンピューターは規則性を見つけられないため、他の男性や女性の写真を数百枚〜数万枚用意し、コンピュータに学習させます。

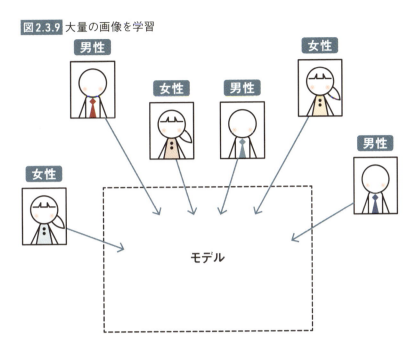

図2.3.9 大量の画像を学習

そして、この学習によって学習済みモデルが完成します。

◉ 推論

学習後に、学習済みモデルを使用して、新しい画像に対してその予測値を求めることを **推論** と言います。具体的には **図2.3.10** のように、新しい画像が入ってきた際に、学習済みモデルに基づいて、「男性」といったような予測が行われます。

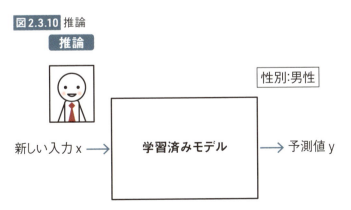

図2.3.10 推論

機械学習を用いたプロダクトには、いまお伝えしたような学習済みモデルによる推論を行っているわけです。

人間と同様に、学習には時間がかかります。推論に関しては学習済みモデル内の計算を行うだけなのでそこまで時間はかかりません。

本節以降、正式名称である「推論」という言葉を基本的に使用しますが、文章のニュアンスから「予測」という言葉を使用する場面もあります。基本的には同じものであると認識していただいて大丈夫です。

入力変数と出力変数

プログラミングに入る前に入力変数と出力変数についてお伝えします。

「物件の家賃を予測したい」という問題設定の際に、物件情報が入った以下のような表データがあったとします。

図2.3.11 入力変数と出力変数

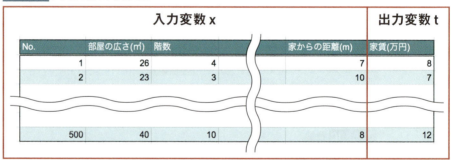

物件の家賃を予測するために、物件の部屋の広さ、階数、最寄り駅からの距離等の変数を使用します。この際に、今回求めたい値である家賃を**出力変数**、出力変数を求めるために用いる部屋の広さ、階数、最寄り駅からの距離を**入力変数**と呼びます。

さきほどの画像の例でお伝えすると、求めたい値は入力画像が「男性」か「女性」かという性別です。つまり、性別が出力変数であり、画像自体が入力変数になります。

また、非常に重要な点として、今回の各物件情報、つまり各行を**サンプル**と呼び、物件数を**サンプル数**と言います。 横の列数は入力変数の数であり、慣れないうちはサンプルと入力変数がごちゃごちゃになってしましいますが、今回の例をしっかり覚えておきましょう。 基本的に、入力変数を x、出力変数を t で表現することも押さえておきましょう。

- 入力変数（x）：出力変数を求めるのに用いる変数
- 出力変数（t）：求めたい変数

それでは、機械学習のざっくりとした概要を掴んだところで、プログラミングに入っていきましょう。

2.3.2 Pythonの基礎

＋Pythonとは

本書では、Pythonというプログラミング言語を用いて機械学習を実装していきます。近年プログラミング言語の中でも脚光を浴びているのがPythonです。AI・機械学習を学びたい方のほとんどがPythonを学び始めています。JavaやRuby、PHP、JavaScript等の様々なプログラミング言語がある中で、なぜ今Pythonが注目を浴びているのでしょうか。Pythonの3つの特徴についてお伝えしますが、端的に言うと「少ないコードでシンプルに記述でき、機械学習やWebアプリケーションなどの様々な領域で用いられている言語」がPythonです。各特徴について見ていきましょう。

⦿ AI・機械学習領域のメイン言語

やはり、大きな特徴として挙げられるのが、AI・機械学習領域のメイン言語である点です。近年のAIブームに乗じてPythonユーザーが増えてきました。AI・機械学習領域で使用されるプログラミング言語としてRという言語も存在しますが、こちらは統計学領域に特化しており、Pythonほどの汎用性はありません。大学や企業の研究所に務めている方がRを使用しています。

第2章｜基礎体力編

◉ 応用領域が広い

　Pythonは前述したAI・機械学習領域のみならず、Webアプリケーションの作成やWebスクレイピング（Webから情報を取得する技術）などを行うこともできます。また、様々なライブラリ（目的に応じて便利な機能を集めたもの）が提供されており、広い領域での活用も大きな特徴になります。私自身、何かを行いたいと思った時にまずは、「Python ○○」とWebで検索しているくらいです。みなさんがPythonの基礎を学ぶことで、今後の様々な可能性が広がることは間違いありません。

◉ 初学者でも扱いやすい

　AI・機械学習やWebアプリケーション作成にPythonが使われているとしても、学習ハードルが高ければ学習過程で挫折してしまうことも珍しくありません。私自身、初めて学んだプログラミング言語がJavaでしたが、非常に難しく、挫折したのを今でも覚えています。しかし、Pythonはそこまでの心配をする必要はありません。シンプルなコードで書かれており、初学者の方でも安心して学ぶことができます。他のコードで数行書くようなコードも1行で記述できたりするので、非常にオススメの言語です。

＋今回扱う内容について

　本書で扱う内容はPythonの基本的な文法をすべて包含しているわけではありません。本書の一連の流れをお伝えするに当たり必要な最低限の内容となっております。Pythonをしっかり学んでから読み進めたい方、本書の内容よりも深く学んでみたい方は、YouTubeにて「キカガクチャンネル」と検索してみてください。Python、AI・機械学習を学びたい初学者、中級者向けに講座を出しておりますので、ぜひご覧になってみてください。

　それでは、早速Pythonの基礎を学んでいきましょう。

> **note**
> 　巻末の「Pythonの環境構築」にて環境構築を終えてから、次を読み進めてください。

2.3 機械学習の基本

◉ 準備

デスクトップ上にworkという作業フォルダを作成してください。terminalやpowershell等でworkフォルダに移動してからjupyter notebookを起動してください。

図 2.3.12 jupyter notebookの起動

新たにjupyter notebookのファイルを作成し、「Python基礎」というファイル名にしてください。

図 2.3.13 jupyter notebookの作成

図 2.3.14 ファイル名の変更

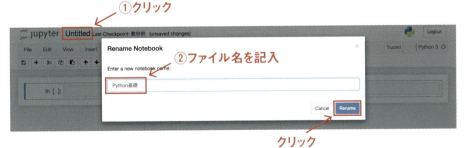

第2章 | 基礎体力編

✚四則演算

最初に、プログラミングの基本中の基本である四則演算についてお伝えしていきます。機械学習の計算には多くの四則演算が含まれています。もちろん、それらを気にすることなく機械学習を実装することはできるのですが、基本的な部分となっていますので、しっかりと押さえていきましょう。

◉ 足し算・引き算

まずは、足し算、引き算です。数学の記号と同様に足し算には+、引き算には-を使用します。注意点として、プログラミングでは、基本的にすべてのアルファベット、記号には**半角**を用います。全角を用いるとエラーが起きてしまうのでご注意ください。

jupyter notebookにて以下のようにコードを打ち、「shift + Enter（return）」で実行してください。

jupyter入力

```
10+2
```

実行すると計算結果が下に表示されたかと思います。

jupyter出力

```
12
```

```
In [1]: 10+2
Out[1]: 12
```

10+2=12なので合っていますね。jupyter notebookを用いると、このように実行結果がすぐに表示されるので、インタラクティブに試行錯誤を繰り返すことが可能です。他の計算も行ってみましょう。

```
In [2]: 1111+2222
Out[2]: 3333
```

176

桁数の大きな計算も簡単に行うことができます。電卓と同じだと思っていただければ大丈夫です。次に引き算をしましょう。引き算は-（マイナス符号）を用います。

```
In [3]: 10 - 4
Out[3]: 6
```

こちらも簡単に実行することができました。答えがマイナスとなる計算も可能です。実行してみましょう。

```
In [4]: 10-20
Out[4]: -10
```

負の値は数値の前に「-」が付きますが、これも数学と同じなので問題ないかと思います。

◉ 掛け算・割り算

掛け算、割り算について見ていきましょう。先程までとは違い、数学とは異なる記号を用います。掛け算は*（アスタリスク）、割り算は/（スラッシュ）です。まずは、10×10を計算してみましょう。

```
In [5]: 10 * 10
Out[5]: 100
```

10×10＝100なので合っていますね。記号は数学と異なりますが、簡単に計算することができました。それでは、小数の計算も行ってみましょう。小数点には.（ドット）を用います。

```
In [6]: 1.08 *100
Out[6]: 108.0
```

小数も問題なく計算することができました。

第2章│基礎体力編

次に、割り算です。1800÷100を / を用いて計算してみましょう。

```
In [7]: 1800/100
Out[7]: 18.0
```

◉ ( ) の優先順位

数学の計算時に**( )**を用いることは多々あるかと思いますが、プログラミングでもよく用います。数学では計算式に ( ) があると ( ) の中身を先に計算するんでしたね。プログラミングでも同様です。 ( ) 内の計算が優先的に行われます。早速、見ていきましょう。

```
In [8]: (100+300)/4
Out[8]: 100.0
```

( ) 内の100+300の計算結果を4で割っていますね。数学と同じなので理解しやすいかと思います。他の例も見てみましょう。

```
In [9]: 10*(2+3)
Out[9]: 50
```

◉ 剰余

剰余（余り）についてです。先程の割り算ではすべて余りが0になる計算を行いましたが、計算によっては余りがでる場合もあります。また、2で割った余りが0の場合は偶数、2で割った余りが0でない場合は奇数、というように余りを1つの判断基準に用いることもあります。余りを求める際には、**%**を用います。早速、見ていきましょう。

```
In [10]: 10%5
Out[10]: 0
```

10÷5=2なので余りは0です。

```
In [11]: 10%8
Out[11]: 2
```

$10 \div 8 = 1 \dots 2$ なので余りは2になりますね。以上が剰余についてです。

● べき乗

最後はべき乗になります。2の3乗や5の4乗といったべき乗は**で表現します。

```
In [12]: 2 ** 3
Out[12]: 8
In [13]: 5**4
Out[13]: 625
```

＋変数

プログラミングで非常に重要な概念となる**変数**についてお伝えします。

何か計算した結果を後々使用するために保持していたり、頻繁に用いるような値を格納しておくために便利なのが変数です。計算結果等を保持するための箱をイメージしていただけるとわかりやすいです。例として、「3」という数値を「a」という変数に格納する場合を見ていきます。

図2.3.15 変数のイメージ

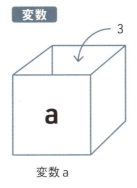

変数 a

図2.3.15のイメージをコードで書くと以下になります。

第2章│基礎体力編

```
In [14]:  a = 3
```

　変数に値を入れる場合は「=」を用います。この「=」は数学的なイコール（等しい）を意味するわけではなく、**代入**を意味します。「3をaという変数に代入する」という意味になります。aの中身を確認する場合は、jupyter notebook上で「a」と打つか、「print(a)」と記述することで確認できます。

```
In [15]:  a
Out[15]:  3
In [16]:  print(a)
          3
```

　「print( )」は( )内に記述した変数や値を表示するPythonの機能です。Pythonにはこのような機能がたくさんありますが、専門用語で**関数**と呼びます。本書では詳しくお伝えしませんが、非常に重要な概念ですので名前だけでも覚えていただければと思います。

　他の変数も書いてみましょう。10を変数bに代入します。

```
In [17]:  b = 10
In [18]:  b
Out[18]:  10
```

　a、bという変数を作成しましたが、実際に変数名には意味のある名前を付けるのが一般的です。例えば、100円のノートを購入するとしましょう。（2019年9月までの）購入時には消費税8%が加えられるので、実質108円になります。これをコードで記述すると以下のようなイメージになります。

```
In [19]:  # 価格
          price = 100
In [20]:  # 消費税
          tax = 1.08
In [21]:  # 税込み金額
          price * tax
Out[21]:  108.0
```

180

2.3 | 機械学習の基本

価格を「price」、消費税を「tax」という変数名にするのは、問題設定と合致していてイメージしやすいですよね。このように、その変数に何が入っているかわかるように変数名を記述するのがポイントです。他の人が自分のコードを見ても、「この変数は○○の値が入っているんだね」と理解してもらえるのが理想です。変数名の付け方は慣れが必要ですが、『リーダブルコード』という書籍にはどのような変数名の付け方、コードの書き方が良いのかといった基準が書かれているので非常にオススメです。

また、上記のコードには「#」の後に文字列が記述されていますが、「#」の後からその行の終わりまでの文字列すべては無視されます。つまり、実行に影響を受けない部分になります。この「#」に続く部分を **コメント** と呼びます。コメントは、他の人がコードを読む際にコード中の変数や処理の意味を伝えるためによく用いられます。

◉ 変数に使える文字

実は、変数にはどんな名前を付けてもいいわけではありません。いくつかの条件があるのでお伝えします。

- 1文字目に数字は使えない
- 予約語は使えない

1文字目に数字は使えない

1文字目は必ずアルファベットで始める必要があります。もし数字から始まる変数名を定義しようとしたら、以下のようなエラーが起きてしまいます。

```
In [22]: 1name = 1
          File "<ipython-input-22-2e6d4c0276f8>", line 1
            1name = 1
                ^
SyntaxError: invalid syntax
```

「SyntaxError: invalid syntax」というエラーは、文法エラーを意味します。

予約後は使えない

もう1つは **予約語** です。プログラミング言語には予め定義されている特殊な単語のことで、既に役割が決まっている単語を指します。例として「return」という単語が予

181

約語にあたります。

```
In [23]: return = 1
  File "<ipython-input-23-99a3b896cd2f>", line 1
    return = 1
           ^
SyntaxError: invalid syntax
```

関数という概念を勉強するとreturnの役割を学びます。つまり、関数という概念に置いてreturnという役割が定められているということになります。他にも予約語はありますが、多くはないのでそこまで気にせず変数名を付けていただけるかと思います。

● 文字列型

　変数の最後にお伝えするのが**文字列型**になります。こちらは**データ型**でもお伝えする内容ではありますが、先にご紹介します。

　今までは、数値に関してのみお伝えしてきましたが、Pythonでは文字列を扱うこともちろん可能です。文字列を扱う型のことを**文字列型**と言います。文字列を定義する際は「"」（シングルクォーテーション）で囲ってあげます。以下のように私の名前を「name」という変数に定義しましょう。

　特に難しくはないかと思います。文字列を定義する際には「"」を使用するだけです。

＋比較演算子

　その名の通り、比較をする際に用いるのが**比較演算子**になります。

　日常生活においても、比較することというのは多いのではないでしょうか。例えばですが、私の身長は180cm、弟の身長は185cmだとした場合、私の身長は弟の身長よりも小さいです。昨年度の売り上げは100億円、今年度の売上は150億円だと、今年度の売上は昨年度の売り上げより大きいです。このような比較をPythonで行うときに

比較演算子を用います。

比較演算子とは別に覚えておくべきこととして、TrueとFalseがあります。詳しくは後述しますが、比較が正しい際はTrue、比較が間違っている際はFalseという結果が出力されます。コードを見ながら説明していきます。

数学の不等式でおなじみの「<」や「>」を用います。

```
In [27]: 1 < 3
Out[27]: True
```

上記の不等式は、「1より3が大きい」ことを意味しており、不等式として正しいので、Trueという結果が返ってきています。

```
In [28]: 1 > 3
Out[28]: False
```

上記の不等式は、「1より3が小さい」ことを意味しており、不等式として間違っているので、Falseという結果が返ってきています。

大小の関係だけではなく、等しい、等しくないを比較することも可能です。等しいかどうかを比較する場合は「==」、等しくないかどうかを比較する場合は「!=」となります。早速、見てみましょう。

```
In [29]: 1 == 1
Out[29]: True
```

上記は「1と1は等しい」ことを意味しており、正しいのでTrueとなっています。

```
In [30]: 1 == 2
Out[30]: False
```

上記は「1と2は等しい」ことを意味しており、間違っているのでFalseとなっています。「以上」と「以下」を表す場合は、「>=」と「<=」を用います。

第2章｜基礎体力編

```
In [31]: 1 != 3
Out[31]: True
```

上記は「1と3は等しくない」ことを意味しており、正しいのでTrueとなっています。

```
In [32]: 2 >= 1
Out[32]: True
In [33]: 2 >= 2
Out[33]: True
```

上記は「>=」として成り立っているので、Trueとなっています。

文字列に関しても等しいかを確認することがよくあります。2つの文字列を比較して正しいか否かを判断します。

```
In [34]: '今西' == '今西'
Out[34]: True
```

上記は全く同じ文字列なのでTrueとなっています。

```
In [35]: '今西' == 'Imanishi'
Out[35]: False
```

左は漢字、右はローマ字表記となっているため、Falseとなっています。

＋データ型

コンピューターが扱っているデータというものには**型**があります。例えるならば、日本語や英語って、大きな括りでいうと言語になりますよね。　この言語の中にも日本語や英語だけではなく、ドイツ語、フランス語という色々な「タイプ」（型）があります。それらと同様に、データの中にも数値があったり文字があったりします。数値の中には整数があったり、小数があったりという風に、データも一括りにできるわけではなく、色々な型があります。このようなデータの型のことを**データ型**と呼びます。

184

◉ 数値型

まずは、今まで扱ってきた数値について見ていきましょう。

整数

まずは、数値型の1つである整数についてです。Pythonでは整数のことを**int**（**integer**）でよく表現します。

以下の120という数値のデータ型は整数であり、コード上でデータ型を確認したい際には「type( )」を用います。

```
In [36]: a = 120
In [37]: a
Out[37]: 120
In [38]: type(a)
Out[38]: int
```

上記は変数「a」のデータ型を意味しており、「int」と表示されました。つまり、整数を意味しております。

浮動小数点数（小数）

数値型の1つである浮動小数点数は、いわゆる小数のことです。浮動小数点数のことを**float**で表現します。整数同様に「type( )」でデータ型を確認してみましょう。

```
In [39]: b = 4.5
In [40]: b
Out[40]: 4.5
In [41]: type(b)
Out[41]: float
```

数値型には、整数、浮動小数点数以外に複素数も存在しますが、使用頻度が少ないため本書では割愛いたします。

◉ 文字列型

先程お伝えした文字列型になります。文字列型は**str**（**string**）で表現します。

第2章│基礎体力編

```
In [42]: name = 'imanishi'
         name
Out[42]: 'imanishi'

In [43]: type(name)
Out[43]: str
```

◉ bool 型

　ある条件が正しいか、正しくないかを判断する際に用いるのがbool型になります。正しければ**True**、正しくなければ**False**で表現します。本書では詳しくお伝えしませんが、「if文」と呼ばれる制御構文を扱う際に頻繁に登場します。今回は、データ型の1つとしてbool型が存在するということを押さえていただければ大丈夫です。

```
In [44]: flg = True

In [45]: type(flg)
Out[45]: bool
```

◉ 複数のデータ

　今までは1つの値のみを格納するデータ型についてお伝えしてきましたが、複数の値を扱うデータ型についてもお伝えいたします。

リスト型

　1つ目がリスト型です。使い方等の詳細は次節にてお伝えしますが、リスト型を扱う際は**[ ]**内に格納したい複数の値を「,」区切りで入れます。これがリスト型の定義の仕方になります。

```
In [46]: c = [10, 20, 30]
         c
Out[46]: [10, 20, 30]

In [47]: type(c)
Out[47]: list
```

辞書型

　複数のデータを扱う際に、辞書型というデータ型も存在します。辞書型は、**{ }**で定義します。こちらも詳しくは次節でお伝えしますので、データ型の1つとして存在するこ

とを覚えておいてください。

```
In [48]: d = {'姓':'今西', '名':'航平'}

In [49]: type(d)
Out[49]: dict
```

dictionary（辞書）を表す「dict」と表示されました。複数のデータを扱う型として、タプル型、集合（セット）型と呼ばれるデータ型も存在しますが、使用頻度は少ないので、気になる方は調べてみてください。

➕リスト型

データ型の部分で少し紹介したリスト型の使用方法をしっかりとお伝えしていきます。

日常生活などで複数の値を1つにまとめて扱いたい場面が存在するかと思います。例えばですが、イベント参加者3名の名前を扱いたい場合です。各参加者の名前にそれぞれ変数名を割り当てるのは大変なので、まとめてnamesという変数名に格納するとしましょう。この際に登場するのがリスト型です。リスト型は、以下のように**[ ]**内に**,**区切りで格納したい値を記述します。

```
In [50]: names = ['岩橋', '増田', '今西']
         names
Out[50]: ['岩橋', '増田', '今西']
```

複数の値を簡単に格納することができました。このリスト（リスト型の変数名のこと）に格納されている各値のことを**要素**と呼びます。今回の場合「岩橋」、「増田」、「今西」という値が要素にあたります。

それでは、リストの定義をすることができたところで、各要素を抽出してみましょう。各要素を抽出することを「要素にアクセスする」と表現します。

まずは、最初の要素である「岩橋」にアクセスしましょう。プログラミングでは基本的に0スタートで数えていくので、「岩橋」という要素はリストの**0番目の要素**になります。取り出し方は以下のようになります。

第2章｜基礎体力編

```
In [51]: names[0]
Out[51]: '岩橋'
```

　上記のように**変数名[要素番号]**でアクセスすることが可能です。非常にシンプルでわかりやすいです。リスト型は文字列だけではなく、数値を扱うことも可能です。例として、学校の3科目のテストの点数、国語50点、数学80点、英語60点の値をリストでまとめるとしましょう。テストの点数をまとめるので変数名をscoresにします。

```
In [52]: # 国語、数学、英語
         scores = [50, 80, 60]
```

◉ 要素の抽出

　数学の点数を取り出してみましょう。

```
In [53]: # 0スタート
         scores[0]
Out[53]: 50
```

　次に、数学（要素番号：1）、英語（要素番号：2）の点数を取り出してみましょう。

```
In [54]: scores[1]
Out[54]: 80
In [55]: scores[2]
Out[55]: 60
```

　いかがでしょうか。これで要素の抽出方法が理解できたかと思いますが、今回はリストの長さ（要素の数）が3と、非常に小さいです。今後、別のケースを扱っていく際などには、リストの長さが100、1000、それ以上の場合も多く存在します。そのような際にいちいち数を数えて要素にアクセスするのは大変です。そこで便利なのが以下の方法になります。

```
In [56]: scores[-1]
Out[56]: 60
```

図 2.3.16 リストの抽出方法

　上記は英語の点数である60点を取り出すことができているようです。これはなぜでしょうか。実は、要素番号に「-」を付けた取り出し方は、後ろから数えた取得方法になります。つまり、「-1」というのは後ろから数えて1番目の要素を取得します、という意味になるので、英語の点数にアクセスすることができたわけです。このように後ろからアクセスする方法もよく用いるので覚えておきましょう。同じ表現で数学の点数を取り出してみましょう。

```
In [57]: scores[-2]
Out[57]: 80
```

　次に、リストの複数の要素にアクセスする方法をお伝えします。最初の2つの要素である国語、数学の点数を取り出す方法は以下になります。

```
In [58]: scores[0:2]
Out[58]: [50, 80]
```

　複数の要素のアクセス方法なので、出力結果はリストで表示されています。
　さて、上記の[ ]内の意味はわかりましたでしょうか。複数の要素にアクセスする場合は、「○の要素から△の要素までを取り出す」という○、△の2点を示す必要があります。つまり、上記は「0番目の要素から2番目の要素までを取り出す」という意味になりそうですが、実際には「0番目の要素から2番目の要素の1つ前の要素までを取り出す」になります。したがって、0番目の要素である50、2番目の要素の1つ前の要素、

第2章 | 基礎体力編

つまり1番目の要素である80までを取り出すことを意味します。

まとめると、**変数名[開始位置：終了位置の1つ後]**で抽出することができます。この取り出し方は慣れるまで少し難しく感じますが、何度か練習すればすぐに理解できるようになります。また、開始位置の要素番号が0である場合は、以下のように省略することも可能です。

```
In [59]:  scores[:2]
Out[59]:  [50, 80]
```

以下も同じ要素の抽出方法になります。

```
In [60]:  scores[:-1]
Out[60]:  [50, 80]
```

◉ 要素の追加

リストを定義した後、別の要素を追加したい場合などもあります。今回の例ですと、scoresというリストに社会の点数70点を追加するとしましょう。追加方法は以下になります。

```
In [61]:  scores.append(70)
In [62]:  scores
Out[62]:  [50, 80, 60, 70]
```

scoresに70が追加されているのを確認できました。「append()」というリストに備わっている機能（**メソッド**）を用いることで、要素を新たに追加することができます。**変数名.append(追加したい要素)**という呼び出し方になります。

理科の点数90点も追加してみましょう。

```
In [63]:  scores.append(90)
In [64]:  scores
Out[64]:  [50, 80, 60, 70, 90]
```

190

2.3 | 機械学習の基本

◉要素の削除

　要素の削除方法は複数存在します。今回は「pop()」を用いた削除の方法について説明します。要素の追加と似たような形で削除することができます。以下を見てみましょう。

```
In [65]:  scores.pop()
Out[65]:  90
In [66]:  scores
Out[66]:  [50, 80, 60, 70]
```

　scoresを確認すると90という要素が削除されています。何も指定せず、「scores.pop()」とすることで、最後の要素である90が削除されました。 実際には要素番号を指定した以下の方法で削除するのが一般的です。

```
In [67]:  scores.pop(0)
Out[67]:  50
In [68]:  scores
Out[68]:  [80, 60, 70]
```

　変数名.pop(削除したい要素番号) で削除することができました。「clear()」「remove()」「del文」を用いた他の削除方法もあるので、興味がある方はぜひ調べてみてください。

2.3.3 Pythonによるデータ操作

＋pandasとは

　pandas（パンダス）とは、Pythonの外部パッケージです。**パッケージ**とは、簡単にお伝えすると「**便利な機能をあつめたツール群**」のことを指します。他の言語では**ライブラリ**と呼んだりもします。Pythonには、pandasの他にも様々なパッケージがあり、様々な用途に応じたパッケージを使用することで目的を素早く終える手助けをしてくれます。

191

pandasは、データ操作に特化したパッケージとなります。「データ操作と言ったらpandas」と言われるくらい、多くの方が使用しているパッケージとなります。本書では、BIツールであるTableauを使用するため、データ操作が頻繁に起こるわけではありません。しかし、Pythonのデータ操作に関して王道であるpandasを理解することは必ず読者の方の今後に役立つと思っております。『pandasクックブック』と呼ばれるpandasの内容のみが書かれた分厚い書籍が出版されるくらい、機能が豊富に用意されております。本書では、後の実践編に必要である内容に集約し、pandasの基本的な内容を押さえていきます。

✚Series型とDataFrame型

pandasに大きく分けて2つの型が存在します。Series型とDataFrame型です。Series型は1次元データの集まり、DataFrame型は2次元のデータの集まりです。図2.3.17がイメージしやすいかと思います。

図2.3.17 Series型とDataFrame型

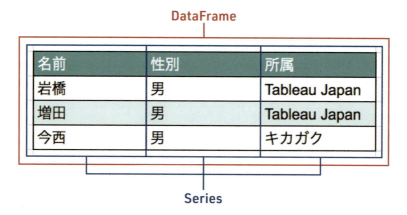

2つともpandasの型ではありますが、扱い方が異なる部分も多々あります。DataFrame型の機能（メソッド）であるにも関わらず、Series型で扱おうとしてエラーが起きてしまう、というのもよくあることです。慣れるまでに時間がかかると思いますが、コードを書いた量に比例して理解度も増してくるはずです。それでは早速、コードを書いて覚えていきましょう。

2.3 | 機械学習の基本

◉ Series 型

モジュールを読み込む際にはImport文を使用します。**import モジュール名**で読み込むことができます。

```
In [69]: import pandas
```

上記のコードだけでも問題はないのですが、pandasを使用する際に毎回「pandas.○○」と記述する必要があり、正直めんどうくさいです。そのため、以下のようにasを用いて簡略化するのが一般的です。「pandasをpdとして読み込みます」という意味になります。

```
In [70]: import pandas as pd
```

importできたところで、Series型を定義しましょう。「pd.Series(1次元データ)」でSeries型を定義することができます。( )内にはリスト型や辞書型等が入ります。

```
In [71]: pd.Series([1,2,3])
Out[71]: 0    1
         1    2
         2    3
         dtype: int64
```

srという変数名に格納し、「type()」で型を確認しましょう。

```
In [72]: sr = pd.Series([1,2,3])
In [73]: type(sr)
Out[73]: pandas.core.series.Series
```

色々と書いてありますが、末尾にSeriesと書いてあるのを確認できました。

◉ DataFrame 型

次にDataFrame型を見ていきましょう。「pd.DataFrame(2次元データ)」で定義することができます。「df」(dataframeの略)という変数で定義しましょう。

193

上記の( )内が少しわかりにくいですが、以下のようにリストを二重で用いて2次元データを表現しています。

図 2.3.18 2次元データの作成

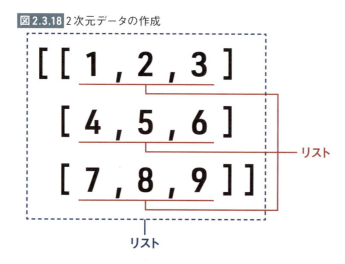

type()でDataFrame型になっていることを確認しましょう。

✚csvファイルの読み込み、書き出し

　Series型、DataFrame型ともに定義の仕方をお伝えしましたが、先程のように自ら値を入れて定義するというのは稀です。実際は、csvファイルやデータベース等からpandasの形式でデータを読み込むことが一般的です。今回はcsvファイルからのデータ読み込み、書き出しについてお伝えします。

2.3 機械学習の基本

◉ csvファイルの読み込み

本書のサポートサイト（https://www.shuwasystem.co.jp/support/7980html/6025.html）からhousing.csvをダウンロードし、現在作業しているフォルダにダウンロードしたcsvファイルをアップロードしてください。housing.csvはボストン近郊の住宅価格が入ったデータになります。

図2.3.19 ファイルのアップロード

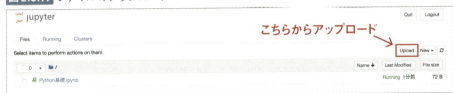

アップロードしたhousing.csvを読み込みましょう。pd.read_csv（**ファイルまでのパス**）でcsvを読み込むことができますが、今回は実行ファイルとcsvファイルが同フォルダ内に格納されているため、ファイル名の指定のみで読み込むことができます。

```
In [76]: df = pd.read_csv('housing.csv')
```

エラーが起きていなければしっかりと読み込めています。エラーが起きた際は、csvファイルの置き場所が作業ファイル（notebook）と同じかを確認してください。dfの中身を確認してみましょう。

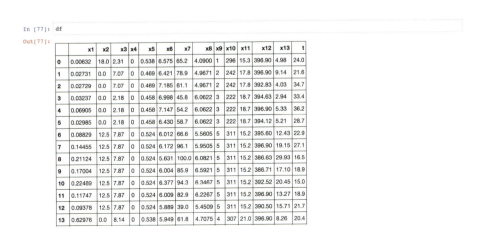

195

14	0.63796	0.0	8.14	0	0.538	6.096	84.5	4.4619	4	307	21.0	380.02	10.26	18.2
15	0.62739	0.0	8.14	0	0.538	5.834	56.5	4.4986	4	307	21.0	395.62	8.47	19.9
16	1.05393	0.0	8.14	0	0.538	5.935	29.3	4.4986	4	307	21.0	386.85	6.58	23.1
17	0.78420	0.0	8.14	0	0.538	5.990	81.7	4.2579	4	307	21.0	386.75	14.67	17.5
18	0.80271	0.0	8.14	0	0.538	5.456	36.6	3.7965	4	307	21.0	288.99	11.69	20.2
19	0.72580	0.0	8.14	0	0.538	5.727	69.5	3.7965	4	307	21.0	390.95	11.28	18.2
20	1.25179	0.0	8.14	0	0.538	5.570	98.1	3.7979	4	307	21.0	376.57	21.02	13.6
21	0.85204	0.0	8.14	0	0.538	5.965	89.2	4.0123	4	307	21.0	392.53	13.83	19.6
22	1.23247	0.0	8.14	0	0.538	6.142	91.7	3.9769	4	307	21.0	396.90	18.72	15.2
23	0.98843	0.0	8.14	0	0.538	5.813	100.0	4.0952	4	307	21.0	394.54	19.88	14.5
24	0.75026	0.0	8.14	0	0.538	5.924	94.1	4.3996	4	307	21.0	394.33	16.30	15.6
25	0.84054	0.0	8.14	0	0.538	5.599	85.7	4.4546	4	307	21.0	303.42	16.51	13.9
26	0.67191	0.0	8.14	0	0.538	5.813	90.3	4.6820	4	307	21.0	376.88	14.81	16.6
27	0.95577	0.0	8.14	0	0.538	6.047	88.8	4.4534	4	307	21.0	306.38	17.28	14.8
28	0.77299	0.0	8.14	0	0.538	6.495	94.4	4.4547	4	307	21.0	387.94	12.80	18.4
29	1.00245	0.0	8.14	0	0.538	6.674	87.3	4.2390	4	307	21.0	380.23	11.98	21.0
...	...	...	...	...	...	...	...	...	...	...	...	...	...	...
476	4.87141	0.0	18.10	0	0.614	6.484	93.6	2.3053	24	666	20.2	396.21	18.68	16.7
477	15.02340	0.0	18.10	0	0.614	5.304	97.3	2.1007	24	666	20.2	349.48	24.91	12.0
478	10.23300	0.0	18.10	0	0.614	6.185	96.7	2.1705	24	666	20.2	379.70	18.03	14.6
479	14.33370	0.0	18.10	0	0.614	6.229	88.0	1.9512	24	666	20.2	383.32	13.11	21.4
480	5.82401	0.0	18.10	0	0.532	6.242	64.7	3.4242	24	666	20.2	396.90	10.74	23.0
481	5.70818	0.0	18.10	0	0.532	6.750	74.9	3.3317	24	666	20.2	393.07	7.74	23.7
482	5.73116	0.0	18.10	0	0.532	7.061	77.0	3.4106	24	666	20.2	395.28	7.01	25.0
483	2.81838	0.0	18.10	0	0.532	5.762	40.3	4.0983	24	666	20.2	392.92	10.42	21.8
484	2.37857	0.0	18.10	0	0.583	5.871	41.9	3.7240	24	666	20.2	370.73	13.34	20.6
485	3.67367	0.0	18.10	0	0.583	6.312	51.9	3.9917	24	666	20.2	388.62	10.58	21.2
486	5.69175	0.0	18.10	0	0.583	6.114	79.8	3.5459	24	666	20.2	392.68	14.98	19.1
487	4.83567	0.0	18.10	0	0.583	5.905	53.2	3.1523	24	666	20.2	388.22	11.45	20.6
488	0.15086	0.0	27.74	0	0.609	5.454	92.7	1.8209	4	711	20.1	395.09	18.06	15.2
489	0.18337	0.0	27.74	0	0.609	5.414	98.3	1.7554	4	711	20.1	344.05	23.97	7.0
490	0.20746	0.0	27.74	0	0.609	5.093	98.0	1.8226	4	711	20.1	318.43	29.68	8.1
491	0.10574	0.0	27.74	0	0.609	5.983	98.8	1.8681	4	711	20.1	390.11	18.07	13.6
492	0.11132	0.0	27.74	0	0.609	5.983	83.5	2.1099	4	711	20.1	396.90	13.35	20.1
493	0.17331	0.0	9.69	0	0.585	5.707	54.0	2.3817	6	391	19.2	396.90	12.01	21.8
494	0.27957	0.0	9.69	0	0.585	5.926	42.6	2.3817	6	391	19.2	396.90	13.59	24.5
495	0.17899	0.0	9.69	0	0.585	5.670	28.8	2.7986	6	391	19.2	393.29	17.60	23.1
496	0.28960	0.0	9.69	0	0.585	5.390	72.9	2.7986	6	391	19.2	396.90	21.14	19.7
497	0.26838	0.0	9.69	0	0.585	5.794	70.6	2.8927	6	391	19.2	396.90	14.10	18.3
498	0.23912	0.0	9.69	0	0.585	6.019	65.3	2.4091	6	391	19.2	396.90	12.92	21.2
499	0.17783	0.0	9.69	0	0.585	5.569	73.5	2.3999	6	391	19.2	395.77	15.10	17.5
500	0.22438	0.0	9.69	0	0.585	6.027	79.7	2.4982	6	391	19.2	396.90	14.33	16.8
501	0.06263	0.0	11.93	0	0.573	6.593	69.1	2.4786	1	273	21.0	391.99	9.67	22.4
502	0.04527	0.0	11.93	0	0.573	6.120	76.7	2.2875	1	273	21.0	396.90	9.08	20.6
503	0.06076	0.0	11.93	0	0.573	6.976	91.0	2.1675	1	273	21.0	396.90	5.64	23.9
504	0.10959	0.0	11.93	0	0.573	6.794	89.3	2.3889	1	273	21.0	393.45	6.48	22.0
505	0.04741	0.0	11.93	0	0.573	6.030	80.8	2.5050	1	273	21.0	396.90	7.88	11.9

506 rows × 14 columns

　しっかりと格納することができましたが、全てを表示すると縦に長くなってしまうので、一部だけを表示させてみましょう。「head( )」を使うと先頭5行を取り出すことができます。

2.3 | 機械学習の基本

> **note**
> 今後のコードは表示行数を減らすためにhead( )を多用しますが、実際にコーディングする際には不要になります。

```
In [78]: df.head()
```
Out[78]:

	x1	x2	x3	x4	x5	x6	x7	x8	x9	x10	x11	x12	x13	t
0	0.00632	18.0	2.31	0	0.538	6.575	65.2	4.0900	1	296	15.3	396.90	4.98	24.0
1	0.02731	0.0	7.07	0	0.469	6.421	78.9	4.9671	2	242	17.8	396.90	9.14	21.6
2	0.02729	0.0	7.07	0	0.469	7.185	61.1	4.9671	2	242	17.8	392.83	4.03	34.7
3	0.03237	0.0	2.18	0	0.458	6.998	45.8	6.0622	3	222	18.7	394.63	2.94	33.4
4	0.06905	0.0	2.18	0	0.458	7.147	54.2	6.0622	3	222	18.7	396.90	5.33	36.2

( )内に数字を入れることで、表示する行数を指定できます。

```
In [79]: df.head(10)
```
Out[79]:

	x1	x2	x3	x4	x5	x6	x7	x8	x9	x10	x11	x12	x13	t
0	0.00632	18.0	2.31	0	0.538	6.575	65.2	4.0900	1	296	15.3	396.90	4.98	24.0
1	0.02731	0.0	7.07	0	0.469	6.421	78.9	4.9671	2	242	17.8	396.90	9.14	21.6
2	0.02729	0.0	7.07	0	0.469	7.185	61.1	4.9671	2	242	17.8	392.83	4.03	34.7
3	0.03237	0.0	2.18	0	0.458	6.998	45.8	6.0622	3	222	18.7	394.63	2.94	33.4
4	0.06905	0.0	2.18	0	0.458	7.147	54.2	6.0622	3	222	18.7	396.90	5.33	36.2
5	0.02985	0.0	2.18	0	0.458	6.430	58.7	6.0622	3	222	18.7	394.12	5.21	28.7
6	0.08829	12.5	7.87	0	0.524	6.012	66.6	5.5605	5	311	15.2	395.60	12.43	22.9
7	0.14455	12.5	7.87	0	0.524	6.172	96.1	5.9505	5	311	15.2	396.90	19.15	27.1
8	0.21124	12.5	7.87	0	0.524	5.631	100.0	6.0821	5	311	15.2	386.63	29.93	16.5
9	0.17004	12.5	7.87	0	0.524	6.004	85.9	6.5921	5	311	15.2	386.71	17.10	18.9

これでcsvファイルの読み込み、表示は完了しました。少し中身を変更してcsvファイルに書き出してみましょう。今回は先頭20行を「head( )」で取得し、新たにexport_dataという変数に代入しましょう。

```
In [80]: export_data = df.head(20)
```

dfの先頭20行がexport_data という変数に格納されました。

◉ csvファイルへ書き出し

今作成したexport_dataをcsvに書き出してみましょう。

197

第2章｜基礎体力編

　書き出しの際は「to_csv(**書き出しファイル名**)」を用います。一番左に表示されている行番号を示すインデックスも書き出されないように「index=False」を指定する必要があります。

```
In [81]: export_data.to_csv('export.csv', index=False)
```

　書き出しに成功すれば、作業フォルダ内にexport.csvというファイルが作成されているかと思います。非常に簡単です。

---

column 複数データの扱い

　Series型、DataFrame型を学んだみなさんは、もしかしたらこのような疑問をお持ちではないでしょうか。

　「複数データの扱いには、リスト型や辞書型、Series型、DataFrame型とたくさんあるけど、結局どれを使えばいいの？」

　実際に線形代数演算に特化したNumPy（ナムパイ）と呼ばれるパッケージにも、複数データを扱うための型が存在します。このようにPythonという1つの言語にも複数データの扱い方が複数存在します。

　そこで、頻繁に違いを聞かれるリスト型、pandas、NumPyの3つの特徴についてだけお伝えしておきます。

- **リスト型**：データの追加やデータの削除等のシンプルなデータ操作に用いる。多様な機能を持っているわけではないため、複雑な処理には不向き。
- **pandas**：データを結合したり、データの条件抽出をしたり、複雑なデータ整理を行う場合に用いる。NumPyをベースに作られており、多様なデータ形式に対応できる。
- **NumPy**：線形代数演算等の数学的な計算を必要とする際に用いる。内部はC言語で実装されており、計算速度が速い。

　上記3つの使い分けはPython初学者にとって難しい部分です。pandasやNumPyには同じようなメソッドがあるため、私自身も慣れるのに苦戦しました。

> 私は、細かなデータ操作を要する際は基本的にpandas、数学的な計算を必要とする場合はNumPy、リスト型はシンプルにデータの追加・削除をしたい時に使用する、という認識を持っています。本書では数学的な計算を行うことがほとんどないため、NumPyの使用はほぼありません。pandasをメインにお伝えしていきますので、引き続きpandasの使い方について見ていきましょう。

➕条件抽出

◉部分抽出

pandasで読み込んだデータの一部を抽出する方法についてお伝えいたします。方法は複数ありますが、**カラム名**を指定した方法と、**iloc[ ]**を用いた方法の2つについてお伝えします。例として、先頭2列や5列目のみのデータを抽出する方法について見ていきましょう。

カラム名を指定する方法

まずは、先頭2列を抽出します。「先頭2列」とは、x1、x2の列ですね。長くなってしまうため、「head( )」も付けておきましょう。

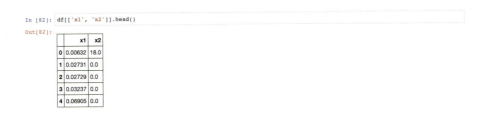

しっかりと先頭2列を抽出することができました。注意点として、2次元データを取得するため、**[ ]**が二重になっています。[ ]が1つだと1次元データを取り出すことになってしまい、エラーが起きてしまいます。

上記と同様に5列目（x5）のみも取り出してみましょう。

5列目のみ取り出すことができました。上記の方法だと[ ]を二重に付けているため、2次元データ、つまり、DataFrame型で抽出されています。今回の場合、1列のみの抽出のため、以下のように[ ]が1つだけでも抽出可能です。ただし、1次元データとして抽出するためSeries型になります。気になる方は、「type()」で確認してみましょう。

```
In [84]: df['x5'].head()
Out[84]: 0    0.538
         1    0.469
         2    0.469
         3    0.458
         4    0.458
         Name: x5, dtype: float64
```

iloc[ ]を用いた方法

カラム名を指定した方法の場合、複数列抽出する際にすべてのカラム名を記載する必要があります。10列取得したい場合、10列分のカラム名を[ ]内に記載する必要があり、非常に大変です。そこで登場するのがiloc[ ]です。iloc[ ]を用いた抽出方法のイメージは**図2.3.20**になります。

図2.3.20 ilocの使い方

早速、先程と同じ列を抽出してみましょう。今回抽出したい行は全てなので、[ ]内に:と記述します。「:」は最初から最後まで全てを意味します。列は0列目から1列目までを取得したいので「0:2」となります。指定の仕方はリストと同様です。

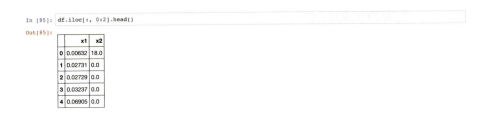

しっかりと抽出することができました。x5列も取り出してみましょう。x5列は4列目にあたるので以下のようになります。

上記がDataFrame型での抽出方法であり、Series型で取り出す場合は以下のようになります。

```
In [87]: df.iloc[:, 4].head()
Out[87]: 0    0.538
         1    0.469
         2    0.469
         3    0.458
         4    0.458
         Name: x5, dtype: float64
```

いかがでしょうか。iloc[ ]はやや難しく感じたかもしれません。何度か書いてみると慣れてくると思いますので、ぜひ練習してみてください。

✚結合

データの結合についてお伝えします。2つのデータを縦に結合したり、横に結合するということはよくあることです。今回はdfの「x○○」と記載のある列をxに、t列をtに分け、これら2つを結合させる方法を見ていきます。

◉ 横方向の結合

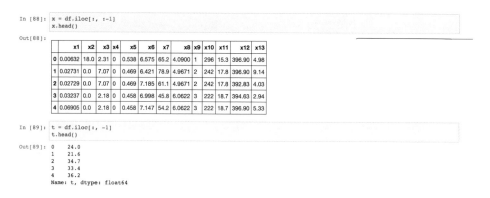

iloc[ ]を用いてxとtに分けました。早速、両者を結合（concatenate）し、元のDataFrameに戻しましょう。DataFrameの結合には「pd.concat( )」を使用します。今回は横方向に結合するため、「axis=1」という値も指定する必要があります。

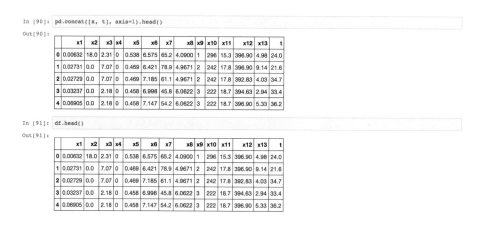

分割した2つを結合し、元のDataFrameを作成することができました。続いて縦方向の結合も行いましょう。

◉ 縦方向の結合

まずは、前半5行を抽出したdf_01とそれ以降のデータdf_02に分割します。

```
In [92]: # 前半5行
         df_01 = df.iloc[:5, :]
         df_01
```

Out[92]:

	x1	x2	x3	x4	x5	x6	x7	x8	x9	x10	x11	x12	x13	t
0	0.00632	18.0	2.31	0	0.538	6.575	65.2	4.0900	1	296	15.3	396.90	4.98	24.0
1	0.02731	0.0	7.07	0	0.469	6.421	78.9	4.9671	2	242	17.8	396.90	9.14	21.6
2	0.02729	0.0	7.07	0	0.469	7.185	61.1	4.9671	2	242	17.8	392.83	4.03	34.7
3	0.03237	0.0	2.18	0	0.458	6.998	45.8	6.0622	3	222	18.7	394.63	2.94	33.4
4	0.06905	0.0	2.18	0	0.458	7.147	54.2	6.0622	3	222	18.7	396.90	5.33	36.2

```
In [93]: # それ以降のデータ
         df_02 = df.iloc[5:, :]
         df_02.head(10)
```

Out[93]:

	x1	x2	x3	x4	x5	x6	x7	x8	x9	x10	x11	x12	x13	t
5	0.02985	0.0	2.18	0	0.458	6.430	58.7	6.0622	3	222	18.7	394.12	5.21	28.7
6	0.08829	12.5	7.87	0	0.524	6.012	66.6	5.5605	5	311	15.2	395.60	12.43	22.9
7	0.14455	12.5	7.87	0	0.524	6.172	96.1	5.9505	5	311	15.2	396.90	19.15	27.1
8	0.21124	12.5	7.87	0	0.524	5.631	100.0	6.0821	5	311	15.2	386.63	29.93	16.5
9	0.17004	12.5	7.87	0	0.524	6.004	85.9	6.5921	5	311	15.2	386.71	17.10	18.9
10	0.22489	12.5	7.87	0	0.524	6.377	94.3	6.3467	5	311	15.2	392.52	20.45	15.0
11	0.11747	12.5	7.87	0	0.524	6.009	82.9	6.2267	5	311	15.2	396.90	13.27	18.9
12	0.09378	12.5	7.87	0	0.524	5.889	39.0	5.4509	5	311	15.2	390.50	15.71	21.7
13	0.62976	0.0	8.14	0	0.538	5.949	61.8	4.7075	4	307	21.0	396.90	8.26	20.4
14	0.63796	0.0	8.14	0	0.538	6.096	84.5	4.4619	4	307	21.0	380.02	10.26	18.2

2つに分割したdf_01とdf_02を縦方向に結合してみましょう。

```
In [94]: pd.concat([df_01, df_02]).head(20)
```

Out[94]:

	x1	x2	x3	x4	x5	x6	x7	x8	x9	x10	x11	x12	x13	t
0	0.00632	18.0	2.31	0	0.538	6.575	65.2	4.0900	1	296	15.3	396.90	4.98	24.0
1	0.02731	0.0	7.07	0	0.469	6.421	78.9	4.9671	2	242	17.8	396.90	9.14	21.6
2	0.02729	0.0	7.07	0	0.469	7.185	61.1	4.9671	2	242	17.8	392.83	4.03	34.7
3	0.03237	0.0	2.18	0	0.458	6.998	45.8	6.0622	3	222	18.7	394.63	2.94	33.4
4	0.06905	0.0	2.18	0	0.458	7.147	54.2	6.0622	3	222	18.7	396.90	5.33	36.2
5	0.02985	0.0	2.18	0	0.458	6.430	58.7	6.0622	3	222	18.7	394.12	5.21	28.7
6	0.08829	12.5	7.87	0	0.524	6.012	66.6	5.5605	5	311	15.2	395.60	12.43	22.9
7	0.14455	12.5	7.87	0	0.524	6.172	96.1	5.9505	5	311	15.2	396.90	19.15	27.1
8	0.21124	12.5	7.87	0	0.524	5.631	100.0	6.0821	5	311	15.2	386.63	29.93	16.5
9	0.17004	12.5	7.87	0	0.524	6.004	85.9	6.5921	5	311	15.2	386.71	17.10	18.9
10	0.22489	12.5	7.87	0	0.524	6.377	94.3	6.3467	5	311	15.2	392.52	20.45	15.0
11	0.11747	12.5	7.87	0	0.524	6.009	82.9	6.2267	5	311	15.2	396.90	13.27	18.9
12	0.09378	12.5	7.87	0	0.524	5.889	39.0	5.4509	5	311	15.2	390.50	15.71	21.7
13	0.62976	0.0	8.14	0	0.538	5.949	61.8	4.7075	4	307	21.0	396.90	8.26	20.4
14	0.63796	0.0	8.14	0	0.538	6.096	84.5	4.4619	4	307	21.0	380.02	10.26	18.2
15	0.62739	0.0	8.14	0	0.538	5.834	56.5	4.4986	4	307	21.0	395.62	8.47	19.9
16	1.05393	0.0	8.14	0	0.538	5.935	29.3	4.4986	4	307	21.0	386.85	6.58	23.1
17	0.78420	0.0	8.14	0	0.538	5.990	81.7	4.2579	4	307	21.0	386.75	14.67	17.5
18	0.80271	0.0	8.14	0	0.538	5.456	36.6	3.7965	4	307	21.0	288.99	11.69	20.2
19	0.72580	0.0	8.14	0	0.538	5.727	69.5	3.7965	4	307	21.0	390.95	11.28	18.2

縦方向の結合も問題なくできました。横方向、縦方向の結合ともに「pd.concat( )」
を使用することで簡単にDataFrameを結合することができます。今回はシンプルな

結合のみをお伝えしましたが、複雑なDataFrameの結合を行う際にも「pd.concat( )」を用いて処理していきます。

＋ダミー変数への変換

機械学習を実装する上で、非常に重要な**ダミー変数**についてお伝えします。機械学習で扱うことができる変数は基本的に数値のみです。しかし、実際のデータには「男性」、「女性」の値を保持する「性別」のように、カテゴリを扱うものも多く存在します。このようにカテゴリを扱う変数を**カテゴリカル変数**もしくは、**質的変数**と呼び、カテゴリカル変数を数値に変換した変数のことを**ダミー変数**と言います。カテゴリカル変数は数値ではないが数値のように見せる、という意味でダミー変数と名付けられています。具体的には「男性→0、女性→1」のように0、1で表現する変数に変換します。2つのカテゴリのみであれば0、1での表現に納得するかと思いますが、カテゴリが3つ以上の場合はどうなるでしょうか。**図2.3.21**を見ていただくとわかりやすいかと思います。

図2.3.21 変数のイメージ

カテゴリ数分の列を新たに作成し、各カテゴリに対応する値を1、異なる場合は、0を適用しています。上記のように一見複雑に見えるダミー変数への変換もデータ操作に特化したpandasでは、「pd.get_dummies( )」という機能（メソッド）が用意されているため、簡単に変換することができます。早速、使ってみましょう。先程のhousing.csvはカテゴリカル変数を含んでいなかったため、新たにcar.csvをダウンロードしpandasのDataFrame型で読み込みましょう。

```
In [95]: df = pd.read_csv('car.csv')
         df.head()
```

Out[95]:

	symboling	normalized-losses	make
0	2	164.0	audi
1	2	164.0	audi
2	1	158.0	audi
3	1	158.0	audi
4	2	192.0	bmw

　しっかりと読み込みことができましたでしょうか。今回、データの意味は重要ではありませんが、make列にカテゴリカル変数が含まれていることを確認できました。それでは、ダミー変数に変換しましょう。「pd.get_dummies(**変換したいデータ**)」になります。

```
In [96]: df = pd.get_dummies(df)
         df.head()
```

Out[96]:

	symboling	normalized-losses	make_audi	make_bmw	make_chevrolet	make_dodge	make_honda	make_jaguar	make_mazda	make_mercedes-benz	m
0	2	164.0	1	0	0	0	0	0	0	0	
1	2	164.0	1	0	0	0	0	0	0	0	
2	1	158.0	1	0	0	0	0	0	0	0	
3	1	158.0	1	0	0	0	0	0	0	0	
4	2	192.0	0	1	0	0	0	0	0	0	

　「make_○○」という列がたくさんできました。これはカテゴリの数だけ列が作成され、ダミー変数に変換されたことを意味します。「pd.get_dummies( )」を用いることで、簡単にダミー変数への変換を行うことができました。

＋リストへの変換

　最後に、DataFrame型をリスト型に変換する方法についてお伝えします。Tabpyとの連携で、リアルタイムに予測値を返したい時などにリスト型への変換が必要となります。もちろん、Tabpy以外のツール連携であったり、目的次第で、その他の形式への変換が必要になるシーンがでてきます。pandasはいくつかの形式への変換を標準装備していますが、実はpandasのDataFrame型から直接リスト型へ変換できるわけではないのです。まず、NumPyのndarray型に変換し、その後にリスト型に変換します。

図2.3.22 リストへの変換

ndarray型への変換には「.values」を、リスト型への変換には「tolist()」を用います。リスト型へ変換後の値をdataという変数にし、先頭3行を確認してみましょう。

jupyter入力

```
data = df.values.tolist()
data[:3]
```

jupyter出力

```
[[2.0,
  164.0,
  1.0,
  0.0,
  0.0,
  0.0,
  0.0,
  0.0,
  0.0,
  0.0,
  0.0,
  0.0,
  0.0,
  0.0,
  0.0,
  0.0,
  0.0,
  0.0,
  0.0],
 [2.0,
  164.0,
  1.0,
  0.0,
```

```
      0.0,
      0.0,
      0.0,
      0.0,
      0.0,
      0.0,
      0.0,
      0.0,
      0.0,
      0.0,
      0.0,
      0.0,
      0.0,
      0.0],
     [1.0,
      158.0,
      1.0,
      0.0,
      0.0,
      0.0,
      0.0,
      0.0,
      0.0,
      0.0,
      0.0,
      0.0,
      0.0,
      0.0,
      0.0,
      0.0,
      0.0,
      0.0,
      0.0,
      0.0]]
```

　[ ]で囲まれたリスト型に変換することができました。一旦ndarray型を挟む必要が
ありますが、簡単に変換することができました。

2.3.4 Pythonによる機械学習の実装

前項まではPythonの基本的な扱い方を学んできました。本項では、学んだ内容をベースにPythonを用いて機械学習を実装していきたいと思います。本書では、理論面は詳しくお伝えいたしませんのでご了承ください。

➕重回帰分析とは

機械学習の代表的な手法である重回帰分析とは、その名の通り「回帰」の手法です。つまり、「数値」を予測する際に用いる手法です。具体的には**図2.3.23**がイメージしやすいかと思います。

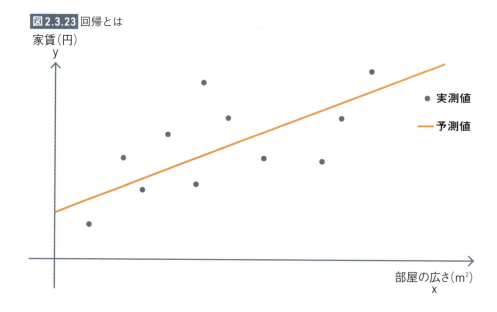

図2.3.23 回帰とは

「ある物件の家賃の値を予測したい」という問題設定で考えます。横軸xに部屋の広さ、縦軸yに求めたい家賃を設定します。この際に、複数物件をグラフ中に表示したものが青点になります。これは実際のデータとなるので、**実測値**にあたります。この実測値にうまく当てはまるように**予測**した値（線）が赤線（直線）になります。実際には、持っているデータを元にオレンジ色の直線の式を数学的に求めていくことが必要になります。もちろん今回は式を求めるための理論はお伝えしませんが、**scikit-learn**

（サイキットラーン）でなら簡単に求めることが可能です。

　また、上記の図は正確には重回帰分析ではなく、**単回帰分析**になります。入力変数xが部屋の広さ1つしかないからです。重回帰分析と単回帰分析の大きな違いは、入力変数の数です。単回帰分析は、その名の通り入力変数が1つ（単数）となっており、重回帰分析は入力変数が2つ以上となっております。基本的には入力変数の数は複数あったほうがいいため、実務では重回帰分析を用います。

手法	特徴	入力変数の例
単回帰分析	入力変数が1つ	部屋の広さ
重回帰分析	入力変数が2つ以上	部屋の広さ、駅からの距離、回数、バス・トイレが別かどうか……

　オレンジ色の**直線**が予測値であるとお伝えしましたが、**直線**というのも1つのキーワードです。重回帰分析は非常にシンプルな手法であるため、**図2.3.24**のように曲線を用いた柔軟な予測を行うことができません。

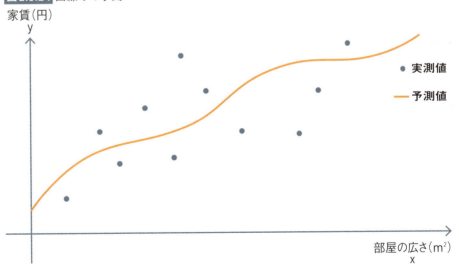

図2.3.24 曲線での予測

直線での予測や曲線での予測というのが出てきましたが、入力変数（x）と出力変数（y）の関係が直線となっていることを **線形** と言い、直線ではなく、曲線のようになっていることを **非線形** と呼びます。重回帰分析は別名 **線形回帰分析** とも呼ばれております。

さて、重回帰分析の説明はここまでにして早速、重回帰分析の実装に移っていきましょう。

＋scikit-learnで重回帰分析の実装

● scikit-learnとは

scikit-learnとは、非常に便利なPythonの機械学習パッケージとなります。少ない行数、わかりやすいコードで機械学習を実装することができるため多くのユーザーに支持されています。Pythonの機械学習パッケージでは、デファクトスタンダードとなっております。

● データの準備

pandasのところでもお伝えしたボストン近郊の住宅価格データ（housing.csv）を用いて重回帰分析を実装していきます。まずはpandasを用いて読み込みましょう。

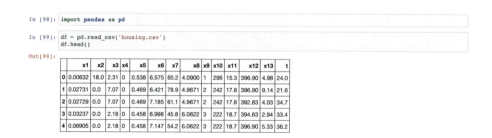

まずは、入力変数xと出力変数tに分けておきましょう。分割にはiloc[ ]を用いますが、その後、「.values」を付けることでNumPyのndarray型に変換する必要があります。scikit-learnで扱うための変換だと思っておいてください。

2.3 | 機械学習の基本

```
In [100]: x = df.iloc[:, :-1].values
          t = df.iloc[:, -1].values
```

データの準備ができたのでscikit-learnをimportしましょう。scikit-learnは「sklearn」という名前でimportしますが、今回はsklearnの中のlinear_model（線形モデル）の中のLinearRegression（線形回帰）をimportします。つまり、重回帰分析を実装するための機能をピンポイントでimportするイメージです。

```
In [101]: from sklearn.linear_model import LinearRegression
```

◉ モデルの宣言

まずは、モデル（手法）の宣言を行います。先程importした「LinearRegression( )」をmodelという変数に代入してあげます。厳密には「クラスのインスタンス化」というものにあたりますが、気になる方は調べてみてください。

```
In [102]: # モデルの宣言
          model = LinearRegression()
```

◉ モデルの学習

モデルの宣言後、**モデルの学習**を行います。モデルの学習とは、手持ちのデータを用いて適切なパラメータを求めることです。

```
In [103]: # モデルの学習
          model.fit(x, t)
/usr/local/lib/python3.7/site-packages/sklearn/linear_model/base.py:503: RuntimeWarning: internal gelsd driver lwork
query error, required iwork dimension not returned. This is likely the result of LAPACK bug 0038, fixed in LAPACK 3.2
.2 (released July 21, 2010). Falling back to 'gelss' driver.
  linalg.lstsq(X, y)
Out[103]: LinearRegression(copy_X=True, fit_intercept=True, n_jobs=None, normalize=False)
```

◉ モデルの評価

学習後のモデルを評価しましょう。モデルの評価には**決定係数**という指標を用います。　決定係数とは、モデルの当てはまりの良さを0から1までの値で表す指標になります。　1に近い方がより良いモデルを表しています。「score( )」で評価することがで

211

きます。評価するには、データも一緒に渡す必要があるため、( )内に、xとtを入れております。

```
In [104]: # モデルの評価
          model.score(x, t)

Out[104]: 0.7406426641094095
```

0.74という数値が出てきました。最大が1であることを考えると悪くはない数字かと思います。

> **note**
>
> 　補足しますと、回帰と分類によって、score( )を使用したときの評価指標が異なります。分類は正解率（Accuracy）が評価指標になります。
> 回帰：決定係数
> 分類：正解率（Accuracy）

◉ 訓練データと検証データに分割

　みなさん、前述のモデルの評価で実は、やってはいけないことをしていました。なにかわかりますでしょうか。

　それは、学習に用いたデータをそのままモデルの評価に使用している点です。モデルは学習に用いたデータにうまく当てはめようと計算するのですから、うまくあてはまるのはごく自然なことですよね。理想は学習に使用するデータにうまくあてはまるだけではなく、新しい（未知の）データに対しても上手く当てはまることを確認する必要があります。

　ここで出てくるのが**訓練データ**と**検証データ**になります。手持ちのデータを2つに分割し、モデルの学習に用いる訓練データとモデルの評価に用いる検証データに分割します。このようにすることで、新しいデータへの汎用性も確かめることができます。分割の割合はだいたい7：3で行うことが多いです。理想は5：5で半分を学習に用い、半分を評価に用いることです。しかし、現実は理想通りに分割できるほどのサンプル数がありませんので、学習に用いるデータに多くの割合を割くことになります。このよう

2.3 | 機械学習の基本

にデータを訓練データと検証データに分割することを**ホールドアウト法**呼びます。

また、ここで押さえておきたい話の中に**過学習（オーバーフィッティング）**というものがあります。これは、訓練データにうまく当てはまりすぎてしまい、新しいデータへの汎用性を失ってしまうことを意味します。例えるならば、定期試験前に過去問をひたすら勉強し、過去問では100点をたくさん取ることができるが、実際の試験では60点くらいしか取れないようなイメージです。過去のデータを**学習し過ぎてしまう**現象です。

以上のことを踏まえ、実際にホールドアウト法でもう一度実装してみましょう。sklearnの中のmodel_selectionの中にtrain_test_splitがありますので、こちらをimportしましょう。

```
In [105]: from sklearn.model_selection import train_test_split
```

それぞれ以下の変数名で定義します。

- xの訓練データ：x_train
- tの訓練データ：t_train
- xの検証データ：x_val
- tの検証データ：t_val

valはvalidation（検証）の略です。検証データの割合を全体の30%（0.3）とし、ランダムに分割します。下記のコードを実行するたびに異なるランダムでデータが分割されるのを防ぐためにrandom_state=3を指定します。指定する数値は何でも構いませんが、同じ数値にしておくと同じ結果になりますので、今回は3にしておくことをオススメいたします。実行するたびに分割されるデータが変わらないように**再現性の確保**を行っております。各データのshapeも確認しておきましょう。

```
In [106]: x_train, x_val, t_train, t_val = train_test_split(x, t, test_size=0.3, random_state=3)
          print('訓練データ : ', x_train.shape, t_train.shape)
          print('検証データ : ', x_val.shape, t_val.shape)

          訓練データ :  (354, 13) (354,)
          検証データ :  (152, 13) (152,)
```

213

第2章 | 基礎体力編

　行数を確認すると、7:3の割合で分割できていることがわかるかと思います。　それでは、先程と同様にモデルの宣言から評価までを行いましょう。

```
In [107]: model = LinearRegression()
```

　学習には訓練データを用います。

```
In [108]: model.fit(x_train, t_train)
Out[108]: LinearRegression(copy_X=True, fit_intercept=True, n_jobs=None, normalize=False)
```

　過学習が起きていないことを確認するために、モデルの評価は訓練データ、検証データの両方で行います。

```
In [109]: model.score(x_train, t_train)
Out[109]: 0.7419034960343789
In [110]: model.score(x_val, t_val)
Out[110]: 0.714789526557687
```

　訓練データと検証データへの決定係数の値がほぼ同じであるため、過学習が起きていないことがわかります。　これで評価までの一連の流れはできました。最後に予測値をもとめましょう。

◉ 予測値の計算（推論）

　物件1件のサンプルデータに対して推論を行いましょう。

```
In [111]: x0 = x[0]    # 新しいサンプル
          x0
Out[111]: array([6.320e-03, 1.800e+01, 2.310e+00, 0.000e+00, 5.380e-01, 6.575e+00,
                 6.520e+01, 4.090e+00, 1.000e+00, 2.960e+02, 1.530e+01, 3.969e+02,
                 4.980e+00])
```

　学習済みのモデルmodelを用いて推論を行います。推論を行う際には、行列（2次元）の形式に変換してから実行する点に注意しましょう。

214

```
In [112]: y = model.predict([x0])
          y
Out[112]: array([30.38737584])
```

　上記が予測値にあたります。それでは、実測値（実際の値）も確認しておきましょう。x[0]にあたる実測値はt[0]になります。

```
In [113]: t0 = t[0]
          t0
Out[113]: 24.0
```

　家賃（実測値）が24であるものに対し、今回は30という予測値を出したことになります。仮に単位が「万円」だとした場合、24万円の物件を30万円と予測したことになりますね。これは予測が上手く当てはまっているとは言えません。検証データに対する決定係数が0.71だったので、悪くなさそうには見えましたが、ピンポイントで確認してみると予測精度はまずまずかと言えます。

　重回帰分析は試行錯誤がしにくい、というより、試行錯誤する部分が少ない手法であるため、違う手法でも学習を行ってみましょう。

✚ scikit-learn で SVM の実装

◉ SVM（サポートベクターマシン）とは

　SVMは重回帰分析とは異なり、非線形なデータに対応することができる手法です。SVMは**カーネルトリック**と呼ばれる技術のおかげで比較的良い精度が出る手法で、多くの人が使用している手法の1つです。

　また、SVMは分類にも回帰にも適用できる手法であり、それぞれ以下のように区別しています。

- 分類：SVC(Support Vector Classification)
- 回帰：SVR(Support Vector Regression)

　今回は回帰の問題設定であるため、SVRを使用します。

第2章｜基礎体力編

```
In [114]: from sklearn.svm import SVR
```

```
In [115]: #モデルの宣言
          model = SVR()
```

```
In [116]: #モデルの学習
          model.fit(x_train, t_train)
```
```
/usr/local/lib/python3.7/site-packages/sklearn/svm/base.py:193: FutureWarning: The default value of gamma will change
from 'auto' to 'scale' in version 0.22 to account better for unscaled features. Set gamma explicitly to 'auto' or 'sc
ale' to avoid this warning.
  "avoid this warning.", FutureWarning)
```
```
Out[116]: SVR(C=1.0, cache_size=200, coef0=0.0, degree=3, epsilon=0.1,
              gamma='auto_deprecated', kernel='rbf', max_iter=-1, shrinking=True,
              tol=0.001, verbose=False)
```

```
In [117]: # モデルの検証
          print(model.score(x_train, t_train))
          print(model.score(x_val, t_val))
```
```
0.14361865942242302
0.021252725958155638
```

　精度が非常に悪い結果となってしまいました。 実は、SVMは標準化などの前処理
を挟んであげないと良い精度を出しにくい手法です。

◉ 標準化

　標準化とは、データの平均を0、標準偏差を1にする前処理のことを言います。今
回は詳しくお伝えしませんが、手法の 特性上、スケール（数値の大きさ）を揃えたほ
うが精度が上がりやすいです。 標準化を含めたデータの前処理に関してもscikit-
learnに用意されているのでそちらを使用していきたいと思います。前処理関連は
preprocessing の中に入っています。基本的な使い方は先程までと同様です。標準化
にはStandardScalerを用います。

```
In [118]: from sklearn.preprocessing import StandardScaler
```

```
In [119]: # モデルの宣言
          scaler = StandardScaler()
```

```
In [120]: # モデルの学習
          scaler.fit(x_train)
```
```
Out[120]: StandardScaler(copy=True, with_mean=True, with_std=True)
```

　以下の「transform( )」で標準化を行うことができます。標準化後のデータをそれ
ぞれx_train2、x_val2としておきましょう。

```
In [121]: x_train2 = scaler.transform(x_train) # 標準化(平均0，標準偏差1)
          x_val2 = scaler.transform(x_val)
```

　標準化後のデータを用いて再度学習させましょう。

2.3 | 機械学習の基本

```
In [122]:  # モデルの宣言
           from sklearn.svm import SVR
           model = SVR()

In [123]:  # モデルの学習
           model.fit(x_train2, t_train)

Out[123]:  SVR(C=1.0, cache_size=200, coef0=0.0, degree=3, epsilon=0.1,
               gamma='auto_deprecated', kernel='rbf', max_iter=-1, shrinking=True,
               tol=0.001, verbose=False)

In [124]:  # モデルの検証
           print(model.score(x_train2, t_train))
           print(model.score(x_val2, t_val))

           0.6388241747784589
           0.7064620240346705
```

　決定係数が先程よりは良くなりましたが、まだ重回帰分析以上の決定係数は出ていません。

　次項にて、精度向上のための試行錯誤方法についてお伝えしていきます。

2.3.5 精度の検証とハイパーパラメータチューニング

✚ クロスバリデーション

◉ ハイパーパラメータとは

　パラメータと**ハイパーパラメータ**という2つの用語の違いを明確にしておく必要があります。パラメータは、学習後に得られる値のことです。つまり、機械が決める値のことを指します。それに対し、ハイパーパラメータは学習前に人間が決定する値のことを意味し、アルゴリズムの挙動を制御するための値になります。

　例えばですが、SVMにはC（**コストパラメータ**）やgamma（**ガンマ**）といったハイパーパラメータがあります。これらのハイパーパラメータの値を変更することにより、モデルの精度向上や過学習の抑制につながります。

　今からハイパーパラメータの調整方法についてお伝えしていきますが、その前にハイパーパラメータの調整を行うためのデータの分割方法をお伝えします。

◉ 訓練（train）、検証（validation）、テスト（test）データへの分割

　今までの一連の流れでは、データを訓練データ（train）と検証データ

217

（validation）に分割していましたが、もう1つデータを分割する必要があります。それがテストデータです。以下が、3つのデータの説明になります。

名前	役割
train	学習に使用するデータ
validation	ハイパーパラメータを調整するために使用するデータ
test	学習済みモデルの精度を評価するためのデータ

上記のようにデータを分割するのが一般的であり、データを3つに分割してしまうため、各データに偏りが生じてしまうかもしれません。極端な例ですが、図2.3.25のようなイメージです。

図2.3.25 分割に偏りが生じているケース

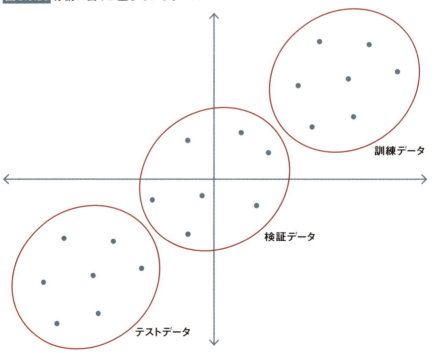

上記のように、データの偏りが生じている状態で学習から評価まで行ってしまうのは、理想的ではありません。

このようなデータの偏りを生まないようにする方法として、**K-分割交差検証**

（K-fold cross-validation）があります。

● K-分割交差検証（K-fold cross-validation）

　K-分割交差検証とは、今までのようにある1つの訓練データ、検証データに対し学習から評価までを行うのではなく、K個のデータに分割後、1個の検証データとK-1個の訓練データに対し、K回検証を行う方法になります。

　K=5の場合を考えてみましょう。まず5個のデータに分割し、その内の1つのデータを検証データ、残り4つのデータを訓練データにして学習から評価までを行います。これが図2.3.26の①にあたります。次に、①で検証データに使用しなかったデータの内の1つを検証データ、残りを訓練データに使用し、学習から評価までを行います（②）。この流れを、全ての分割データを検証データに使用するまで繰り返します。つまり、今回の場合は5回繰り返すことになります。

図2.3.26 K-分割交差検証

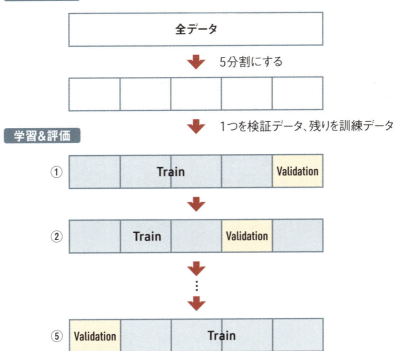

第2章 | 基礎体力編

①〜⑤の評価結果の平均値をもとに、どのハイパーパラメータを用いると良さそうかを判断していきます。例えばですが、以下のハイパーパラメータの良し悪しをK-分割交差検証で求めるとしましょう。

- ハイパーパラメータ：C
    - C = 1
    - C = 10
- 分割数（K）：5
- 評価指標：決定係数

まずは、ハイパーパラメータCが1の場合の結果が、図2.3.27のようになったとします。決定係数は検証データに対する評価です。

図2.3.27 ハイパーパラメータの調整（C=1）

ハイパーパラメータ:C = 1

〇回目	決定係数
①	0.68
②	0.70
③	0.66
④	0.67
⑤	0.69
平均	0.68

次に、ハイパーパラメータCが10の場合です。

2.3│機械学習の基本

図2.3.28 ハイパーパラメータの調整（C=10）

ハイパーパラメータ:C = 10

〇回目	決定係数
①	0.72
②	0.70
③	0.71
④	0.73
⑤	0.74
平均	0.72

　上記の場合、ハイパーパラメータ C の値として 10 を選択するべきであることは明白ですよね。このように複数回の評価を行うことでデータ、評価のばらつきを減らしつつ、良いハイパーパラメータを選択することができます。

✚ハイパーパラメータのチューニング方法

　scikit-learn で K-分割交差検証を実装していく前に、ハイパーパラメータのチューニング方法である**グリッドサーチ**に関してもお伝えします。

　ある手法にハイパーパラメータ A とハイパーパラメータ B があるとします。ハイパーパラメータ A はおおよそ 5 ～ 25 の値、ハイパーパラメータ B は 10 ～ 10^5 の範囲で値を取るとしましょう。2 つのハイパーパラメータの最適な組み合わせを探すには、どのような方法をとれば良いでしょうか。

　1 つは、「適当な値を 1 つずつ選択して評価する」という手動でチューニングする方法。他には、「値をランダムで選択して評価する」という方法がありますが、グリッドサーチはもう少し効率良く探していきます。

　グリッドサーチではまず、それぞれのハイパーパラメータから代表的な値を 5 つピックアップします。A は 5、10、15、20、25、B は 10、10^2、10^3、10^4、10^5 を選択しましょう。**図2.3.29** がわかりやすいかと思います。

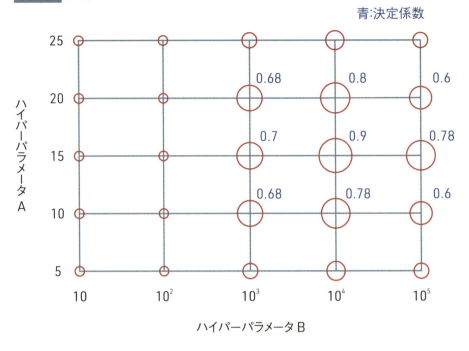

図2.3.29 グリッドサーチ

　グリッドサーチでは、格子状（グリッド）にハイパーパラメータの探索を行い、その中から最適なハイパーパラメータを選択します。**図2.3.29**の場合、各ハイパーパラメータに、以下の値を用いた場合の結果が良さそうなことがわかります。

- ハイパーパラメータA：15
- ハイパーパラメータB：10^4

　グリッドサーチはこのように、効率良く最適なハイパーパラメータを探索することが可能です。しかし、選択したすべてのハイパーパラメータの組み合わせを計算するため、計算コストが高くなり、時間を要するというデメリットもあります。

　グリッドサーチの説明も終えたところで、K-分割交差検証とグリッドサーチの実装をしていきましょう。
　先程と同じデータセットにSVMを適用していきます。
　sklearnの中のmodel_selectionからGridSearchCVをimportしましょう。

GridSearchCVはグリッドサーチとK-分割交差検証を同時に行ってくれる便利な関数です。

```
In [125]:  # モジュールのインポート
           from sklearn.model_selection import GridSearchCV
```

GridSearchCVを用いる際には、下記の3つを用意する必要があります。

- estimator：使用する手法
- param_grid：ハイパーパラメータの探索範囲
- cv：データの分割数

```
In [126]:  # SVRを使用
           estimator = SVR()
```

◉ SVMのハイパーパラメータ

SVMの主要なハイパーパラメータは大きく2つあります。

- C（コストパラメータ）誤った予測に対するペナルティ。値を大きくしすぎてしまうと過学習を起こす
- gamma（ガンマ）モデルの複雑さを決定する。値が大きくなるほどモデルが複雑になり過学習を起こす

上記2つのハイパーパラメータの探索範囲として以下のように4つの値を選択します。 各ハイパーパラメータを**辞書のキー**として扱い、**辞書の値**に探索範囲をリスト形式で入れます。

```
In [127]:  param_grid = [
               {'C':[1, 10, 20, 50] , 'gamma':[0.1, 0.01, 0.001,0.0001]}
           ]
```

5分割にしましょう。

第2章｜基礎体力編

```
In [128]: cv = 5
```

GridSearchCVを用いると、train と validation は自動的に分割されます。

そのため、データは以下のように分割し、train_valの方を用いてK-分割交差検証とグリッドサーチを行いましょう。

- train_val：訓練データと検証データ
- test：テストデータ

```
In [129]: x_train_val, x_test, t_train_val, t_test = train_test_split(x, t, test_size=0.3, random_state=3)
```

準備した各値をGridSearchCVに入れます。最後にreturn_train_score=Falseと指定していますが、訓練データに対しての結果を返すかどうかを決める部分になります。検証データに対しての結果のみわかればよいので、Falseにしています。

```
In [130]: # モデルの定義
          tuned_model = GridSearchCV(estimator=estimator, param_grid=param_grid, cv=cv, return_train_score=False)
```

通常通り、fit( )で学習させましょう。

```
In [131]: # モデルの学習
          tuned_model.fit(x_train_val, t_train_val)
          /usr/local/lib/python3.7/site-packages/sklearn/model_selection/_search.py:814: DeprecationWarning: The default of the
          `iid` parameter will change from True to False in version 0.22 and will be removed in 0.24. This will change numeric
          results when test-set sizes are unequal.
            DeprecationWarning)
Out[131]: GridSearchCV(cv=5, error_score='raise-deprecating',
                       estimator=SVR(C=1.0, cache_size=200, coef0=0.0, degree=3,
                                     epsilon=0.1, gamma='auto_deprecated', kernel='rbf',
                                     max_iter=-1, shrinking=True, tol=0.001,
                                     verbose=False),
                       iid='warn', n_jobs=None,
                       param_grid=[{'C': [1, 10, 20, 50],
                                    'gamma': [0.1, 0.01, 0.001, 0.0001]}],
                       pre_dispatch='2*n_jobs', refit=True, return_train_score=False,
                       scoring=None, verbose=0)
```

学習後、tuned_modelの中のcv_results_にクロスバリデーションを行った結果が入っていますので、pandasを用いて表形式で表示させてみましょう。

2.3 | 機械学習の基本

```
In [132]:  # モデルの検証
           pd.DataFrame(tuned_model.cv_results_).T
```

Out[132]:

	0	1	2	3	4	5	6	7	8	
mean_fit_time	0.00395908	0.00422006	0.0039948	0.0039927	0.00508881	0.00643959	0.0054585	0.00398102	0.0066206	0.0073
std_fit_time	0.000489113	0.000185879	0.000790879	0.000668505	0.000758625	0.000171583	0.000165751	0.000252663	0.00117055	0.0004
mean_score_time	0.00104518	0.00105143	0.00136724	0.00119576	0.000967407	0.00109105	0.000853539	0.000907326	0.0012012	0.0012
std_score_time	0.000136281	6.00838e-05	0.000203371	0.000241247	0.000158657	0.000341697	5.5516e-05	3.88933e-05	0.000342017	0.0004
param_C	1	1	1	1	10	10	10	10	20	20
param_gamma	0.1	0.01	0.001	0.0001	0.1	0.01	0.001	0.0001	0.1	0.01
params	{'C': 1, 'gamma': 0.1}	{'C': 1, 'gamma': 0.01}	{'C': 1, 'gamma': 0.001}	{'C': 1, 'gamma': 0.0001}	{'C': 10, 'gamma': 0.1}	{'C': 10, 'gamma': 0.01}	{'C': 10, 'gamma': 0.001}	{'C': 10, 'gamma': 0.0001}	{'C': 20, 'gamma': 0.1}	{'C': 20, 'gamma': 0.01}
split0_test_score	-0.043082	0.0474281	0.209885	0.245505	-0.00285578	0.325537	0.507408	0.424835	0.0205219	0.3789
split1_test_score	0.000764609	0.136337	0.255571	0.265084	0.0933249	0.362141	0.506445	0.444813	0.122141	0.3627
split2_test_score	-0.0300041	0.0766441	0.146174	0.138437	0.0796945	0.27525	0.44003	0.412199	0.139385	0.3304
split3_test_score	-0.013853	0.0883188	0.206723	0.221462	0.0704228	0.360154	0.550509	0.427156	0.119617	0.4047
split4_test_score	-3.53914e-05	0.122929	0.3269	0.331761	0.010495	0.243204	0.531883	0.5133	-0.0101367	0.2115
mean_test_score	-0.0172906	0.0942505	0.228774	0.240192	0.0503285	0.313455	0.507185	0.444266	0.0785554	0.3380
std_test_score	0.0171015	0.0320439	0.059879	0.0627296	0.0388046	0.0470181	0.0374393	0.0358204	0.0607641	0.0672
rank_test_score	16	12	11	10	15	9	5	6	14	7

上記の全項目についてはお伝えしませんが、重要な項目は以下になります。

- mean_test_score：検証データに対しての評価の平均となります。今回の場合は決定係数です。
- std_test_score：検証データに対しての評価の標準偏差となります。評価のばらつきを測る指標です。
- rank_test_score：検証データに対しての評価をランク付けした指標です。

今回の場合、rank_test_scoreが1であるハイパーパラメータの組み合わせが最も良い結果であったことを示しています。14列目を確認してください。Cが50、gammaが0.001の組み合わせになっています。正直試行結果を確認する必要はありませんが、上位3つほどの結果くらいは確認しておきましょう。

実際に表を見なくても、best_params_という値に最適なハイパーパラメータが入っているので確認しましょう。

```
In [133]:  # 最適なハイパーパラメータの確認
           tuned_model.best_params_
```

Out[133]: {'C': 50, 'gamma': 0.001}

best_estimator_には最適なハイパーパラメータを使用した最適なモデルが入っ

第2章 | 基礎体力編

ています。最後に、こちらを用いてテストデータの結果も確認しましょう。

```
In [134]: # 最適なモデルの引き継ぎ
          model = tuned_model.best_estimator_
```

```
In [135]: # モデルのテスト
          print(model.score(x_train_val, t_train_val))
          print(model.score(x_test, t_test))

          0.895190035984248
          0.6634842706056876
```

　いかがでしょうか。機械学習の基本的な実装からハイパーパラメータびチューニングまでを学びました。本節で学んだ内容をもとに実際のデータに対して機械学習を実装していきましょう。

第3章
実践編：実データでデータサイエンスのサイクルを回してみる

この章では、第2章までに学んだ、可視化の基礎、データ準備の基礎、モデル作成の基礎を活用し、与えられたデータに対して実際にデータサイエンスのサイクルを回してみたいと思います。この章は以下の内容を含みます。

3.1 銀行顧客の定期預金申し込みを推論してみよう！
3.2 東京23区のマンション価格を推論してみよう！
（作成したモデルを利用したリアルタイム推論）
3.3 気象情報を考慮して電力需要を推論してみよう！

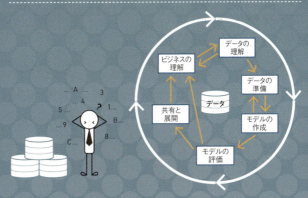

実際のデータ分析では、地道な作業が必要だったり、思わぬところに落とし穴があったり、思った通りにいかないことも多々あるかもしれませんが、それでもめげずに一緒にデータサイエンスの世界を探検していきましょう！

3.1 銀行顧客の定期預金申し込みを推論してみよう！

この節では、決定木モデルを使って過去データから機械学習し、未知のデータに対する推論を行います。機械学習によるデータマイニングに必要なプロセスの中で、Tableauプロダクトを使った「見える化」を加えていくと、どんな風にプロセスが変わっていくのか、そのポイントを紹介します。解説は、次のステップで進めます。

- 3.1.1 データの収集
- 3.1.2 データの理解
- 3.1.3 モデルの作成と評価
- 3.1.4 モデルの精度を可視化する
- 3.1.5 推論の実施
- 3.1.6 推論結果の利用

では早速、データマイニングのプロセスを一緒に見ていきましょう！

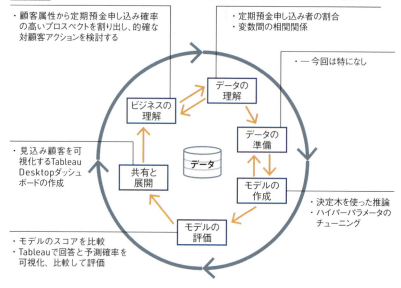

図3.1.1 銀行顧客の定期預金申し込みを推論してみよう！　ステップ概要

3.1.1 データの収集

　ここでは、機械学習のサンプルデータとしてよく用いられる、銀行の顧客マーケティング（電話によるテレマーケティング）データを、次のサイトからダウンロードします。分析の準備として、どのようなフィールドが存在するのか、得られる情報はできる限り前もって入手しましょう。

Bank Marketing (with social/economic context) (UCI Machine Learning Repository)

http://archive.ics.uci.edu/ml/datasets/Bank+Marketing

　このデータには、2008年から2011年の間のポルトガルの銀行顧客の（電話によるテレマーケティングの）行動履歴、経済指標と、その顧客が実際に定期預金を申し込んだかどうかの情報が記録されています。

出典：A data-driven approach to predict the success of bank telemarketing

https://www.sciencedirect.com/science/article/pii/S016792361400061X?via%3Dihub

　ファイルについての説明は、次のとおりです。ここでは、**bank-additional-full.csv** を、訓練データとして利用します。

- bank-additional-full.csv with all examples (41188) and 20 inputs, ordered by date (from May 2008 to November 2010)

　それぞれのフィールドの説明は、次のとおりです。

第3章 | 実践編：実データでデータサイエンスのサイクルを回してみる

表 3.1.1 データ項目の説明

カラム	ヘッダ名称	データ型	説明
0	age	int	年齢
1	job	varchar	職業
2	marital	varchar	未婚・既婚
3	education	varchar	教育水準
4	default	varchar	債務不履行があるか (yes/no)
5	housing	varchar	住宅ローン (yes/no)
6	loan	varchar	個人ローン (yes/no)
7	contact	varchar	連絡方法
8	month	char	最終コンタクト月
9	day_of_week	char	最終コンタクト日
10	duration	int	最終コンタクト時間 (秒)
11	campaign	int	現キャンペーンにおけるコンタクト回数
12	pdays	char	経過日数：全キャンペーンコンタクト後の日数
13	poutcome	char	前回キャンペーンの成果
14	emp.var.rate	int	雇用変動率 (employment validation rate)（四半期ごと）
15	cons.price.idx	int	消費者物価指数 (Consumer price index)（月次）
16	cons.conf.idx	int	消費者信頼感指数 (Consumer confidence index)（月次）
17	euibor3m	int	欧州銀行間取引金利 (Euribor 3 month rate)（日次）
18	nr.employed	int	被雇用者数 (四半期ごと)
19	y	boolean	定期預金申し込み有無 (1：有、0：無)

3.1.2 データの理解

✚ データの概要を見る

まずは Tableau Prep Builder から接続し、ざっくりとしたデータ内容を確認してみましょう。

Tableau Prep Builder を使うと、データの分布や、NULL値の有無を確認するこ

とができます。接続してからステップを追加すると、すぐにこの分布が見られます。

❶ Tableau Prep Builder初期画面で「データに接続」ボタンをクリックします。

図 3.1.2 Tableau Prep Builder初期画面

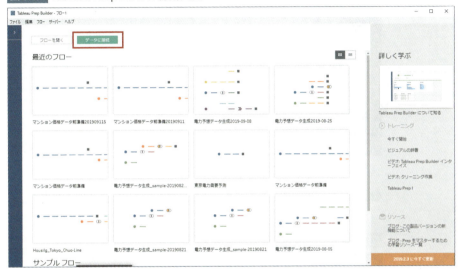

❷ 接続の横の「＋」マークを押します。
❸ テキストファイルを選択し、フォルダから「bank-additional-full.csv」を選択します。

図 3.1.3 Tableau Prep Builderからの接続

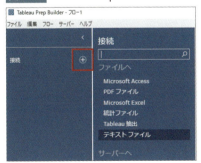

231

図3.1.4 接続ノードにステップを追加

❹接続ノードの横の「＋」マークをクリックし、「ステップの追加」を選択します。

図3.1.5 ステップの追加

❺ステップを追加すると各フィールドのデータ項目やデータの分布が確認できます。

図3.1.6 ステップ追加によるデータの確認

　例えば「このデータには年齢30歳から35歳が多い」ということや、「職業はadmin、blue -collar、technicianが多い」ことなどがわかります。married（既婚者）はsingle（独身者）より、パッと見て2倍ほど多いですね（灰色のバーが分布の多さを示します）。

　この時点で、ミススペルのあるものは修正し、表記の揺れがあるものは一つにグルーピングしたり、NULL値が多いフィールドは削除したり、何らかの方法で補完したりします。例えばレコードに含まれるデータがIDだけで意味がわからないものについては、マスタ表と結合し、意味のあるデータにするなどのデータ準備を行います。
　今回のデータはもともと学習用として利用されるだけあって、とてもきれいに整備されているので、データの前準備はほとんど必要がないようです。実際のデータではここまでデータがきれいになっていることの方が少ないです（「少ない」と考えていた方が、実際のデータを前にして大きく落胆することが少ないでしょう）。

＋データを詳細に見る

　では、Tableau Desktopから接続して、もう少しデータの中身を詳しく見ていきましょう。

第3章│実践編：実データでデータサイエンスのサイクルを回してみる

◉ 出力変数を見る

一番大切な**出力変数**（推論する対象）である、「テレマーケティングによって定期預金を契約したか否か」について見てみましょう。なお、ここでは、**決定木**モデルを使ってこれを推論します。

「テレマーケティングによって定期預金を契約したか否か」では、実際に定期預金の申し込みをした（yes）のは11.27% であることがわかります。定期預金の申し込みまでこぎつけるのはそんなに簡単なことではないようですね。

Tableauの表計算を使ってパーセント比率で表示し、出力変数「y」で色分けすると、簡単に比率が確認できます。この時点で、申し込み＝no は88.73% ですから、全て「申し込まない」と推論したとしても、88.73%の精度が出てしまいます。少なくともこの値よりは精度の良いモデルを作りたいですね。

❶レコード数を列にドラッグします。

図 3.1.7 データの理解 レコード数の確認

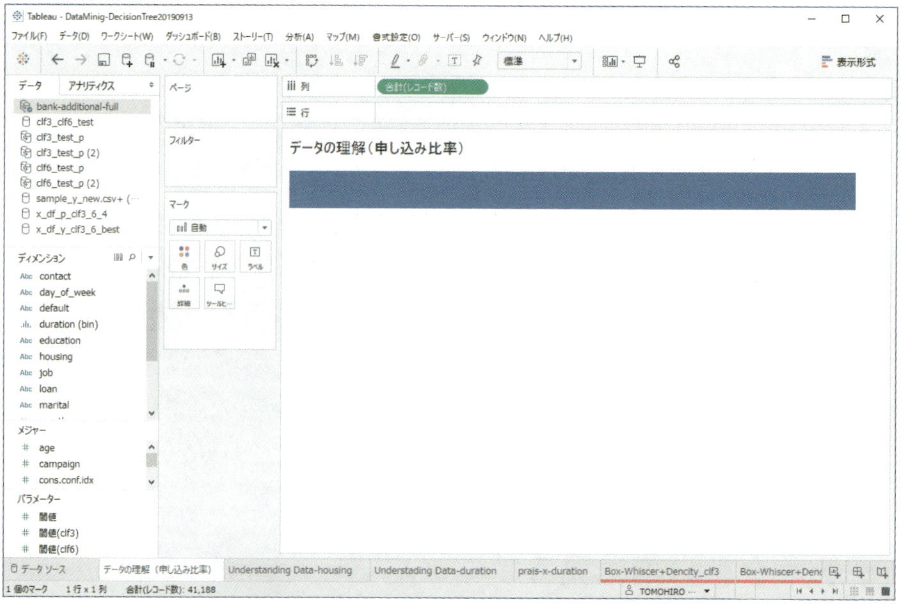

❷「y」（申し込みしたかどうか）を色にドラッグします。

❸レコード数をラベルにドラッグします。
❹ラベルのレコード数を右クリックして、簡易表計算⇒合計に対する割合を選択します。

図 3.1.8 簡易表計算の追加

図 3.1.9 簡易表計算の追加後の比率表示

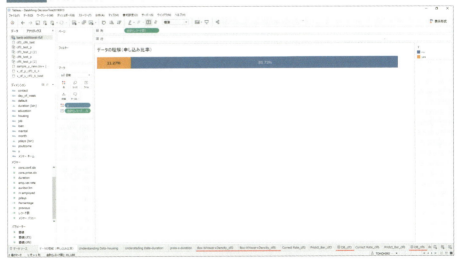

◉ カテゴリごとの傾向を見る

次は、カテゴリごとにどのような傾向があるか確認してみましょう。行に「housing」（持ち家の有無）をドラッグすると、持ち家の有無ごとに契約成立の確率が確認できます。持ち家の有無は特に申し込みに関係がなさそうです。

❶ 列の「レコード数」を右クリックして「次を使用して計算」→セルを選択します。

図3.1.10 次を使用して計算、セルを選択

図3.1.11 データの理解（持ち家種類ごとの契約比率）

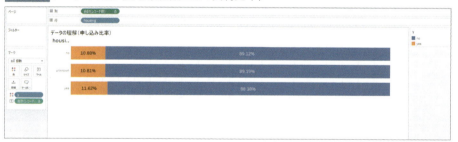

では次に、「duration」〔最終接触時間（秒）〕と申し込みの有無の関係を見てみましょう。

ここで、最終接触時間（秒）は連続値であり、カテゴリカルな値ではないので、**図3.1.11**のような棒グラフで確認ができません。

◉ ビンの作成

　こういった場合、Tableauでは**ビン**を作成して、連続値を一定の区間に区切り、カテゴリカルな区分に変えることができます。ビンを作成すると、連続値（メジャー）だった「duration」に対して、ディメンションとして「duration(bin)」が作られます。ビンのサイズ（区切りのサイズ）も簡単に変更することができます。ここでは100秒ごとのビンを作ります。

❶ duration を右クリック
❷ 作成→ビンを選択
❸ ビンのサイズを25に設定

図 3.1.12 ビンの作成

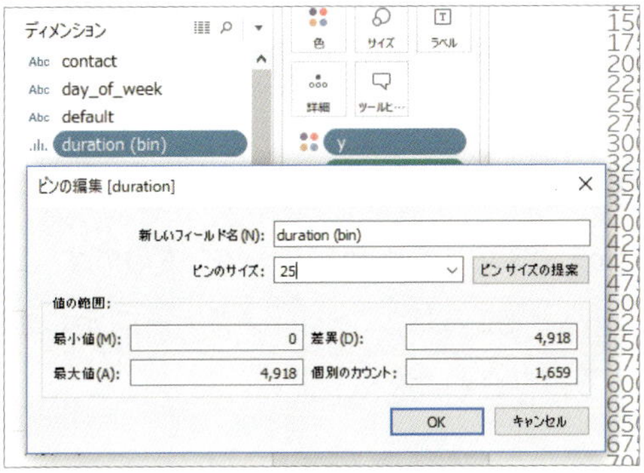

　さっそくduration(bin)を行にドラッグすると、durationが短い（例えば300秒以下）と申し込みが少ない（オレンジ色が少ない）という傾向が明らかにわかりますね。列のレコード数を右クリックし、簡易表計算⇒合計の割合を設定しそれぞれのビンでの比率を確認します。

　ここから、コールセンターで顧客との会話時間が短い場合は申し込みが少ない、つまり真剣に話を聞いてもらえない場合は申し込みにも繋がらないということが、この時点で推測できます。逆に600秒（10分）以上話を聞いてもらえる場合は、申し込みに繋がる割合が高そうです。

図 3.1.13 コンタクト時間のビンごとの契約比率

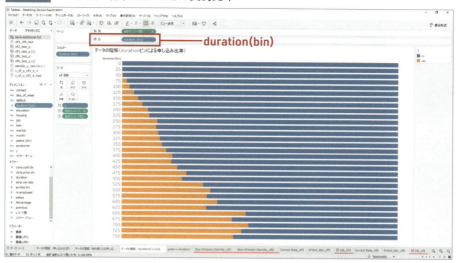

　メジャー（連続値）同士の相関関係を確認するには、**散布図**を書いてみると良いでしょう。

　ここでは、同じメジャーを行と列にドラッグして散布図を書いてみます。オレンジ色の点は、実際に申し込みのあったもので、青色はなかったものです。ここから、「申し込み（オレンジ色）の分布が高いところはどこか」「メジャー同士に相関関係があるのか」など、面白い傾向がある組み合わせを探します。

❶**相関を確認したいメジャーを列にドラッグします。**
❷**行にドラッグしたメジャーを全て選択し、コントロールキーを押しながら行にドラッグします（コピーされる）。**
❸**ツールバーの分析⇒ メジャーの集計 をオフにします。**
❹**「y」を色にドラッグします。**

図3.1.14 メジャー間の相関を確認する散布図

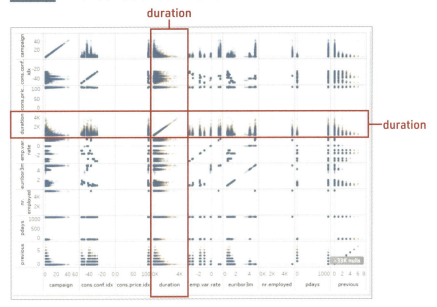

durationとの関係に焦点を当てて、可視化をしてみます。やはり、durationが長いと申し込みが多い（Y軸上部にオレンジ色が分布している）ということがわかります。

図3.1.15 コンタクト時間と他メジャーの相関

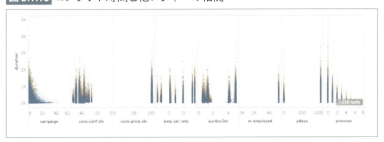

更に、durationとcampaign（現キャンペーンにおける接触回数）に焦点を当てると、接触回数が少なく、かつ、接触時間が長いところで申し込みがあり（グラフ中央左にオレンジ色が分布している）、接触回数が多いと接触時間も短くなくなる（グラフ右側は縦軸の値が低い）ようです。

これは、何回もコンタクトを取っていると、むしろ「しつこい」と思われて、話を聞いてもらえないということなのでしょうか。何回もアタックすれば良いというものではなさそうです。

第3章 実践編：実データでデータサイエンスのサイクルを回してみる

図 3.1.16 コンタクト時間とキャンペーン回数の相関

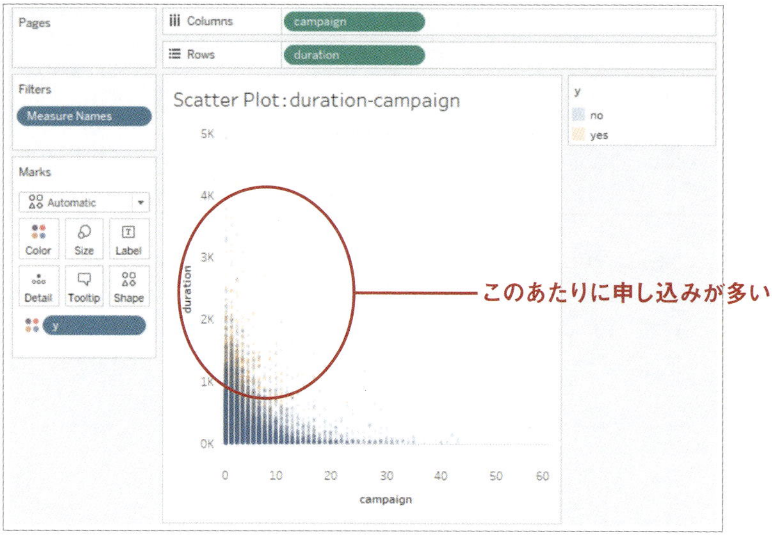

このように、データをあらかじめ理解しておくことで、モデルを作成した時に、本当に納得のいくモデルになっているのかを判断する際に必要な前提知識を準備しておくことができます。

3.1.3 モデルの作成と評価

それでは、早速モデルを作成してみましょう。今回はPythonのscikit-learnに含まれるDecision Tree Classifierという決定木モデルを利用して、定期預金を申し込む確率を推論してみます。

> **column 決定木とは**
>
> 決定木とは木構造を用いて分類または回帰のモデルを構築する手法です。変数を基準に条件分岐を行い、末端のノード（葉ノード）にたどりつくまで分岐をたどることで、分類クラスや回帰の結果を決定するものです。例えばタイタニックの乗客の属性（男性か女性か、何等客室に乗っていたか、年齢はいくつか等）で木の枝が広がるように分岐を繰り返し生存確率を推論するといった利用例が有名です。

図3.1.17 決定木イメージ図（出典：ウィキペディア）

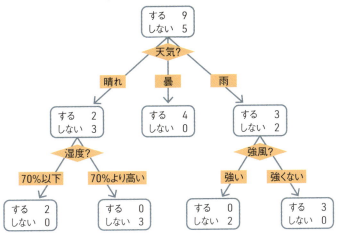

それでは早速、モデルを作成していきしょう。ここからはJupyter Notebookを利用します。必要なライブラリを読み込みます。Jupyter Notebookの起動は**2.3**「機械学習の基本」を参照してください。

> **note**
> #が先頭についている行はコメントですので、入力しなくても大丈夫です。

```
import pandas as pd
import numpy as np
from sklearn.tree import DecisionTreeClassifier
```

先ほどの訓練データを学習して、モデルを作成します。まずは訓練データを読み込みます。

```
df = pd.read_csv("bank-additional-full.csv",delimiter=";")
```

読み込んだデータを確認します。

```
df.head()
```

第3章｜実践編：実データでデータサイエンスのサイクルを回してみる

Out [4]:

	age	job	marital	education	default	housing	loan	contact	month	day_of_week	...	campaign	pdays	previous	poutcome	emp.var.rate	cor
0	56	housemaid	married	basic.4y	no	no	no	telephone	may	mon	...	1	999	0	nonexistent	1.1	
1	57	services	married	high.school	unknown	no	no	telephone	may	mon	...	1	999	0	nonexistent	1.1	
2	37	services	married	high.school	no	yes	no	telephone	may	mon	...	1	999	0	nonexistent	1.1	
3	40	admin.	married	basic.6y	no	no	no	telephone	may	mon	...	1	999	0	nonexistent	1.1	
4	56	services	married	high.school	no	no	yes	telephone	may	mon	...	1	999	0	nonexistent	1.1	

5 rows × 21 columns

訓練データの行数と列数を確認します。

```
df.shape
```

Out
```
(41188, 21)
```

入力変数と出力変数をそれぞれ抜き出します。

```
#出力変数を抜き出します。
t = df["y"]
#入力変数を抜き出します。
x = df.iloc[:,0:-1]
```

カテゴリカルな（連続した数値ではなく、文字列を含む）データはそのままではモデル作成に利用できないのでダミー変数化（カテゴリごとに1または0の値を持つフィールドに分割）します。

```
x = pd.get_dummies(x)
```

内容を確認します。

```
x.head()
```

Out [8]:

	age	duration	campaign	pdays	previous	emp.var.rate	cons.price.idx	cons.conf.idx	euribor3m	nr.employed	...	month_oct	month_sep	day_of_week_fri
0	56	261	1	999	0	1.1	93.994	-36.4	4.857	5191.0	...	0	0	0
1	57	149	1	999	0	1.1	93.994	-36.4	4.857	5191.0	...	0	0	0
2	37	226	1	999	0	1.1	93.994	-36.4	4.857	5191.0	...	0	0	0
3	40	151	1	999	0	1.1	93.994	-36.4	4.857	5191.0	...	0	0	0
4	56	307	1	999	0	1.1	93.994	-36.4	4.857	5191.0	...	0	0	0

5 rows × 63 columns

3.1 | 銀行顧客の定期預金申し込みを推論してみよう！

　訓練データと検証データに分割します。ここでは、test_size=0.1 として全体の1割を検証データに利用します。

```
# 訓練データと検証データに分割します。
from sklearn.model_selection import train_test_split
x_train_val, x_test, t_train_val, t_test = train_test_split(x, t, test_
size=0.1, random_state=1)
```

```
#訓練データの行数を確認します。
len(x_train_val)
```

Out　37069

```
#検証データの行数を確認します。
len(x_test)
```

Out　4119

　決定木モデルの作成時に、ハイパーパラメータを設定することができます。ここではmax_depth（木の深さ）=3、min_samples_leaf（ノードに含まれる最小サンプル数）= 500を設定します。続けて、訓練データをモデルに代入し、学習（fit）させます。

---

note

決定木の主要なハイパーパラメータとしては、以下があります。

- **max_depth 決定木の深さの最大、過学習を抑止する効果がある**
- **min_samples_leaf 1つのノードに必要な最小のサンプル数**

詳細についてはscikit-learnの説明ページを参照してください。

https://scikit-learn.org/stable/modules/generated/sklearn.tree.
DecisionTreeClassifier.html

243

第3章｜実践編：実データでデータサイエンスのサイクルを回してみる

```
                     min_weight_fraction_leaf=0.0, presort=False, random_state=None,
                     splitter='best')
```

```
from sklearn.tree import export_graphviz
import pydotplus
from IPython.display import Image
export_graphviz(clf6, out_file="tree_clf6.dot", feature_names=x.columns,
class_names=["0","1"], filled=True, rounded=True)
g = pydotplus.graph_from_dot_file(path="tree_clf6.dot")
Image(g.create_png())
```

Out

木は大分深くなりました。ではスコア（精度）はどうなったでしょう。

```
# 訓練データでの精度 ＝ 何個中何個当たっていたか？（Accuracy）を確認します。
clf6.score(x_train_val, t_train_val)
```

Out `0.9133238015592544`

```
# 検証データでの精度 ＝ 何個中何個当たっていたか？（Accuracy）を確認します。
clf6.score(x_test, t_test)    # Accuracy: 精度 ＝ 何個中何個当たっていたか？
```

Out `0.9067734887108522`

　若干精度は向上したようです。モデル作成に利用したデータ（train_val）で良い結果が出ていても、モデル作成に利用していないデータ（test）で良い結果が出ていなければ、モデル作成用データに一所懸命勉強しすぎて、試験範囲が変わったとたんに全く対応ができないという融通の利かないモデルになっているということです（これが

246

過学習ですね）。どちらもバランスよく良いスコアがを出せるものを探しましょう。

	train_val（モデル作成に利用したデータ）	test（モデル作成に利用していないデータ）
max_depth=3 min_samples_leaf=500	0.9099517116728264	0.902889050740471
max_depth=6 min_samples_leaf=500	0.9133238015592544	0.9067734887108522

＋モデルのチューニングを実施 Depth=12

実験として max_depth を12まで増やしてみましょう。

```
#モデルの作成
clf12 = DecisionTreeClassifier(max_depth=12 , min_samples_leaf=500)
clf12.fit(x_train_val,t_train_val)
```

Out
```
DecisionTreeClassifier(class_weight=None, criterion='gini', max_depth=12,
            max_features=None, max_leaf_nodes=None,
            min_impurity_decrease=0.0, min_impurity_split=None,
            min_samples_leaf=500, min_samples_split=2,
            min_weight_fraction_leaf=0.0, presort=False, random_state=None,
            splitter='best')
```

```
from sklearn.tree import export_graphviz
import pydotplus
from IPython.display import Image
export_graphviz(clf12, out_file="tree_clf12.dot", feature_names=x.columns,
class_names=["0","1"], filled=True, rounded=True)
g = pydotplus.graph_from_dot_file(path="tree_clf12.dot")
Image(g.create_png())
```

第3章｜実践編：実データでデータサイエンスのサイクルを回してみる

Out

　木の深さはだいぶ深堀されているようです。これは本当に良いモデルなのでしょうか。スコアを測ってみましょう。

```
# 訓練データでの精度 = 何個中何個当たっていたか？(Accuracy) を確認します。
clf12.score(x_train_val, t_train_val)  # Accuracy: 精度 = 何個中何個当たってい
たか？
```

Out　0.9133238015592544

```
# 検証データでの精度 = 何個中何個当たっていたか？(Accuracy) を確認します。
clf12.score(x_test, t_test)  # Accuracy: 精度 = 何個中何個当たっていたか？
```

Out　0.9067734887108522

　全く精度が上がっていないので、max_depthを大きくすると、モデルが複雑になっているだけで、いいモデルになっているということでもないようです。

	train_val（モデル作成に利用したデータ）	test（モデル作成に利用していないデータ）
max_depth=3 min_samples_leaf=500	0.9099517116728264	0.902889050740471
max_depth=6 min_samples_leaf=500	0.9133238015592544	0.9067734887108522
max_depth=12 min_samples_leaf=500	0.9133238015592544	0.9067734887108522

✚ハイパーパラメータの調整（モデル作成と精度確認）

ここまでmax_depthの大きさを3、6、12と変更して確認を行いましたが、他の値ではどうだろう？　その他のパラメータを変更した場合はどうなるだろう……。一体どのハイパーパラメータの組み合わせが最適なのだろうと疑問を持ちますね。しかし、ハイパーパラメータの組み合わせは膨大にあり一つひとつ確認するのは気の遠くなる作業となります。

そこで、**2.3**「機械学習の基本」でも紹介した「グリッドサーチ」という方法が役立ちます。「グリッドサーチ」では検証したいハイパーパラメータのリストを指定し、総当たりの組み合わせでモデルの精度を検証し、最も当てはまりの良い組み合わせを「best parameter」として提示してくれます。

早速、やってみましょう。ここでは検証の対象となるmax_depth を [1, 2, 3, 4, 5, 6, 7, 8, 9, 10]、min_sample_leaf を[100,200,500,1000]と指定します。

sklearnの中のmodel_selectionからGridSearchCVをimportしましょう。

```
# モジュールのインポート
# from sklearn.model_selection import GridSearchCV
```

GridSearchCVを用いる際には、下記の3つを用意する必要があります。

- estimator：使用する手法
- param_grid：ハイパーパラメータの探索範囲

第3章｜実践編：実データでデータサイエンスのサイクルを回してみる

- cv：データの分割数

```
# estimatorに決定木モデルDecisionTreeClassifierを指定します。
estimator = DecisionTreeClassifier()
```

　決定木の主要なハイパーパラメータとしては、以下の2つをチューニング対象とします。

- max_depth 決定木の深さの最大、過学習を抑止する効果がある
- min_samples_leaf 1つのノードに必要な最小のサンプル数

　上記2つのハイパーパラメータの探索範囲として以下の値を選択します。各ハイパーパラメータを辞書のキーとして扱い、辞書の値に探索範囲をリスト形式で入れます。

```
# チューニングするパラメータ
param_grid = {'max_depth':  [1, 2, 3, 4, 5, 6, 7, 8, 9, 10],
              'min_samples_leaf': [100,200,500,1000]
             }
```

　train と validationはデータの分割数を5に設定しましょう。

```
cv = 5
```

　GridSearchCVを用いると、train と validation は自動的に分割されます。
　そのため、データは以下のように分割し、train_valの方を用いてK-分割交差検証とグリッドサーチを行いましょう。

- train_val：訓練データと検証データ
- test：テストデータ

```
x_train_val, x_test, t_train_val, t_test = train_test_split(x, t, test_
size=0.3, random_state=1)
```

3.1 | 銀行顧客の定期預金申し込みを推論してみよう!

準備した各値を GridSearchCV に入れます。

```
# モデルの定義
tuned_model = GridSearchCV(estimator=estimator, param_grid=param_grid,
cv=cv, return_train_score=False)
```

通常通り、fit() で学習させましょう。

```
# モデルの学習
tuned_model.fit(x_train_val, t_train_val)
```

```
Out  GridSearchCV(cv=5, error_score='raise',
         estimator=DecisionTreeClassifier(class_weight=None,
criterion='gini', max_depth=None,
             max_features=None, max_leaf_nodes=None,
             min_impurity_decrease=0.0, min_impurity_split=None,
             min_samples_leaf=1, min_samples_split=2,
             min_weight_fraction_leaf=0.0, presort=False, random_state=None,
             splitter='best'),
         fit_params=None, iid=True, n_jobs=1,
         param_grid={'max_depth': [1, 2, 3, 4, 5, 6, 7, 8, 9, 10], 'min_
samples_leaf': [100, 200, 500, 1000]},
         pre_dispatch='2*n_jobs', refit=True, return_train_score=False,
         scoring=None, verbose=0)
```

学習後、tuned_model の中の cv_results_ にクロスバリデーションを行った結果が入っていますので、pandas を用いて表形式で表示させてみましょう。結果の見方については **2.3**「機械学習の基本」を参照してください。

```
# モデルの検証  .Tは行列の転置の意味
pd.DataFrame(tuned_model.cv_results_).T
```

第3章 | 実践編：実データでデータサイエンスのサイクルを回してみる

Out [35]:

	0	1	2	3	4	5	6
mean_fit_time	0.0980184	0.0820187	0.0986383	0.0865989	0.118719	0.121824	0.104485
mean_score_time	0.0242095	0.0189977	0.0227146	0.0189998	0.0229049	0.021118	0.0195164
mean_test_score	0.888451	0.888451	0.888451	0.888451	0.904421	0.904421	0.904421
param_max_depth	1	1	1	1	2	2	2
param_min_samples_leaf	100	200	500	1000	100	200	500
params	{'max_depth': 1, 'min_samples_leaf': 100}	{'max_depth': 1, 'min_samples_leaf': 200}	{'max_depth': 1, 'min_samples_leaf': 500}	{'max_depth': 1, 'min_samples_leaf': 1000}	{'max_depth': 2, 'min_samples_leaf': 100}	{'max_depth': 2, 'min_samples_leaf': 200}	{'max_depth': 2, 'min_samples_leaf': 500} 'r
rank_test_score	37	37	37	37	33	33	33
split0_test_score	0.888454	0.888454	0.888454	0.888454	0.905584	0.905584	0.905584
split1_test_score	0.888454	0.888454	0.888454	0.888454	0.905719	0.905719	0.905719
split2_test_score	0.888454	0.888454	0.888454	0.888454	0.902752	0.902752	0.902752
split3_test_score	0.888454	0.888454	0.888454	0.888454	0.906933	0.906933	0.906933
split4_test_score	0.888439	0.888439	0.888439	0.888439	0.90112	0.90112	0.90112
std_fit_time	0.0170774	0.00554931	0.0190309	0.00805017	0.0217738	0.0178752	0.00907836
std_score_time	0.0063781	0.00309816	0.00746882	0.00167445	0.00490552	0.0037834	0.00217246
std_test_score	6.01868e-06	6.01868e-06	6.01868e-06	6.01868e-06	0.00214623	0.00214623	0.00214623

　実際に表を見なくてもbest_params_という値に最適なハイパーパラメータが入っているので確認しましょう。

```
# 最適なハイパーパラメータの確認
tuned_model.best_params_
```

Out
```
{'max_depth': 5, 'min_samples_leaf': 100}
```

　best_estimator_には最適なハイパーパラメータを使用した最適なモデルが入っています。'max_depth': 5, 'min_samples_leaf': 100 がベストなパラメータということですね。最後に、こちらの提唱されたモデル用いて精度スコアの確認をしましょう。

```
# 最適なモデルの引き継ぎ
clf_best = tuned_model.best_estimator_

# モデルの内容を確認します。
clf_best
```

Out
```
DecisionTreeClassifier(class_weight=None, criterion='gini', max_depth=5,
            max_features=None, max_leaf_nodes=None,
            min_impurity_decrease=0.0, min_impurity_split=None,
            min_samples_leaf=100, min_samples_split=2,
            min_weight_fraction_leaf=0.0, presort=False, random_state=None,
            splitter='best')
```

モデルの検証を行います。まずはモデル作成に利用したtain_val(訓練と検証)についてです。

```
print(clf_best.score(x_train_val, t_train_val))
```

Out 0.9169117051984138

モデルの検証を行います。次に、モデル作成に利用しなかったtest(テスト)についてです。

```
print(clf_best.score(x_test, t_test))
```

Out 0.9092012624423403

	train_val (モデル作成に利用したデータ)	test (モデル作成に利用していないデータ)
max_depth=3 min_samples_leaf=500	0.9099517116728264	0.902889050740471
max_depth=6 min_samples_leaf=500	0.9133238015592544	0.9067734887108522
max_depth=12 min_samples_leaf=500	0.9133238015592544	0.9067734887108522
max_depth=5 min_samples_leaf=100 (best parameters)	0.9169117051984138	0.9092012624423403

グリッドサーチの結果推奨されたモデルで、訓練+検証、テスト共に良い結果が得られているようです。チューニングされた決定木も可視化してみましょう。

```
from sklearn.tree import export_graphviz
import pydotplus
from IPython.display import Image
export_graphviz(clf_best, out_file="tree_clf_best.dot", feature_names=x.
columns, class_names=["0","1"], filled=True, rounded=True)
```

```
g = pydotplus.graph_from_dot_file(path="tree_clf_best.dot")
Image(g.create_png())
```

Out

申し込みが発生しそうな条件についても分岐が細かくなっています。

図3.1.18 決定木部分拡大

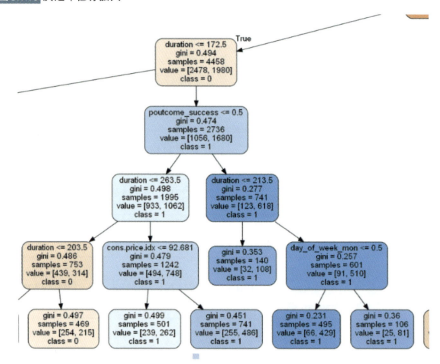

3.1.4 モデルの精度を可視化する

次に、全てのデータに対してそれぞれのモデルを利用した「定期預金を申し込む確率」を算出し、Tableauを使って可視化をしながらモデルの評価を行ってみましょう。

まずは、全てのデータに対して予測値を生成してみましょう。

3.1 | 銀行顧客の定期預金申し込みを推論してみよう！

```
# 全てのデータの入力変数（説明変数）を確認する
x.head()
```

Out[43]:

	age	duration	campaign	pdays	previous	emp.var.rate	cons.price.idx	cons.conf.idx	euribor3m	nr.employed	...	month_oct	month_sep	day_of_week_fri
0	56	261	1	999	0	1.1	93.994	-36.4	4.857	5191.0	...	0	0	0
1	57	149	1	999	0	1.1	93.994	-36.4	4.857	5191.0	...	0	0	0
2	37	226	1	999	0	1.1	93.994	-36.4	4.857	5191.0	...	0	0	0
3	40	151	1	999	0	1.1	93.994	-36.4	4.857	5191.0	...	0	0	0
4	56	307	1	999	0	1.1	93.994	-36.4	4.857	5191.0	...	0	0	0

5 rows × 63 columns

　それぞれのモデル $\{$max_depth $= 3, 4,$ best_parameters(5)$\}$ についてpredict_probaメソッドを用いて推論確率を求めます。

```
#予測値を得る
y_clf3 = clf3.predict_proba(x)[:,1]
y_clf6 = clf6.predict_proba(x)[:,1]
y_clf_best =clf_best.predict_proba(x)[:,1]
```

　結果をデータフレーム化して、オリジナルの訓練データの右端にconcatで横に繋げます。

```
df_y_clf3 = pd.DataFrame(y_clf3,columns=['y_clf3'])
df_y_clf6 = pd.DataFrame(y_clf6,columns=['y_clf6'])
df_y_clf_best = pd.DataFrame(y_clf_best,columns=['y_clf_best'])
```

```
x_df_y = pd.concat([df,df_y_clf3,df_y_clf6,df_y_clf_best],axis=1)

x_df_y.head()
```

Out

ing	loan	contact	month	day_of_week	...	poutcome	emp.var.rate	cons.price.idx	cons.conf.idx	euribor3m	nr.employed	y	y_clf3	y_clf6	y_clf_best
no	no	telephone	may	mon	...	nonexistent	1.1	93.994	-36.4	4.857	5191.0	no	0.01539	0.000931	0.002202
no	no	telephone	may	mon	...	nonexistent	1.1	93.994	-36.4	4.857	5191.0	no	0.01539	0.000931	0.002202
yes	no	telephone	may	mon	...	nonexistent	1.1	93.994	-36.4	4.857	5191.0	no	0.01539	0.000931	0.002202
no	no	telephone	may	mon	...	nonexistent	1.1	93.994	-36.4	4.857	5191.0	no	0.01539	0.000931	0.002202
no	yes	telephone	may	mon	...	nonexistent	1.1	93.994	-36.4	4.857	5191.0	no	0.01539	0.000931	0.002202

Tableauから接続するために、csvファイルに吐き出します。

```
x_df_y.to_csv("x_df_y_clf3_6_best.csv")
```

ここから先はTableau Desktopで確認します。

Tableau Desktop からCSVファイル (x_df_y_clf3_6_best.csv) に接続してみます。それぞれのモデルについて、実際に申し込んだかどうか (Yes/No) ごとに、申し込み確率がどのように分布していたかをTableauの箱ひげ図を使い、点が重なるところを理解しやすくするため「密度」を使って可視化します。赤色が濃い部分が多くのポイントが重なっているところになります。

図3.1.19 モデルごとの推論確率の分布

こちらのグラフをTableauで作成するステップは、以下のとおりです。

❶メジャー「clf3」(max_depth=3での予測値) を行にドラッグします。
❷F1 (データフレームの行番号がF1として認識されます) をメジャー (緑色グループ) からディメンション (青色グループ) にドラッグします。行番号は個別の値として認識される識別子となるため、メジャーではなくでディメンションに認識し直します。

図3.1.20 ディメンションに変更

3.1 | 銀行顧客の定期預金申し込みを推論してみよう！

❸ F1を詳細にドラッグします。
❹ 画面右表示形式で箱ひげ図を選択します。
❺ 「y」（実際に定期預金を申し込んだかどうか）を列にドラッグします。

図 3.1.21 箱ひげ図作成経過①

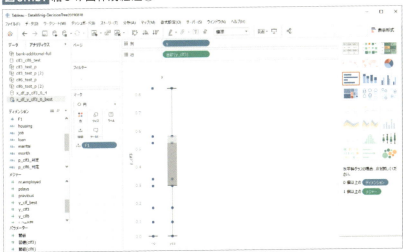

❻ 「clf6」と「clf_best」も行にドラッグします。
❼ もう一度表示形式で箱ひげ図を選択します。

図 3.1.22 箱ひげ図作成経過②

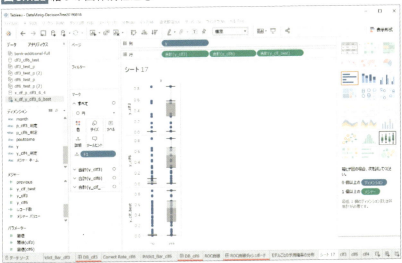

❽マークの「すべて」で「密度」を指定します。

❾色を「明るくて濃い多色」に変更します。

図3.1.23 箱ひげ図作成経過③

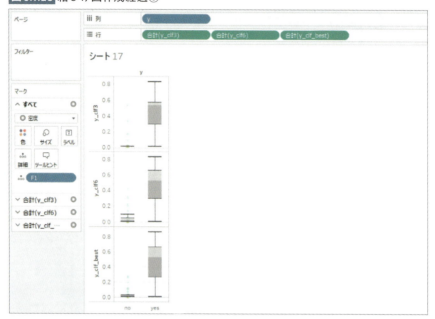

❿行と列の変換ボタンを押します。

図3.1.24 行と列の交換

⓫色の濃淡、大きさを見やすく調整します。

図 3.1.25 モデルごとの推論確率の分布・完成図（再掲）

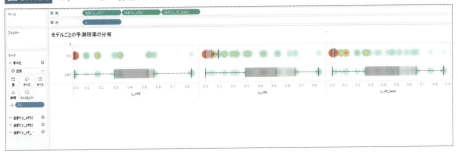

以上のステップで実際の答え（定期預金を申し込んだかどうか）について、どの程度の推論をしたか（0から1の間）の分布をモデルごとに可視化することができます。

良い推論ができている（より良く分類ができている）モデルとは、実際の結果が「no」については、推論結果も0に近い（上の段について点が左端の0に近いところに固まっている）状態であり、実際の結果が「yes」については推論結果が1に近い（下の段について右端の1に近いところに固まっている）状態となります。

実際は「no」なのに推論確率が 0.5 や0.6 といった微妙な確率で申し込むと推論していたら、それはあてになりませんよね。つまり、noのものは予測値も0に近く、Yesのものは予測値も1に近くなっていて、きっちり、はっきり分類できているのが良いモデルということになります。

図 3.1.26 良いモデルと悪いモデルのイメージ図

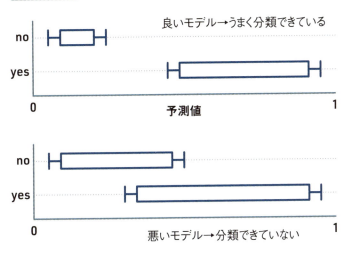

Tableau Desktop による可視化の図を見ると、グリッドサーチによってハイパーパラメータのチューニングを行った max_depth = 5（一番右）のケースが、noの分布が0に近く、かつ、yesの分布が1に近いので、こちらが最も良いモデルということが Tableau の可視化を通しても確認できました。

> **note**
> 箱ひげ部分にマウスを当てると、箱ひげの中央値、上端、下端、ヒンジといった情報が表示されるので、こちらで分布を正確に確認、比較することができます。

図 3.1.27 箱ひげ図の説明を表示

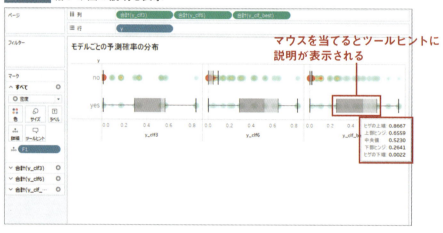

今回はグリッドサーチで最適と提示されたハイパーパラメータを利用し、max_depth=5 をモデルとして採用し、次のステップで実際に定期預金を申し込んだかどうかわからない顧客の行動履歴データから定期預金を申し込む確率を算出し、可視化アプリケーションとして利用する方法を検討します。

3.1.5 推論の実施

作成されたモデルを使って、結果の分からない全く新しいデータに対して推論を実施してみましょう。

3.1 | 銀行顧客の定期預金申し込みを推論してみよう！

　ここではあらかじめ用意された630件の、定期預金を申し込んだかどうか分からない顧客のデータ「sample.csv」を読み込みます。右端に「y」の列がないことがポイントです。sampleという名前のデータフレームに投入します。

```
sample = pd.read_csv("sample.csv")

sample.head()
```

Out [50]:

	id	age	job	marital	education	default	housing	loan	contact	month	...	duration	campaign	pdays	previous	poutcome	emp.var.ra
0	0	36	technician	divorced	professional.course	no	no	no	cellular	may	...	31	1	999	0	nonexistent	-1
1	1	34	admin.	married	university.degree	no	no	no	telephone	sep	...	290	2	999	0	nonexistent	-3
2	2	46	self-employed	married	university.degree	no	no	no	cellular	aug	...	696	3	999	0	nonexistent	1
3	3	36	admin.	single	high.school	no	no	no	cellular	may	...	42	2	999	1	failure	-1
4	4	36	blue-collar	married	unknown	unknown	no	no	telephone	jun	...	456	3	999	0	nonexistent	1

5 rows × 21 columns

　Idはモデルを作成するための入力変数として必要がないため削除して、その他の入力変数について、カテゴリカルな変数をダミー変数化します。

```
#id を削除する
sample1 = sample.iloc[:,1:]
```

　新しいデータに対してダミー変数化を行います。

```
#新しいデータに対してダミー変数化を行います。
x = pd.get_dummies(sample1)

x.head()
```

Out [53]:

	age	duration	campaign	pdays	previous	emp.var.rate	cons.price.idx	cons.conf.idx	euribor3m	nr.employed	...	month_oct	month_sep	day_of_week_fri
0	36	31	1	999	0	-1.8	92.893	-46.2	1.327	5099.1	...	0	0	1
1	34	290	2	999	0	-3.4	92.379	-29.8	0.773	5017.5	...	0	1	1
2	46	696	3	999	0	1.4	93.444	-36.1	4.964	5228.1	...	0	0	0
3	36	42	2	999	1	-1.8	92.893	-46.2	1.327	5099.1	...	0	0	0
4	36	456	3	999	0	1.4	94.465	-41.8	4.958	5228.1	...	0	0	0

5 rows × 63 columns

　作成したモデルを使って予測値を取得します。グリッドサーチの結果、最適なモデルは clf_best というモデルで保存しています。predict_proba で予測値を算出しま

261

第3章 | 実践編：実データでデータサイエンスのサイクルを回してみる

す。「列の右側(y=1)」の方が「定期預金を契約する＝y」の確率です。

```
clf_best.predict_proba(x)
```

Out
```
array([[0.97851263, 0.02148737],
       [0.47704591, 0.52295409],
       [0.52791878, 0.47208122],
       ...,
       [0.99779821, 0.00220179],
       [0.97851263, 0.02148737],
       [0.99779821, 0.00220179]])
```

「定期預金を契約する＝y」の確率を y_new に代入します。

```
#作成したモデルを利用してsample に対して予測値を取得します。
y_new = clf_best.predict_proba(x)[:,1]
```

「定期預金を契約する＝y」の確率でをデータフレームにし、列名として「predict」を付けます。

```
#予測値をデータフレーム化します。
df_y_new = pd.DataFrame(y_new,  columns=['predict'])
```

一番初めに読み込んだsampleの右端に予測値を追加します。

```
#オリジナルのデータの右端に予測値を追加します。
sample_y_new = pd.concat([sample,df_y_new],axis=1)
```

中身を確認します。

```
sample_y_new.head()
```

262

3.1 | 銀行顧客の定期預金申し込みを推論してみよう！

Tableauで予測値を利用した分析とダッシュボード作成を行うために、CSVファイルとして吐き出します。

```
#CSVファイルとして書き出します。
sample_y_new.to_csv("sample_y_new.csv")
```

3.1.6 推論結果の利用

次に、Jupyter Notebookを使って算出された予測値を使って、Tableauで可視化を行い、現実的な予測値の活用方法を検討していきたいと思います。

吐き出されたCSVファイル「sample_y_new.csv」にTableau Desktopから接続します。一番右端には予測値である「predict」が追加されていることを確認します。

図3.1.28 Tableau Desktopから予測値を含むデータセットに接続

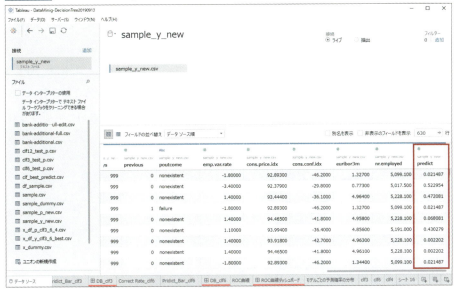

263

第3章 | 実践編：実データでデータサイエンスのサイクルを回してみる

　ここでは、推論に利用する顧客の行動履歴データの他に顧客属性の情報が別テーブルで入手できた（顧客属性テーブル.csv）と仮定しましょう。行動履歴、予測値、顧客属性のすべてを使ってTableauで可視化してビジネス上のアクションに繋げていきましょう。データソースタブで「接続」の右横の「追加」をクリックし、「顧客属性テーブル.csv」を追加して「sample_y_new.csv」と id=ID を指定して結合します。

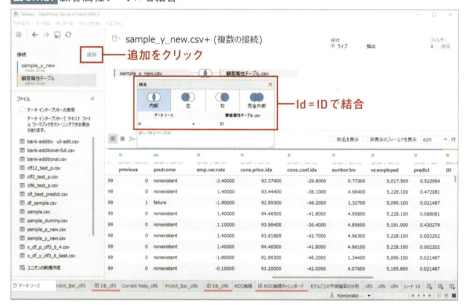

図3.1.29 顧客属性テーブルと結合

　それでは可視化を実施していきましょう。
　一番簡単な方法は、顧客名のリストを作成し、定期預金を申し込む確率「predict」でソートして、確率の高い順（降順）に並べることです。これによって、申し込み確率の高い顧客を絞り込み、もう一押しの営業活動を実施する対象顧客を絞り込むことができます。

❶ **顧客名を行にドラッグします。**
❷ **「predict」を列にドラッグします。**
❸ **画面中央下のソートボタンを押します。**

図3.1.30 申し込み確率で顧客をリスト（ソートボタン）

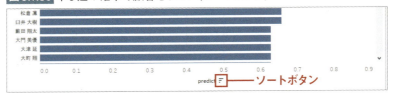

これだけの簡単な操作で「定期預金申し込み確率」の高い顧客のリストができました。

ディメンションの「23区」を右クリックしてフィルタの表示を選択すれば、確認したい区（東京23区）に絞り込むことができます。

図3.1.31 申し込み確率順の顧客リスト（降順ソート）

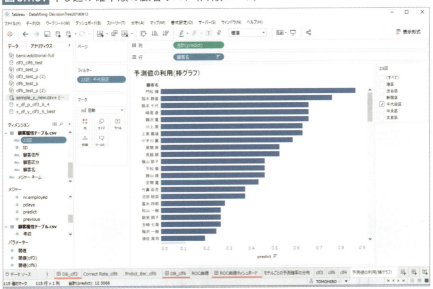

具体的な確率の数値が知りたい時は、「predict」をマークのラベルにドラッグします。

第3章 | 実践編：実データでデータサイエンスのサイクルを回してみる

図3.1.32 申し込み確率順の顧客リスト（予測値ラベル付与）

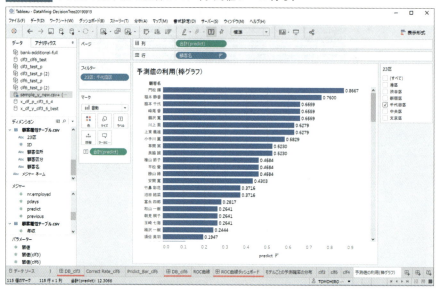

　確率の高い顧客により注意を喚起するために、「predict」を色にドラッグし、凡例をダブルクリックし、色の編集で「オレンジ - 青の分化」を指定、「反転」をクリックすると確率の高い顧客の棒グラフがオレンジ色に変更します。申し込み確率の高いプロスペクトが一目で分かりますね（中央区では門松さんの申し込み確率が高いようです。注：顧客名はあくまでサンプルデータです）。

図3.1.33 色の編集

3.1 | 銀行顧客の定期預金申し込みを推論してみよう！

図 3.1.34 申し込み確率による色付け

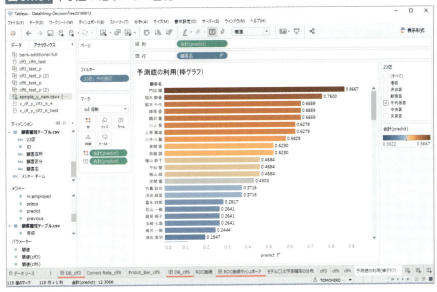

このワークシートを「予測値の利用（棒グラフ）」という名前に変更しておきます。

✚Tableau Desktopによる地図情報の利用

ラッキーなことに、今回は顧客情報には顧客住所の緯度・経度の情報がありました。こちらを利用してTableauによる位置データの可視化を行いましょう（顧客名と住所の緯度経度はあくまで架空のデータです）。地図連携のために新しいワークシートを作成しましょう。

メジャーの緯度を右クリックして、地理的役割⇒緯度を選択します。

図 3.1.35 地理的役割

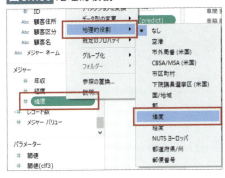

「緯度」のマークが地球儀になりますので、これで地理情報としての「緯度」としてTableauから利用することができるようになりました。

同様に、「経度」についても右クリックして「地理的役割の追加」⇒「経度」を選択します。

メジャーの緯度、経度の両方に地球儀のマークが付きました。地理的役割として「緯度」は「緯度」、「経度」は「経度」を選択しましょう。割と間違えやすいので要注意です。

図 3.1.36 地理的役割の追加（完了後）

次に緯度をダブルクリック、経度をダブルクリックします。日本地図が表示されました。まだ一つの点が表示されただけです。

図 3.1.37 緯度・経度の表示

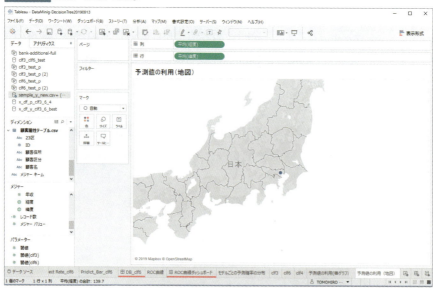

sample_y_new.csv の「顧客名」を詳細（粒粒のマーク）にドラッグすると、集計の単位が顧客名一つずつになり、顧客名ごとの緯度経度が表示されます。

3.1 | 銀行顧客の定期預金申し込みを推論してみよう！

図3.1.38 緯度・経度の表示（詳細に顧客名を追加）

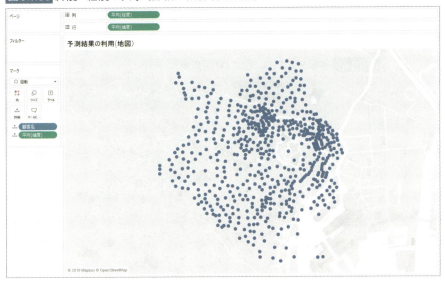

predict（申し込み確率）を色にドラッグし、色の編集で確率の高いものをオレンジ色、低いものを青色になるようにします。申し込み確率の高い顧客がどこにいるか色ですぐに確認することができますね。

図3.1.39 申し込み確率による色付け（地図表示）

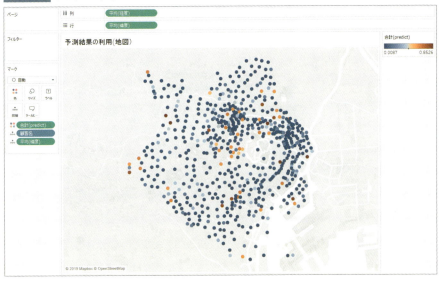

第3章 | 実践編：実データでデータサイエンスのサイクルを回してみる

　更に顧客情報テーブルには「年収」という情報も追加されていますので、こちらを大きさにドラッグしてみましょう。

図 3.1.40 年収を大きさに追加（地図表示）

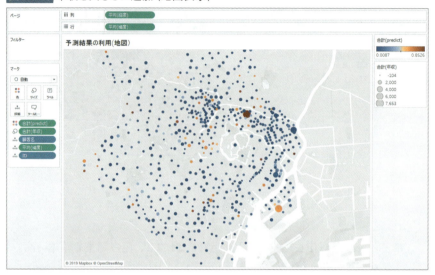

　「23区」を右クリックし、フィルタの表示を選択すると指定した区（東京23区）にデータを絞り込むことができます。

図 3.1.41 区でフィルタ後（地図表示）

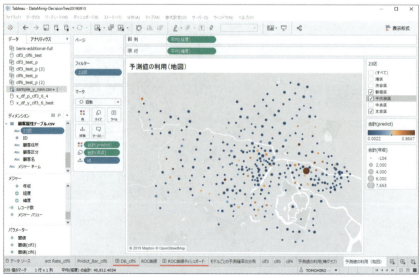

3.1 | 銀行顧客の定期預金申し込みを推論してみよう！

申し込み確率「predict」を右クリックしフィルタの表示を選択し、申し込み確率が高い顧客だけを表示すると、よりターゲットを絞り込みやすくなります。

図3.1.42 申し込み確率でフィルタ（地図表示）

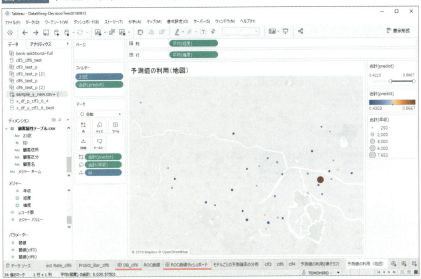

顧客名をラベルにドラッグすると、ポイントに顧客名を表示することができます。年収が多く、申し込み確率の高い顧客は優良な見込み客ということになりますね。

図3.1.43 顧客名をラベルに追加（地図表示）

271

ツールバーの「マップ」⇒「地図のレイヤー」で「ストリート」を選択すると、更に細かい地図情報を表示することができます。

図 3.1.44 マップレイヤーを追加（地図表示）

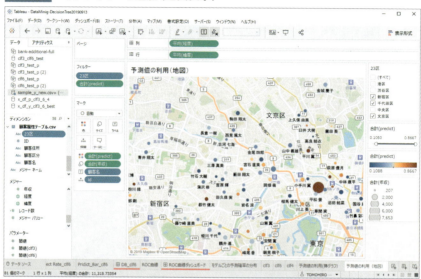

マップレイヤーで「街路・高速道路・道路」を追加したり、ウォッシュアウトを変更したりして、より見やすい地図の設定を試してみてください。

図 3.1.45 マップレイヤー詳細

3.1 銀行顧客の定期預金申し込みを推論してみよう！

ツールヒントに「顧客住所」「顧客区分」といった補足情報をドラッグしておくと、マウスを当てた時のみ、これらの情報がツールヒント（吹き出し）に表示されます。常に表示させなくても良いけれど、欲しいときだけ表示させたい情報を追加するのに便利な機能です。

図 3.1.46 ツールヒントの表示

申し込み確率の高いものから絞り込みをすると、色の基準が絞り込んだデータの中で再設定されてしまいます。絞り込み条件に関わらず色を固定したい場合、色の凡例をダブルクリックし、「詳細」で開始を0に固定しておくと良いでしょう。

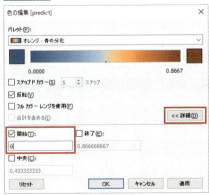

図 3.1.47 色凡例の固定

273

ここまで作成したワークシートをダッシュボードに配置してそれぞれ連動させてみましょう。

ここでは、選択した区についての顧客のリスト（申し込み確率による降順）と地図へマッピングしたものを表示させましょう。

❶選択用の23区のリストを作ります。新しいワークシートを作成し「23区選択」という名前にします。
❷行に23区を、列に年収をドラッグします。

図3.1.48 区選択用の棒グラフ作成

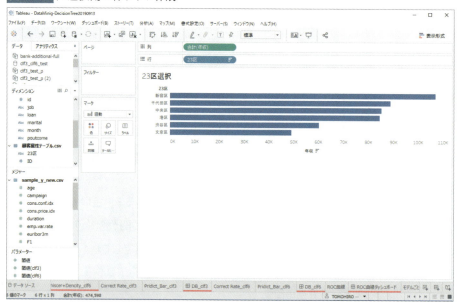

❸新しいダッシュボードを作ります。
❹ワークシート「23区選択」「予測値の利用（棒グラフ）」「予測値の利用（地図）」を以下のようにダッシュボード上に配置します。それぞれのワークシートの領域の大きさを調整します。

3.1 | 銀行顧客の定期預金申し込みを推論してみよう！

図 3.1.49 ダッシュボード作成

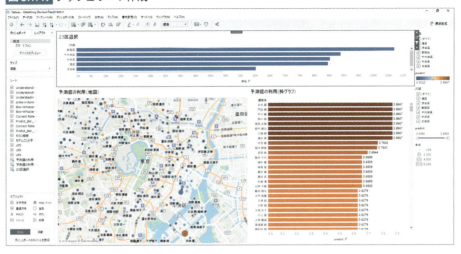

　これだけでは、ただワークシートを並べただけですが、23区でクリックした区をフィルタとしてその他のワークシートにも反映しましょう。

　「23区選択」をクリックし、ワークシート右上の漏斗のマーク（フィルタとして使用）をクリックします。漏斗のマークが塗りつぶされると、このワークシートでの選択がダッシュボード上の他のワークシートに対してフィルタとして作用します。

図 3.1.50 ダッシュボードアクション（フィルタ）の追加 -1

図 3.1.51 ダッシュボードアクション（フィルタ）の追加 -2

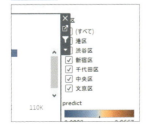

275

23区選択で千代田区を選択すると、地図と棒グラフ（申し込み確率による降順ソート）に対して「千代田区」のフィルタが有効となり、「千代田区」の情報に絞られます。

図3.1.52 ダッシュボードアクション（フィルタ）の実施（千代田区選択）

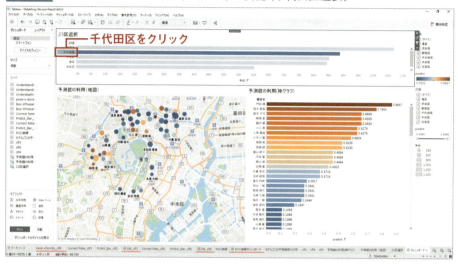

23区選択ワークシートで「港区」を選択すればダッシュボード全体で「港区」の情報に絞られます。港区では綿引さんの申し込み確率が高いようですね。

図3.1.53 ダッシュボードアクション（フィルタ）の実施（港区選択）

3.1 | 銀行顧客の定期預金申し込みを推論してみよう！

ここで、実際に「綿引さん」が地図上のどこに位置するのか探し出すのは大変です。ダッシュボードのアクションを追加してこれを簡単に実施できるようにしましょう。

❶ツールバーのダッシュボード（B）⇒アクション⇒「アクションの追加」を選択します。

図3.1.54 ダッシュボードアクションの追加

❷ハイライトアクションを追加します。

図3.1.55 ダッシュボードアクションの追加（ハイライトアクション）

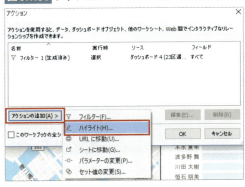

❸ハイライトアクションの設定で、ソース（アクション起点）とターゲット（アクションの対象）を以下のように設定します。ソースシート、ターゲットシートの両方に「予測値の利用（棒グラフ）」と「予測値の利用（地図）」をチェックします。

277

第3章 | 実践編：実データでデータサイエンスのサイクルを回してみる

図 3.1.56 ダッシュボードアクションの追加（ハイライトアクション詳細）

❹ OKをクリックします。

棒グラフでトップの綿引さんをクリックすると、地図上で綿引さんの位置がハイライトされます。

図 3.1.57 ダッシュボードアクション（ハイライト）の実施①

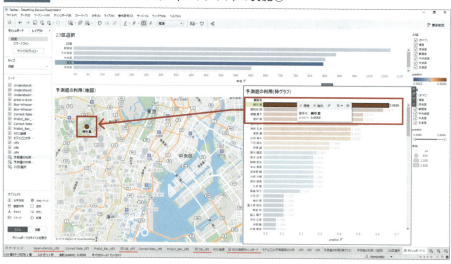

278

逆に、地図上のポイントをクリックして、棒グラフをハイライトすることも可能です。23区選択で「中央区」を選択すると、晴海ふ頭の上に大きな（年収の）ポイントが目立ちます。この顧客をクリックすると、「鎮目 武さん」のデータであり、棒グラフ上でもこれがハイライトされます。

図3.1.58 ダッシュボードアクション（ハイライト）の実施②

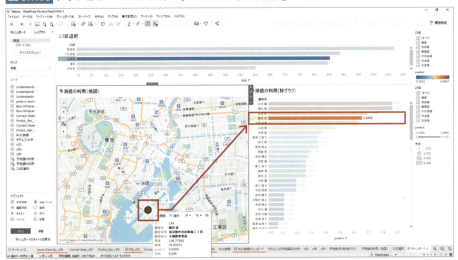

地図情報を用いて可視化することによって、各営業所の営業圏内の優良なプロスペクトの存在を確認し、適切なアクションを取ることができそうです。

このようにTableauで予測値を使った可視化を行うことで、数値として算出された「確率」をビジネスのアクションに繋げる「インサイト」に変えることができます。是非皆様もお持ちのデータでTableauとPythonを使い分け、データサイエンスのサイクルを回してデータからの発見、推論結果の活用にチャレンジしてみてください。

ダッシュボード、参考となるJupyter Notebookサンプルについては、本書のサポートサイト（https://www.shuwasystem.co.jp/support/7980html/6025.html）からダウンロードしてください。

3.2 東京23区のマンション価格を推論してみよう！
（作成したモデルを利用したリアルタイム推論）

3.2.1 問題設定

　突然ですが、皆さんは東京にマンションを買ってみたいと思ったことはありますか。東京のマンションは高いものから安いものまで千差万別ですが、マンションの値段というのは一体どのように決まるのでしょうか。最寄り駅、間取り、広さ、駅からの距離等、希望の条件を与えると物件の価格を推論できたら面白いですね。この節では東京の中古マンション物件について線形重回帰のモデルを作り、入力した条件に応じてマンション価格を推論するTableauのダッシュボードを作成します。なお、東京の全ての駅について対応するとサンプルとしては複雑になりすぎるので、東京駅を始発として西に伸びる、JR中央線（東京）沿線の駅に限って推論を行うことにします。

図3.2.1 中央線快速の停車駅（出典：ウィキペディア）

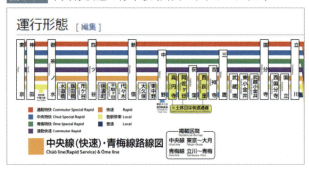

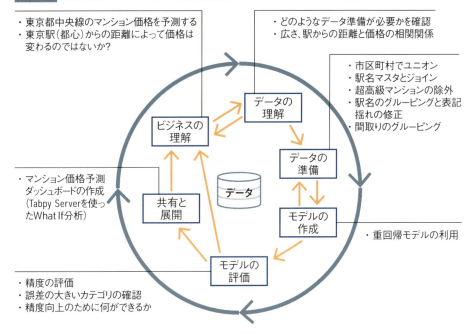

図3.2.2 東京23区のマンション価格を推論してみよう！ ステップ概要

3.2.2 データの収集

とりあえずデータがなくては始まりません。利用できるデータを入手しましょう。国土交通省のページから中古マンションを含む不動産取引価格情報をダウンロードすることができます。今回はこちらのデータを利用しましょう。

不動産取引価格ダウンロード 国土交通省

http://www.land.mlit.go.jp/webland/download.html

中央線の駅が含まれる、千代田区、新宿区、渋谷区、中野区、杉並区、武蔵野市、小金井市、国分寺市、立川市を選択します。とりあえず2016年から2019年を指定しましょう。ここでは大量のデータを使おう！　と欲張らず、小さなデータを使ってとりあえずサイクルを一回りさせてみることが重要です。

3.2.3 データの準備と理解

＋データ理解のための前準備

早速、Tableau Prep Builderから一つのファイル（13101_20161_20184.csv）に接続してみましょう。Tableau Prep Builderからデータに接続し、入手できているデータがどのようなものなのか確認します。

データソースのサンプル、フローの完成版については、本書のサポートサイト（https://www.shuwasystem.co.jp/support/7980html/6025.html）からダウンロードしてください。

図3.2.3 Tableau Prep Builderからデータに接続

複数ファイルのタブで「*.csv」と入力し、ディレクトリにあるすべてのファイルをユニオン（縦方向に連結）します。これで市区町村別に分かれていたファイルがすべて一つに連結されます。

3.2 東京23区のマンション価格を推論してみよう！

図 3.2.4 複数ファイルのユニオン

ステップを追加すると各フィールドに存在するデータやデータの分布が確認できます。

図 3.2.5 ステップの追加

図 3.2.6 ステップの追加分布の確認

今回はマンション価格のモデルを作るために、マンション物件価格に影響がありそうな以下のフィールドに注目します。そのままモデルの入力変数として利用できるもの

第3章 | 実践編：実データでデータサイエンスのサイクルを回してみる

もありますが、一筋縄ではいかないものもありそうです。

フィールド名	説明
市区町村コード	ダウンロードした時に指定した市区町村ごとのコード
No	ダウンロードしたファイルの中でのID。上の市区町村コードと連結すれば全体としてユニークなIDとして利用できる
最寄駅：名称	マンション物件からの最寄り駅の情報。今回はJR中央線の駅のみ利用する 図3.2.7 最寄り駅 Abc 最寄駅：名称 174 南阿佐ケ谷 原宿 参宮橋 吉祥寺 四ツ谷 四谷三丁目 国分寺 国立 国立競技場 外苑前 多磨 大久保(東京)
市区町村名	市区町村ごとのマンション価格を理解するために利用 図3.2.8 市区町村名 Abc 市区町村名 11 三鷹市 中央区 中野区 千代田区 国分寺市 小金井市 新宿区 杉並区 武蔵野市 渋谷区 立川市
種類	中古マンション、宅地（土地）の分類があるが、ここでは中古マンションのみ利用する 図3.2.9 種類 Abc 種類 3 中古マンション等 宅地(土地) 宅地(土地と建物)

3.2 東京23区のマンション価格を推論してみよう！

最寄駅:距離（分）	最寄り駅から歩いて何分の距離にあるか、物件価格に影響する（近い方が便利なため価格は上がる）だろうと考えられる。数値として扱いたいが、なぜか文字列として識別されている（左上に「Abc」とある）	図3.2.10 最寄り駅距離
面積（㎡）	物件の面積、広ければ価格も上がると予想される	図3.2.11 面積（㎡）
建築年	建築年が分かれば築年数が分かる。築年数は価格に影響すると考えられる。ただし、建築年はここでは元号表示なので単純には築年数を求められない	図3.2.12 建築年

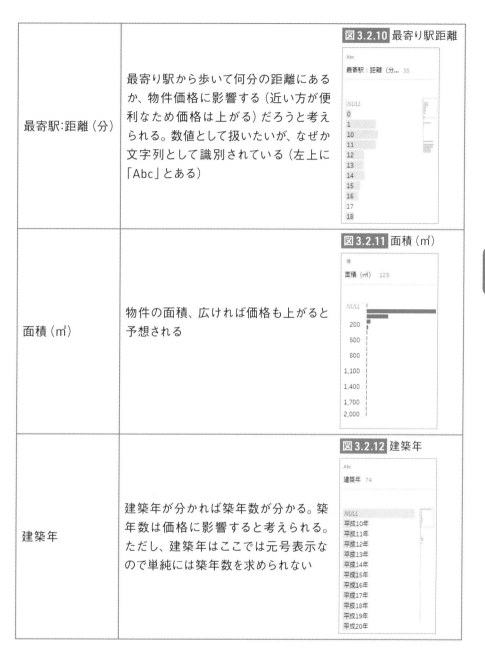

改装	改装済みか否か。NULL が多い	図3.2.13 改装
間取り	物件の間取り。意外と種類が多いことが分かる	図3.2.14 間取り
取引価格（総額）	物件の取引価格。これが今回推論したい値、つまり出力変数となる	図3.2.15 取引価格

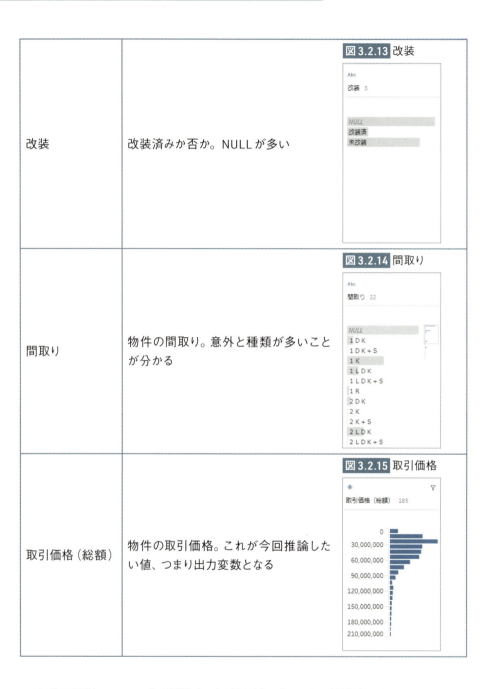

　まず、不要なフィールドは削除する処理を行いましょう。前述表にないフィールドは削除してしまいましょう。これで大分見やすくすっきりしました。

図3.2.16 不要フィールドの削除

図3.2.17 不要フィールドの削除後の確認

次に新しいステップを追加し、1レコード毎にユニークな行番号を振っておきます。「No」は市区町村ごとに1から振られるため、これだけでは行をユニークに特定することができないため、「市区町村コード」と「No」の組み合わせでユニークとなるフィールド「uid」を作ります。

```
STR([市区町村コード]) + '-' + STR([No])
```

行番号にレコードを特定するユニークなIDフィールドは後々の工程で大変重要な意味を持ちます（集計結果が合わないなど思わぬ事態を引き起こす）ので、ここで実施しておきましょう。

図 3.2.18 ユニークID列の作成

また新しいステップを追加し、前準備処理を実施します。

NULL値があって推論に利用できないレコードは除外します。例えば、「最寄駅：距離（分）」についてNULLのレコードがあります。NULLのバーにマウスを当てるとNULLのレコード数が22件存在するということが分かります。

図 3.2.19 NULLの削除

全体に対してNULLのレコード数は大きくないので、これらを除外します。Tableau Prep BuilderでNULLのバーをハイライトし、右クリックで除外を選択します。同様に「築年数」、「間取り」、「面積（㎡）」がNULLのものも削除します。

3.2 | 東京23区のマンション価格を推論してみよう！

図3.2.20 NULLの削除（距離）

図3.2.21 NULLの削除（築年数）

図3.2.22 NULLの削除（間取り）

図3.2.23 NULLの削除（面積）

画面左の変更ペインに実施した一連の処理が記録されています。

図3.2.24 処理の履歴

各ステップを右クリックして「説明の追加」を選択し、処理内容の説明をコメントとして残しておくと後から振り返った時にどんな処理をしたのか思い出すことができます。

図3.2.25 ステップ説明の追加

次に「建築年」フィールドから「築年数」のフィールドを作り出すステップを追加しましょう。「築年数」が連続する数値として得られれば、マンション物件の価格を推論するための情報として利用できそうですが、実際には「築年数」という項目がありませ

3.2 東京23区のマンション価格を推論してみよう！

ん。代わりに何年に建築されたかの情報がありますが、「昭和60年」や「平成7年」といった元号表記になっているので、これを西暦に変換し、本書執筆時の2019年から引いて築年数を計算しましょう。

建築年から先頭の2文字をLEFT関数で切り取って「元号」フィールドを作成します。

```
LEFT([築年数], 2)
```

図3.2.26 元号の切り出し

「建築年」から正規表現をREGEXP_EXTRACT関数を使って、数字の部分のみ抜き出し「年」フィールドを作ります。

計算式には以下のように記載します。以下の正規表現は、「建築年」フィールドから数字部分を抜き出すという意味になります。

Tableauでの正規表現の取り扱いとREGEXP_EXTRACT関数については以下のオンラインヘルプを参照ください。

その他の関数

https://help.tableau.com/current/pro/desktop/ja-jp/functions_functions_additional.htm

```
REGEXP_EXTRACT([建築年],'.+?(\d+)')
```

図3.2.27 建築年・数字の抜き出し

年フィールドを数値（整数）に変換します。

図3.2.28 年フィールドを整数に変換

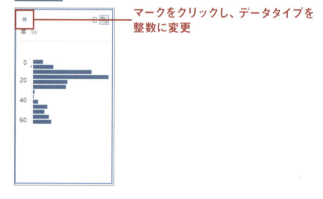

マークをクリックし、データタイプを整数に変更

元号を西暦に変換します。「昭和」は1925年、「平成」は1988年から開始したので、昭和を1925、平成を1988に変換します。「昭和」、「平成」をダブルクリックして対応する西暦に書き換えます。

図3.2.29 昭和・平成を西暦に変換

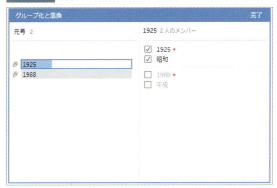

ここで「元号」を文字列から数値（整数）に変換します。

図3.2.30 文字列から数値（整数）に変換

これで「元号」と「年」を足せば「建築年」が西暦に変換できます。2019年から西暦に変換した「建築年」を引いて「築年数」としましょう（正確には物件の取引が発生した年度から引き算をしますが、ここでは簡単のため、この本を執筆している時点での現在である2019年から引き算をします）。

2019 - ([元号年] + [年])

図3.2.31 西暦2019年から引き算

これらの一連の処理はステップの説明として、詳細ペインの左側に記載されます。

図3.2.32 築年数生成までのステップ履歴

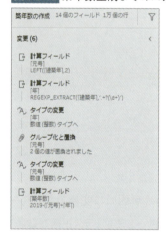

　前準備作業は大変で地味な作業ではありますが、重要な作業です。Tableau Prep Builderで処理をフローとして記載しておくと、一連の処理を再実行するときには実行ボタンを押すだけですので、大変便利です。一度この時点でファイルに書き出しましょう。
　ステップの右のプラスマークをクリックし「出力の追加」を選択します。

図 3.2.33 出力の追加

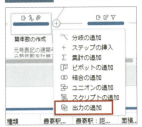

　出力タイプで「コンマ区切り値(.CSV)」を選択し、任意の場所に結果を吐き出しましょう。「ファイルに保存」を選択し、「参照」で出力先を指定します。ここでは「中央線沿線マンション価格_データの理解.csv」という名前で出力します。

図 3.2.34 出力先の指定

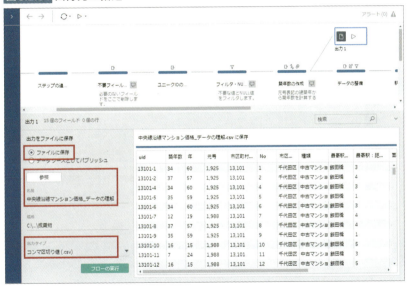

　「出力1」の実行マーク（右向き三角ボタン）を押してCSVファイルへの書き出しを実行します。

図3.2.35 出力の実行

実行が完了します。

図3.2.36 出力実行の完了

✚マンション物件価格データの理解

　より深くデータを理解するために、Tableau Prep Builder の出力結果を Tableau Desktop から繋いで確認しましょう。このステップで推論したいマンション物件価格に関係がある変数は何かの当りを付けていきましょう。同時にどのように特徴量を作り、モデルに投入したら良いかも考えながらデータを理解していきましょう。

　ここからはTableau Desktopでの操作となります。先ほどTableau Prep Builderを使って出力したCSVファイル「中央線沿線マンション価格_データの理解.csv」に接続します（接続ペイン → テキストファイル → 該当ファイルを選択、または

Tableau Desktop画面に該当ファイルをドラッグアンドドロップ）。

　データソースのサンプル、ワークブックのサンプルについては、本書のサポートサイト（https://www.shuwasystem.co.jp/support/7980html/6025.html）からダウンロードください。

図3.2.37 Tableau Desktopでのデータ理解

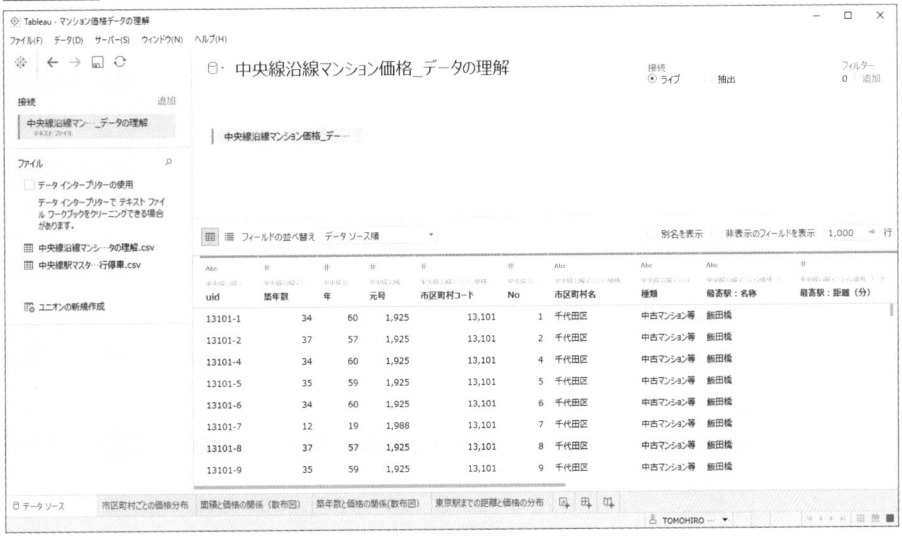

　市区町村ごとに価格の分布を箱ひげ図で表します。

❶「**市区町村**」を列にドラッグします。
❷「**取引価格（総額）**」を行にドラッグします。
❸「**uid**」を詳細にドラッグします。
❹**表示形式（画面右上）を「箱ひげ図」にします。**

297

第3章 実践編:実データでデータサイエンスのサイクルを回してみる

図3.2.38 箱ひげ図作成過程①

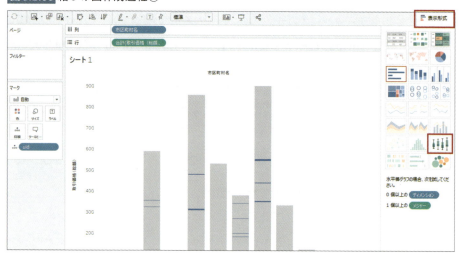

図3.2.39 箱ひげ図作成過程②

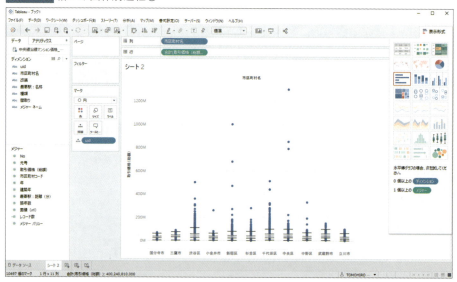

　この時点では全く傾向が見えません。なぜかというと、4億円（400M）を超える超高級マンションが含まれるため、それ以下のマンション物件の分布が分からなくなっているからです。Tableau Desktopで4億円以上の物件を範囲指定で選択し、一旦除外してみましょう。

3.2 | 東京23区のマンション価格を推論してみよう！

図3.2.40 箱ひげ図・外れ値の除外①

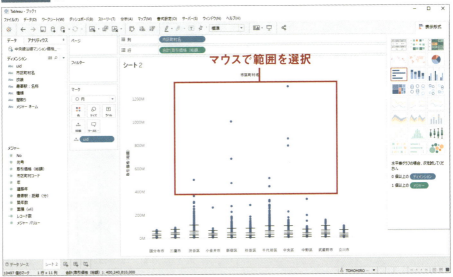

図3.2.41 箱ひげ図・外れ値の除外②

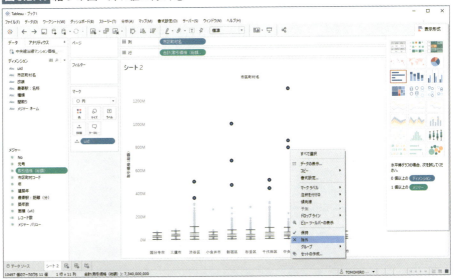

先ほどよりは見やすくなりました。

第3章 実践編：実データでデータサイエンスのサイクルを回してみる

図 3.2.42 箱ひげ図・外れ値の除外後

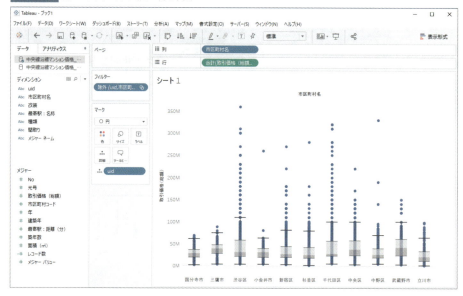

次に、東京駅から近い順に、中央区、千代田区、新宿区、立川市と手動で並べ替えてみます。ちなみに、JR中央線の各駅の位置関係は以下のようになっています。

図 3.2.43 JR中央線（東京）停車駅の位置情報（Tableau マップにより可視化）

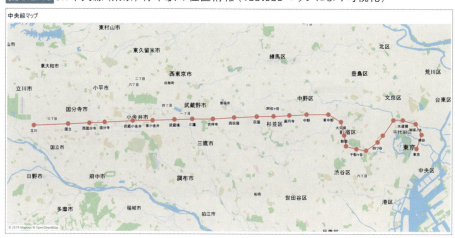

❶ 列の「市区町村名」を右クリックし並べ替えを選択します。
❷ 手動で市区町村を並べ替えます。

3.2 | 東京23区のマンション価格を推論してみよう！

図3.2.44 市区町村の順番並びかえ

図3.2.45 箱ひげ図・市区町村で並び替え

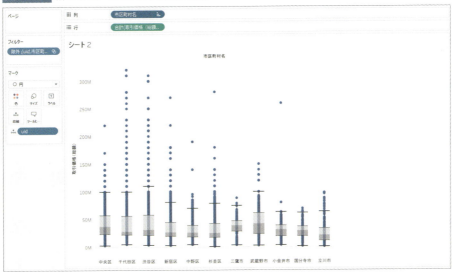

ここで、マークを「密度」に変更し、色を「明るくて濃い多色」に変更します。

図3.2.46 表示方法を密度に変更

いままで重なって見えなかった密集していた部分が、赤色となって表示されました。ほぼ、東京駅からの距離が遠くなる（西に行く）に従って、値段の分布が低くなるようです。ただし、武蔵野市は中央値が高い傾向にあります。

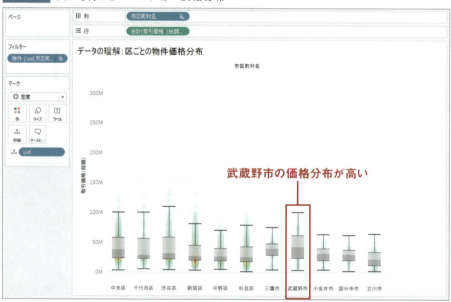

図3.2.47 市区町村ごとのマンション価格分布

間取りを「1K」に絞り、条件を絞り込むと更に傾向が顕著に見えるようになります。

図3.2.48 市区町村ごとのマンション価格分布（間取り1K）

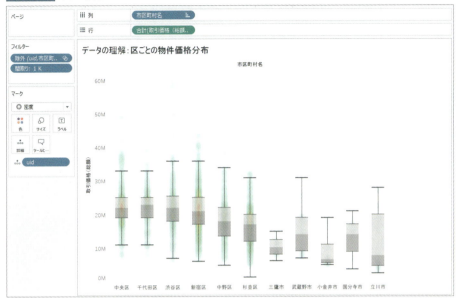

価格と広さにはどのような関係があるのでしょう。メジャー同士の関係性は散布図を描いて確認します。

❶「面積（㎡）」を列にドラッグします。
❷「取引価格」を行にドラッグします（この時点では点が一つのみ表示されます）。
❸「uid」をマークの詳細にドラッグします（集計の粒度を「uid」一つひとつにするという意味です。簡単に言うとuidの単位で点が表示されます）。
❹マークの形状で「●」を選びます（見やすさのためです）。

次ページのような散布図が描けました。全体として斜め右上の方向に点が分布していますね。これは面積（㎡）が大きくなると、取引価格も大きくなる傾向があるということを意味しています。

広いマンションは高い。……それはそうですね。

第3章 | 実践編：実データでデータサイエンスのサイクルを回してみる

図3.2.49 面積と価格の散布図

傾向を理解しやすくするために、傾向線を入れてみましょう。

❶ 画面左アナリティクスタブから「傾向線」を選択し、「線形」にドラッグします。

図3.2.50 傾向線の追加

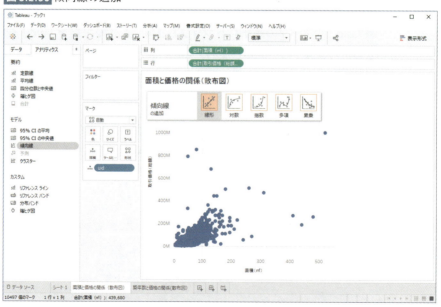

3.2 東京23区のマンション価格を推論してみよう！

　これで、点の分布を説明するのに最も当てはまりの良い直線（**傾向線**）を引くことができました。傾向線にマウスを当てると、この傾向線の説明が表示されます。

図3.2.51 傾向線の追加後

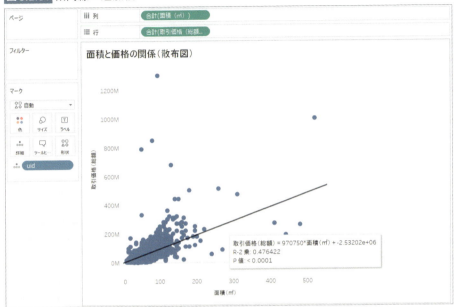

　R-2乗値 = 0.476（1.0に近いほど相関がある）、p値は0.0001未満（たまたまの偶然でこのような相関がある確率が低い、つまりたまたま偶然このような関連があるということではなさそうだ……）となります。広さと価格には相関があるということが言えそうです（**R-2乗値**、**p値**については、307ページのコラムをご参照ください）。

　マンション物件は、大体4億円以下、300㎡以下に集中しており、高価格のマンションや面積の広いマンションが存在するために、散布図が密集して見にくくなっています。この場合、大体4億円以下、300㎡以下の範囲をマウスで範囲指定し、メニューから「保持」を選択すると、選択された点のみが表示の対象となり、見たい範囲に絞って分布を確認することができます。

305

図3.2.52 散布図の範囲指定と保持（実施前）

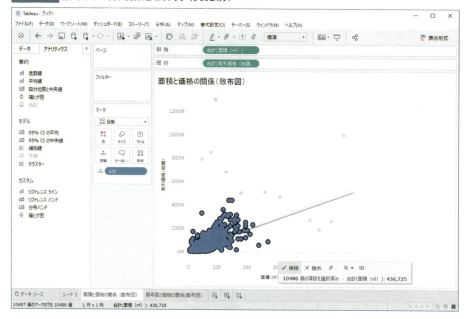

　このように範囲を絞ることで、面積と取引価格の相関がより明らかになります。比較的低価格の物件については一定のルールによって面積と価格の関係を説明できそうです。しかし、飛び抜けた値（**外れ値**）にはこれが適用できません。また、外れ値の存在によってその他のマンション価格に関するルールが成り立たなくなってしまうということは感覚的に理解できるかと思います。機械学習でモデルを作成する際には、外れ値を排除することが重要となります。この作業は次のステップでTableau Prep Builderを使って実施しましょう。

3.2 | 東京23区のマンション価格を推論してみよう！

図3.2.53 散布図の範囲指定と保持（実施後）

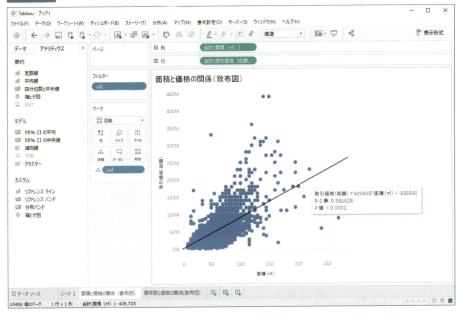

> **column** R-2乗値、p値の見方
>
> R-2乗値、p値という言葉が出てきましたので、ここで説明します。
>
> **R-2乗**
>
> **決定係数**とか**寄与率**と呼ばれます。モデルとデータの関係をみたとき、このモデルはどの程度データを**決定**（＝説明）しているのか、**寄与**しているか、を表しています。0〜1の値を取るもので、**値が大きいほど、データがモデルで説明されているよいモデル**であり、そのとき各マークは傾向線の近くに集まります。逆に0に近ければ、傾向線とは関係なく散らばります。
>
> R-2乗がいくつ以上であれば十分だと判断していいか、肝心なところがきっちりと決まっているわけではありませんが、0.5とか0.6より大きければ役に立つと言われています。
>
> **p値**
>
> possibilityのpで、**有意確率**と呼ばれます。p値が低ければ、この傾向線は偶然ではなく、同じ条件の他のデータで傾向線を出しても、似たような線が得

第3章 | 実践編：実データでデータサイエンスのサイクルを回してみる

られると考えることができます。

　ちなみに、値が小さいほうが良いわけは、こんな流れで考えています。p値とはこのモデルが**成立しない**確率です。その確率がとても低いということは、このモデルは偶然できたものではなく意味があるだろう（意味がある → 有意）という流れです。

　ということで、p値というのは、ただの偶然で出てきたわけではないことを確認していたのですね。通常、p値＜0.05（5％未満）であれば、偶然性の影響による可能性は問題にならないほど小さい（結果は確実である）と解釈することになっています。

　結論としては、以下の2点を満たしているかチェックしてください。ざっくりとした目安になります。

- ① R−2乗が、0.5や0.6程度より大きければOK
- ② p値が、0に近ければOK

　次に築年数と価格の関係をこちらも散布図で確認します。1Kの部屋タイプにフィルタすると築年数が増えるごとに価格は減少する傾向にあるようです。

❶列に「築年数」をドラッグします。
❷行に「取引価格（総額）」をドラッグします（この時点では一つの点のみ表示されます）。
❸「uid」を詳細にドラッグします。
❹マークの形状で黒丸を選択します（見やすさのため）。
❺「間取り」をフィルタにドラッグして「1DK」を選択します。

308

3.2 | 東京23区のマンション価格を推論してみよう！

図3.2.54 間取りをフィルタに追加

❻画面左「アナリティクス」タブから「傾向線」を「線形」にドラッグします。

下の図のような散布図が描けたかと思います。ここから、「築年数」が大きくなると「取引価格」は減少する傾向があるということが分かります。

図3.2.55 築年数と価格の関係（1DK）

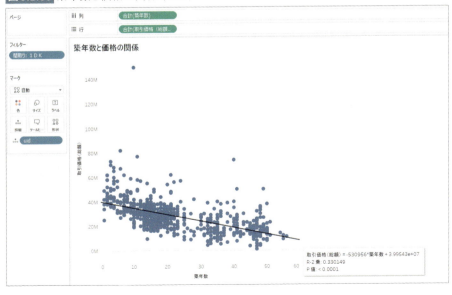

309

フィルタの「間取り」を右クリックして「フィルタの表示」を選択すると自由にフィルタを変更することが可能です。間取りが「1K」だったらどうか、「2LDK」ではどうか等、色々と試してみてください。

図3.2.56 築年数と価格の関係（1K）

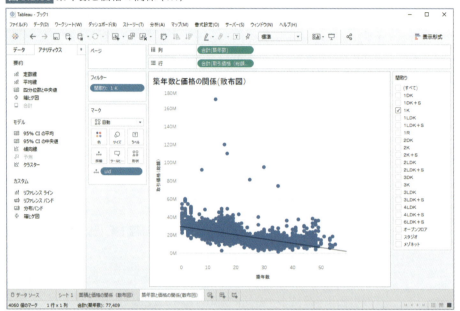

次に駅の観点でデータを見てみましょう。先ほどの市区町村ごとの箱ひげ図に駅名をディメンションとして加えます。駅名はかなり細分化されていることが分かります。

図3.2.57 最寄り駅と価格の分布

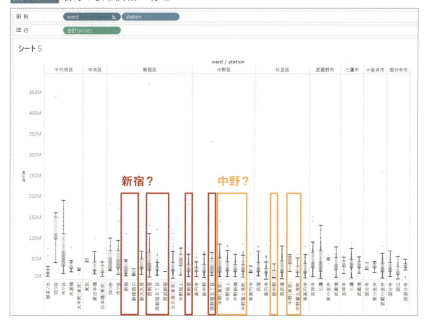

　例えば、新宿、西新宿、新宿西口はほとんど新宿ですし、中野（東京）、新中野、中野坂上は距離的にも近いですし、ここでは中野にまとめてしまっても良い気がします。このように、可視化してみることで表記の揺れ、似ている項目を名寄せしてしまっても良いだろうという発見があります。

　部屋のタイプにも色々ありますね。これも名寄せしてしまうのが良いかもしれません。1DK、1Kは一緒にしてしまい、1LDK、1LDKSは一緒にまとめましょう。

図3.2.58 間取りと価格の分布

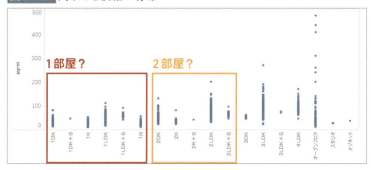

第3章 | 実践編：実データでデータサイエンスのサイクルを回してみる

これらの名寄せ作業は、後ほどもう一度、Tableau Prep Builderで対応しましょう。

◉ 中央線駅のマスタデータの前準備

次に、中央線の駅名、緯度、経度、東京駅からの距離を含む中央線駅マスタ表を確認しましょう。

今回はあらかじめ作ってあるCSVファイル（中央線駅マスタ＋距離＋急行停車.csv）を確認してください。こちらの「東京駅と各駅間の直線距離の情報を含む」マスタ表は、Tableauで工夫して作ることができるのですが、マスタ表の作り方はコラムを参照してください。

> **column** マスタ表の作り方
>
> 東京の駅の緯度経度情報は、以下のサイトからダウンロードできます。
>
> https://www.odekakemap.com/station/
>
> また、Tableau 2019.3 からは、DISTANCE 関数を用いて二地点間の距離を求めることができるようになりました。
>
> ```
> DISTANCE( MAKEPOINT([LATITUDE],[LONGITUDE]),
> MAKEPOINT([LATITUDE (東京駅)],[LONGITUDE (東京駅)]),
> "km"
> )
> ```
>
> 詳しくはTableau のオンラインヘルプ（https://help.tableau.com/current/pro/desktop/ja-jp/functions_functions_spatial.htm）を参照してください。

それでは、マンション価格の表と駅名マスタ（中央線駅マスタ＋距離＋急行停車.csv）を駅名（最寄り駅 = STATION）で**内部結合**します（簡単なテーブルの結合はTableau Desktopで実施可能です。処理数が多く複雑なフローを実行する場合はTableau Prep Builderを使ってフロー化し実行します）。内部結合は一致するレコードのみが結合結果に含まれるので、結果は中央線沿線の駅のみとなるはずです。

312

3.2 | 東京23区のマンション価格を推論してみよう！

図3.2.59 マンション情報と駅名マスタを結合

この結合によってマンション価格の表に東京駅からの距離「distance」が追加されたので、東京駅からの距離とマンション価格の相関を見るために散布図を描いてみましょう。

❶ distance を列にドラッグします。
❷ 価格を行にドラッグします。
❸ uid を詳細にドラッグします。
❹ マークの表示形式を分布に変更し、色を「明るくて濃い多色」にします。

図3.2.60 東京駅から最寄り駅の距離と価格の分布

　一見、あまり関連がないように見えます。部屋のタイプを1Kにフィルタしてみましょう。やはり、東京駅からの距離が増えると、マンション価格が低くなるのが見えます。先ほどのステップと同様に、傾向線も追加してみます。

図3.2.61 東京駅から最寄り駅の距離と価格の分布（1K）

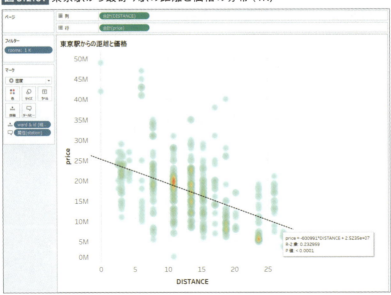

3.2 | 東京23区のマンション価格を推論してみよう！

1Kの物件で見たときに密度が濃いのは「高円寺」駅。ミュージシャン、古着屋が多いことが有名な駅です。

図3.2.62 1Kで密度の濃い場所をポイント（高円寺）

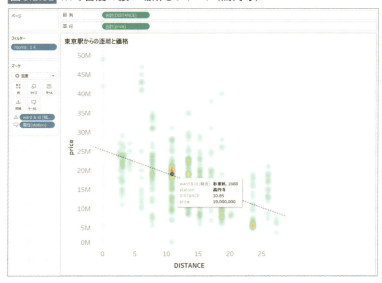

今度は部屋数（rooms）2Kでフィルタすると、三鷹の密度が濃いことが分かります。少し郊外に行くと2LDKの物件が増えるということでしょうか。

図3.2.63 2LDKで密度の濃い場所をポイント（三鷹）

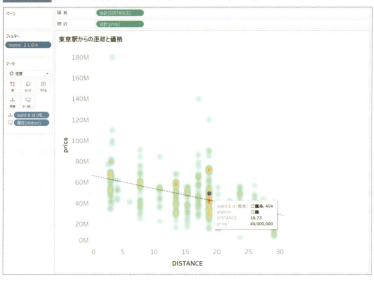

ここで、確認のために得られた駅名データの緯度と経度を使って地図上にマッピングしてみます。少し隙間が見られるのが気になります。どうやら表示されていない駅があるようです。なぜでしょうか？

❶ LATITUDE を右クリックして地理的役割を「緯度」に変更
❷ LONGITUDE を右クリックして地理的役割を「経度」に変更
❸ 新しいワークシートで、緯度をダブルクリック、経度をダブルクリック
❹ [station] を詳細にドラッグ

図3.2.64 緯度経度を地図上にマップ

マンション価格と駅名マスタ表を駅名で結合する際に、どこかの駅がマッチせず、データから欠落してしまったのではないかと考えます。こういった場合はTableau Prep Builderを利用すると何が結合結果に含まれなかったのか確認が容易にできるので、後ほど再度Tableau Prep Builder で対応することにしましょう。

ここまでのステップで、マンション物件の価格に関係する変数があることが分かったと同時に、モデルに入力するデータとして利用するためにはもう一工夫必要ということが分かりました。

分かったこと

- 物件の広さは物件の価格に影響する
- 物件の築年数は物件の価格に影響する
- 東京駅から物件の最寄り駅までの距離は物件の価格に影響する

更にデータ準備が必要な点

- 飛び抜けて高価な物件のデータが存在しているので、モデル作成のために除外する必要がある
- 最寄り駅については分類が細かすぎるため、ある程度のグルーピングが必要
- 間取りについては分類が多すぎるため、ある程度のグルーピングが必要
- 中央線駅名マスタとマンション物件情報の駅名で、合致しないものがある

次のステップでは、Tableau Prep Builderを使ってこれらの課題に対応していきましょう。

✚ モデル作成のための前準備

それでは、前のステップまでで理解したことを踏まえ、もう一度Tableau Prep Builderを使って、モデルに入力するためのデータを作っていきましょう。

最終的にPythonに投入する入力変数として、必要な変数を作ることを目的としましょう。

後で訓練データに入っている実際の価格と比較するために、ユニークなID（uid）を追加しておきます。

フローのサンプルについては、本書のサポートサイト（**https://www.shuwasystem. co.jp/support/7980html/6025.html**）からダウンロードしてください。

日本語の意味	英語名	データ型	備考
―	uid	整数型	―
築年数	years	整数型	―
駅からの距離	minutes	小数型	―

部屋の広さ（㎡）	sqrm	整数型	—
東京駅から最寄りの駅までの距離	distance	小数型	駅名マスタに入っているため、駅名で結合が必要
改装済みフラグ	renovate	整数（0 or 1）	
快速が止まるかフラグ	express	整数（0 or 1）	駅名マスタに入っているため、駅名で結合が必要
部屋数と部屋のタイプ	rooms	文字列	グルーピングが必要

　この時点で明らかに不要なフィールドを削除し、日本語名は英語に変更しておきましょう。Tableau Prep Builderの最後のステップから「分岐の追加」を選択してステップを分岐します。

図3.2.65 Pythonに投入する入力変数の作成（完成フロー）

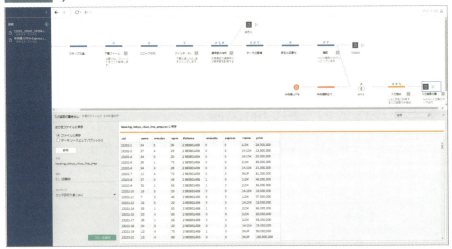

　次に外れ値、不正な値を確認していきましょう。

　外れ値を除外しておくことも**モデルの精度**を高めるうえで、重要な作業です。実は今回のマンション取引価格のデータは、ほとんどが1億円以内の範囲ですが、高い物件は限りなく高い値段が付いています（160億円の物件もあります！）。こういった外れ値はモデルの当てはまりを悪くする原因となりますので、取り除いておきましょう。今回は1億5千万までの物件にフィルタしておきましょう。

Tableau Prep Builderでpriceを選択し「フィルタ」→「選択した値」でフィルタをかけ、外れ値を除外します。

図 3.2.66 価格外れ値のフィルタ

少しだけ現実味を帯びた価格設定になりましたね。

図 3.2.67 価格外れ値のフィルタ（実施後の分布確認）

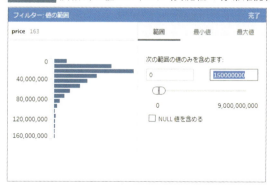

部屋数に関して確認すると、1Kと1DKは似ていますので、ここではグルーピングしてしまいます。2Kと2DKもグルーピングします。後ほどマンション価格推論アプリケーションで部屋数を指定する予定ですが、利用する側としては1Kか1DKかの違いはあまり指定しないでしょう。1Kか1DKかでまとめて指定できたほうが便利ですね。4LDK、オープンフロア等その他の間取りは、サンプル数も少ないのでここでは除外とします。

図3.2.68 間取りのグルーピング

　先ほどTableau Desktopで可視化したときに駅名の区分が多すぎるという点に気が付きました。分類が細かすぎると、その分類のサンプルデータが少なくなり、結果として有効なモデルを作成することができなくなります。今回は、中野（東京）、中野坂上、中野富士見町、中野新橋、新中野は同じ「中野」でグルーピングします。厳密には違う駅ですが、ここでは「中野」を一つのカテゴリにし、サンプルデータを増やすため、このようにグルーピングを行います。

図3.2.69 最寄り駅のグルーピング（中野）

　新宿、新宿三丁目、新宿御苑前、新宿西口、東新宿、西新宿、西新宿五丁目、西武新宿、都庁前は全て「新宿」にグルーピングします。厳密にいえば街の雰囲気も全く違うのですが、前述と同じ理由により、ここではグルーピングを行うことにします。

図 3.2.70 最寄り駅のグルーピング（新宿）

駅名マスタに保存されている「東京駅からの距離」の情報を利用するために、物件データの「station（駅名）」と駅名マスタの「station」が同一のレコードを結合します。

図 3.2.71 物件データと駅名マスタの結合フロー

ところが、先ほど Tableau Desktop で確認したようにいくつかの駅名についてはうまく結合ができていないため、データが欠けてしまっているようでした。

Tableau Prep Builder の結合ステップの詳細を見ると、駅名マスタについて赤色になっているものが見られます。これは物件情報の中に同じものがなかったので、結合ができなかった駅名の情報です。

図 3.2.72 結合時に一致しない駅名

よく見ると「千駄ヶ谷」について、マンション価格物件リストでは「千駄ケ谷」の真ん中の「ケ」が大きい「ケ」なのですが、駅名マスタ表では小さい「ヶ」となっています（物件情報の検索ボックスで「千」と打つと該当する駅名が表示され、違いが分かりやすくなります）。

小さな違いですが、これらは別の文字列と認識されるので、結合はできません。このように実際のデータでは思いもよらない修正項目が発生しますが、Tableau Prep Builderの結合結果を確認すると、それぞれの表で結合できなかった項目が赤色で表示されるので、何が結合できなかったが一目で確認できます。

ウィキペディアを参照すると、JRの駅名としては大きい「ケ」の方を採用しているということなので、今回は駅名マスタの方を大きい「ケ」変更することにします。

図 3.2.73 千駄ケ谷の地名表記（出典：ウィキペディア）

Tableau Prep Builderではステップで編集したい項目をダブルクリックし、項目を編集できます。駅名マスタの「千駄ヶ谷」の項目を「千駄ケ谷」に変更しましょう。

図3.2.74 駅名マスタの変更（千駄ケ谷）

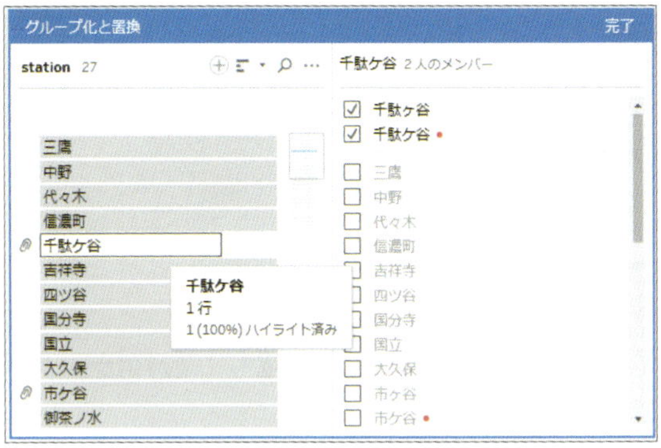

不一致のみの値を表示とすると、結合できなかった項目のみが表示されます。すると「阿佐ヶ谷」駅、「市ヶ谷」駅についても同じ問題が発生していることが分かりました。

図3.2.75 結合時に一致しない駅名（阿佐ヶ谷）

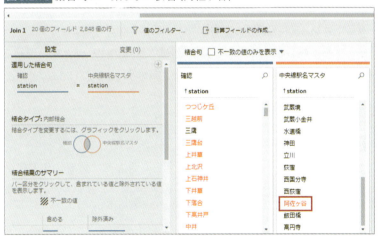

こちらも駅名マスタを「阿佐ヶ谷」から「阿佐ケ谷」に変更します。同様に「市ヶ谷」を「市ケ谷」に変更します。

図3.2.76 駅名マスタの変更（阿佐ヶ谷）

実際のデータ分析では、このように**ドメイン知識**（一般知識、業界特有知識）を応用して適切にグルーピングを行う必要が出てくる場合があることを認識しておきましょう。

> **note**
> 今回のグルーピングについては、読者の皆様も異論あり！（1Kと1LDKは違う！西新宿と新宿御苑は全く違う街だ！……等）と思うかもしれません。今回はできるだけシンプルにステップを説明できるよう心がけていますので、一度本書のステップを体験していただいた後に、是非、皆様のオリジナルの理解を反映したグルーピングを実施し、以降のステップを再度チャレンジしてみてください！

> **point**
> データを確認し、ドメイン知識と照らし合わせ、必要に応じてグルーピング（名寄せ）作業を行いましょう。

もう一つ気になるところがあります。駅からの距離（minutes）が文字列になっています。なぜでしょうか。値をざっと確認していくと、「30分？60分」というレコードがあります。どうやらこのレコードのせいで、本来数値型であるべきminutesが文字列になっているようです。30という数値に直してしまいましょう。データ型が想定している型と異なる場合、後々Pythonで処理する際に思わぬエラーの原因になりますので、

Pythonに入力変数として与える前に確認しておきましょう。

図3.2.77 フィールド（Minutes）に文字列が混在している様子

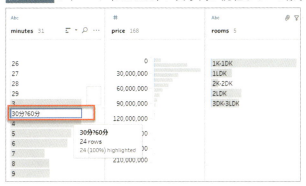

> **point**
>
> Pythonに与える入力変数が「期待しているデータ型」であることを、Tableau Prep Builderの時点で確認しておきましょう。

最終的に、当初目的としていた入力変数のデータが得られることを確認して、CSVファイルとして出力します。

図3.2.78 データ確認後に出力ファイルの作成

第3章 | 実践編：実データでデータサイエンスのサイクルを回してみる

Tableau Prep Builderからデータの詳細を表示すると、以下のようになります。

図3.2.79 Python機械学習用の出力最終形①

uid	years	minutes	sqrm	distance
13101-1	34	3	35	2.983801459
13101-2	37	4	20	2.983801459
13101-4	34	3	30	2.983801459
13101-5	35	1	70	2.983801459
13101-6	34	3	25	2.983801459

図3.2.80 Python機械学習用の出力最終形②

renovate	express	rooms	price
0	0	1LDK	24,000,000
0	0	1K-1DK	13,000,000
0	0	1K-1DK	22,000,000
0	0	2LDK	69,000,000
0	0	1K-1DK	21,000,000

ここまでで、やっとPythonに投入するべき入力変数の準備ができました。お疲れさまでした！

3.2.4 モデルの作成

さて、ここまで来てやっと、Pythonを使ってモデルを作成するための準備ができました。今回はマンション価格を推論するために、機械学習パッケージであるscikit-learnを利用して線形重回帰モデルを作成します。

ここまでで、できあがった状態のデータは、「housing_tokyo_chuo_line_prep.csv」としてダウンロードして利用可能です。

ここから読み始める方は、こちらのデータを利用して次のステップに進んでください。

もう一度おさらいのために、利用するフィールドの説明を掲載します。

英語名	説明	データ型
uid	ユニークな識別番号	整数型
years	築年数	整数型
minutes	駅からの距離	小数型
sqrm	部屋の広さ（㎡）	整数型
distance	東京駅から最寄りの駅までの距離	小数型
renovate	改装済みフラグ	整数（0 or 1）
express	快速が止まるかフラグ	整数（0 or 1）
rooms	部屋数と部屋のタイプ	文字列

それでは早速、Jupyter Notebookを使い、モデルの作成を行っていきましょう。ここから先の操作はJupyter Notebook を利用します。

✛Jupyter Notebookの起動方法

この節では、後ほどTabpy Serverを利用し、Tableau DesktopとPython の連携を実施します。このため、Jupyter Notebookは、Tabpy Serverが導入されているPythonの仮想環境（今回は、my-tabpy-env)で実施する必要があります。

ここで、Jupyter Notebookの起動方法をおさらいしておきます。Tabpy Serverのインストール方法については、付録の**A.2**「Tabpy Serverインストール方法」をご参照ください。またTabpy Clientの利用方法については、同じく付録の**A.4**「Tabpy Client実行の仕方」を参照してください。

❶Windowsの場合はAnaconda Prompt、Macの場合はターミナルを開きます。

Windowsの場合

Anaconda Promptを開きます。Anaconda PromptはWindowsのスタートメニューから「Anaconda3」⇒「Anaconda Prompt」を選択します。

Macの場合

ターミナルを開きます。

❷ Tabpy環境用のディレクトリに移動します。

Windowsの場合

```
cd c:¥tabpy
```

Macの場合

```
cd tabpy
```

❸ 作成した環境をアクティベートします。

Windowsの場合

```
my-tabpy-env¥Scripts¥activate
```

図3.2.81 仮想環境のアクティベート（Windows）

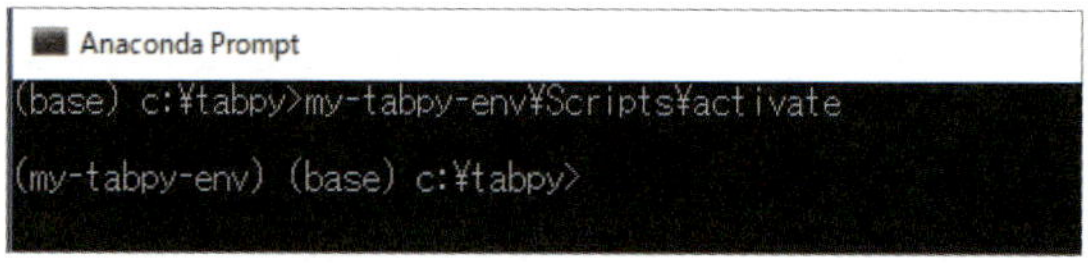

```
■ Anaconda Prompt
(base) c:¥tabpy>my-tabpy-env¥Scripts¥activate
(my-tabpy-env) (base) c:¥tabpy>
```

Macの場合

```
source my-tabpy-env/bin/activate
```

図3.2.82 仮想環境のアクティベート（Mac）

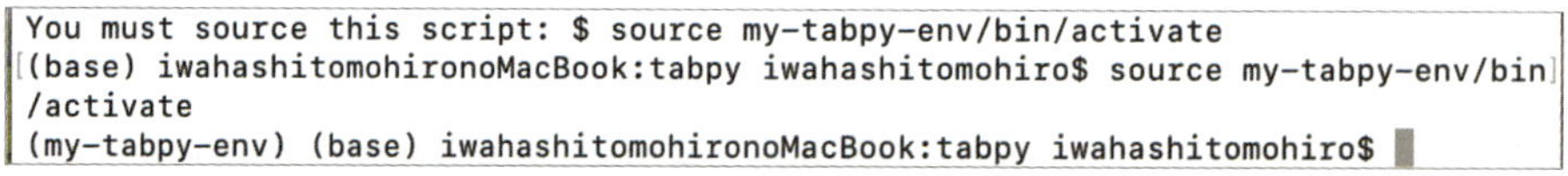

```
You must source this script: $ source my-tabpy-env/bin/activate
(base) iwahashitomohironoMacBook:tabpy iwahashitomohiro$ source my-tabpy-env/bin
/activate
(my-tabpy-env) (base) iwahashitomohironoMacBook:tabpy iwahashitomohiro$
```

❹ 必要なモジュールをインストールします（既にインストールしている場合は必要ありません）。

3.2 東京23区のマンション価格を推論してみよう！

```
pip install sklearn
pip install tabpy_client
```

❺Jupyter Notebookから作成した仮想環境に切り替えられるように設定します。

```
ipython kernel install --user --name=my-tabpy-env
```

❻Jupyter Notebookを起動します。

```
jupyter notebook
```

図3.2.83 Jupyter Notebookの起動（Windowsの例）

❼ブラウザーでJupyter Notebookが起動するので、右上「New」から「my-tabpy-env」で新しいノートブックを開きます。

図3.2.84 新規Notebookの作成（my-tabpy-envの選択）

❽既に作成しているJupyter Notebookについて、起動するカーネル（仮想環境）を切り替えるには、ツールバーの「Kernel」→「Change Kernel」→「my-tabpy-env」を選択します。

図3.2.85 作成したNotebookでのカーネル切り替え

❾ 今回利用するデータセットを作業ディレクトリに格納します。

Housing_tokyo_chuo_line_prep.csv が tabpy のディレクトリ(Jupyter notebook コマンドを起動する時のカレントディレクトリ)にあることを確認します。

以降、必ずJupyter NotebookがTabpy Serverを起動している仮想環境と同じ(my-tabpy-env)であることを確認しましょう。

ライブラリのインポートとデータの準備

必要なライブラリを呼び出します。

```
import pandas as pd
import numpy as np
```

Tableau Prep Builder で前準備をした入力変数を、データフレームに読み込みます。

```
df = pd.read_csv('housing_tokyo_chuo_line_prep.csv')
```

データフレームの中身を確認します。

```
df.head()
```

3.2 | 東京23区のマンション価格を推論してみよう！

Out

	uid	years	minutes	sqrm	distance	renovate	express	rooms	price
0	13101-1	34	3	35	2.983801	0	0	1LDK	24000000
1	13101-2	37	4	20	2.983801	0	0	1K-1DK	13000000
2	13101-4	34	3	30	2.983801	0	0	1K-1DK	22000000
3	13101-5	35	1	70	2.983801	0	0	2LDK	69000000
4	13101-6	34	3	25	2.983801	0	0	1K-1DK	21000000

出力変数（出力変数：t）はpriceです。データ型も整数であることを確認しておきます。

```
t = df['price']
t.dtypes
```

Out
```
dtype('int64')
```

レコード数を確認します。

```
t.shape
```

Out
```
(3008,)
```

UIDとpriceを切り取ったものが入力変数：xとなります。

```
x = df.iloc[:,1:-1]
```

入力変数：x の中身を確認します。

```
x.head()
```

第3章｜実践編：実データでデータサイエンスのサイクルを回してみる

Out

	years	minutes	sqrm	distance	renovate	express	rooms
0	34	3	35	2.983801	0	0	1LDK
1	37	4	20	2.983801	0	0	1K-1DK
2	34	3	30	2.983801	0	0	1K-1DK
3	35	1	70	2.983801	0	0	2LDK
4	34	3	25	2.983801	0	0	1K-1DK

rooms のみobjectで、その他は数値型となっています。

```
x.dtypes
```

Out

```
years        int64
minutes      int64
sqrm         int64
distance     float64
renovate     int64
express      int64
rooms        object
dtype: object
```

ダミー変数化します。この場合、object 型である rooms のみがダミー化されます。

```
x = pd.get_dummies(x)
```

中身を確認します。

```
x.head()
```

Out

	years	minutes	sqrm	distance	renovate	express	rooms_1K-1DK	rooms_1LDK	rooms_2K-2DK	rooms_2LDK	rooms_3DK-3LDK	rooms_3K
0	34	3	35	2.983801	0	0	0	1	0	0	0	0
1	37	4	20	2.983801	0	0	1	0	0	0	0	0
2	34	3	30	2.983801	0	0	1	0	0	0	0	0
3	35	1	70	2.983801	0	0	0	0	0	1	0	0
4	34	3	25	2.983801	0	0	1	0	0	0	0	0

✚ 訓練データと検証データに分割

　ここでは、**2.3**「機械学習の基本」で学習した**ホールドアウト法**を用いて、データを訓練データと検証データに分割します。

　sklearnの中のmodel_selectionの中にtrain_test_splitがありますので、こちらをimportしましょう。

```
from sklearn.model_selection import train_test_split
```

　それぞれ、以下の変数名で定義します。

- xの訓練データ：x_train
- tの訓練データ：t_train
- xの検証データ：x_val
- tの検証データ：t_val

　各データのshapeも確認しておきましょう。

第3章｜実践編：実データでデータサイエンスのサイクルを回してみる

```
# データの訓練データと検証データに分けます。
x_train, x_val, t_train, t_val = train_test_split(x, t, test_size=0.3,
random_state=0)
print('訓練データ : ', x_train.shape, t_train.shape)
print('検証データ : ', x_val.shape, t_val.shape)
```

Out
```
訓練データ :  (2105, 12) (2105,)
検証データ :  (903, 12) (903,)
```

scikit-learnのimport

データの準備ができたのでscikit-learnをimportしましょう。sklearnの中の
linear_model（線形モデル）の中のLinearRegression（線形回帰）をimportします。

```
from sklearn.linear_model import LinearRegression
```

モデルの宣言

線形回帰モデルを宣言します。

```
model = LinearRegression()
```

モデルの学習

学習には訓練データを用います。

```
model.fit(x_train, t_train)
```

Out
```
LinearRegression(copy_X=True, fit_intercept=True, n_jobs=1,
normalize=False)
```

モデルの評価

過学習が起きていないことを確認するために、モデルの評価は訓練データ、検証
データの両方で行います。

3.2 | 東京23区のマンション価格を推論してみよう!

```
# 訓練データでの決定係数を確認します。
model.score(x_train, t_train)
```

Out 0.7943798297736436

```
# 検証データでの決定係数を確認します。
model.score(x_val, t_val)
```

Out 0.7711421654762882

✚ 予測値の計算（推論）

今回は精度を求める試みはせず、このくらいにしておきましょう。次に、生成された
モデルを使って全てのデータの入力変数を用いて価格を推論します。

```
y = model.predict(x)
```

分かりやすいように列名を付けます。

```
y = pd.DataFrame(pred,columns=["predict"])
```

中身を確認します。

```
y.head()
```

Out

	predict
0	3.139124e+07
1	1.704400e+07
2	2.766170e+07
3	6.357621e+07
4	2.350663e+07

第3章 | 実践編：実データでデータサイエンスのサイクルを回してみる

読み込んだデータの右端に推論結果を追加します。

```
results = pd.concat([df,y],axis=1)
```

結果を確認します。

```
results.head()
```

Out

	uid	years	minutes	sqrm	distance	renovate	express	rooms	price	predict
0	13101-1	34	3	35	2.983801	0	0	1LDK	24000000	3.139124e+07
1	13101-2	37	4	20	2.983801	0	0	1K-1DK	13000000	1.704400e+07
2	13101-4	34	3	30	2.983801	0	0	1K-1DK	22000000	2.766170e+07
3	13101-5	35	1	70	2.983801	0	0	2LDK	69000000	6.357621e+07
4	13101-6	34	3	25	2.983801	0	0	1K-1DK	21000000	2.350663e+07

　ここからユニークID：uid と 予測値 predict のみ取り出し、CSVに書き出します（後ほどTableauでオリジナルデータと結合して分析します）。

※注意：このデータには実際の価格は入っていません。実際の価格と比較するために次のステップでTableau Desktopを使ってオリジナルのデータと結合します。

```
results[['uid','predict']].to_csv('result_uid_predict.csv')
```

3.2.5 モデルの評価

予測値と実際の価格を比較して、誤差がどのように発生しているかをTableau Desktopで、目で見ながら確認しましょう。

データ理解のために利用した、実際の価格の入っているデータセットと、今できあがった予測値を含むデータセット('result_uid_predict.csv')を、UIDで結合します。

図3.2.86 Tableau Desktopから推論結果の確認

予測値をX軸に、実際の価格をY軸にして散布図を書きます。概ねY=Xの線上（斜め45度の線の上）に分布しているようです。推論が的中しているのであれば、推論＝実際の価格となりますので、Y=Xの線に乗るということになります。

❶ 実際の価格「price」を行にドラッグ
❷ 予測値「predict」を列にドラッグ
❸ 「UID」を詳細にドラッグ
❹ 「rooms」を色にドラッグ

図3.2.87 推論価格と実際の価格の散布図

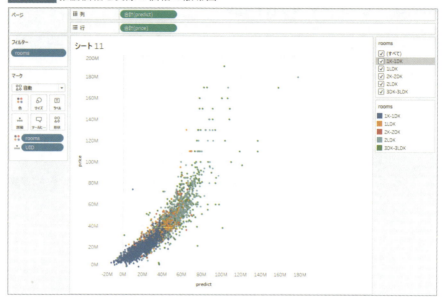

ここで誤差を計算してみましょう。

誤差はTableauから計算式で書くことができて、**price - predict**となります。

- フィールド名：誤差

`[price]-[predict]`

図3.2.88 計算フィールドの作成（実際の価格と推論価格との誤差）

部屋タイプごとの今作成した誤差の分布を見て見ると、1K - 1DKでは誤差が0付近に集中しているので当てはまりが良いということが言えそうです。ちなみに次の図の

赤い部分が分布が集中していることを表します。一方で3DK - 3LDK については誤差がプラス・マイナスの方向に広く分布しているようです。

図 3.2.89 間取り別誤差の分布

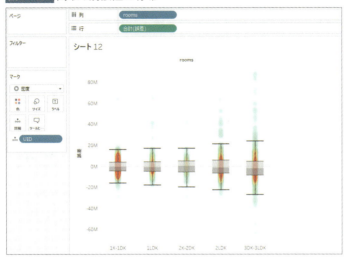

ツールヒントに駅名、部屋タイプ、価格、予測値を入れることで、マウスを外れ値に当てるとそのポイントの詳細情報を確認できます。例えば、2K - 2LDKで飛び抜けた誤差を出しているのは何だろう？ とマウスを当ててみると、四ツ谷の1億3千万のマンションということですね。

図 3.2.90 間取り別誤差の分布（外れ値の確認）

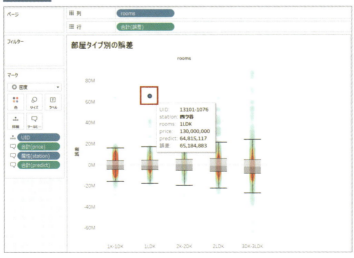

駅ごとに誤差を確認し、東京駅からの距離で降順に並べ替えをしてみましょう。

駅ごとに誤差の分布が違うことが分かります。面白いことに、「吉祥寺」は実際の価格が推論より高いですね。やはり「吉祥寺」は東京の住みたい街ランキングで常に上位に入る街ですから、価格も相場に比べて高いということかもしれません。モデルの精度を高めていくことを目的とするのであれば、住みたい街ランキングの結果を入力変数として組み込むということも考えられますし、逆にこのようなマンション価格の誤差の分布から知らない土地の住みたい街としての人気度を分析するといったことも可能かもしれませんね。

図3.2.91 最寄り駅別誤差の分布

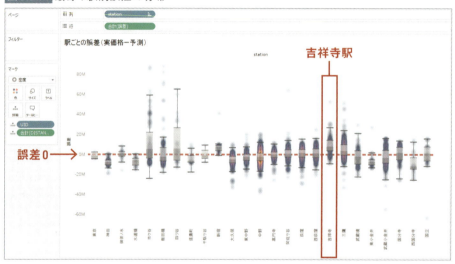

3.2.6 推論結果の利用

前項まででモデルが作成できたので、今度はこれを利用した「マンション価格推論シミュレータ」をTableauのダッシュボードとして作成してみましょう。

希望の駅名、部屋の間取り、部屋の広さ、築年数、駅からの距離を選択すると、希望のマンション物件の予想価格を算出してくれます。次が完成図です。

3.2 | 東京23区のマンション価格を推論してみよう！

図3.2.92 マンション価格推論シミュレーター（完成図）

　このダッシュボードでは、希望条件をモデルに代入し、マンション価格を推論します。内部的には、Tableauのパラメータによって設定された希望条件をTabpy Serverにデプロイ（保管されてTableauから再利用できるように配置された）されたモデルに代入し、前節で作成した線形回帰モデルを使ってマンション物件の価格を推論して返しています。処理のイメージを下に示します。

図3.2.93 Tabpy Server連携概要

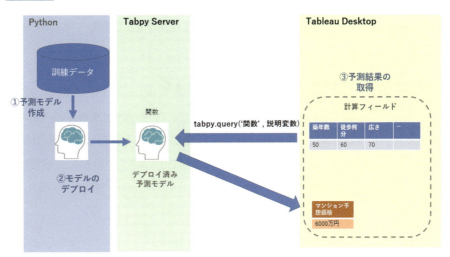

341

第3章│実践編：実データでデータサイエンスのサイクルを回してみる

Tabpy Serverを利用することでTableauからPythonのコードを呼ぶことができます。これにより、Pythonによって得られる予測値をTableauで可視化することができます。

> **note**
>
> ここではTabpy Serverのインストール、起動方法、Tabpy Serverを利用してPythonスクリプトを実行する基本的な作法については、割愛させていただきます。Tabpy Serverの説明については**A.2**「Tabpy Server インストール方法」をご参照ください。

ここでは、以下のステップに沿って「マンション価格推論アプリケーション」を作成方法を紹介いたします。

❶ モデルの作成
❷ モデルを Tabpy Server にデプロイ
❸ Tableau から推論結果を取得
❹ Tableau による表現の工夫

モデルの作成については、**3.2.4**「モデルの作成」で、線形重回帰モデルを既に作成しています。ここでは「model」という名前でモデルが作成されています。前項で利用したJupyter Notebook から続けて作業をしましょう。

╋ モデルを Tabpy Server にデプロイ

Tabpy Serverにモデルをデプロイします。Jupyter Notebookで作業をします。

ここではTabpy Serverに接続する必要があるため、作業の前に別ウィンドウでTabpy Server が起動し、ポート9004でリッスンしていることを確認します。

以下のように、「Web service listening onport 9004」というメッセージが出ていればOKです。

3.2 | 東京23区のマンション価格を推論してみよう！

図3.2.94 Tabpy Server 起動確認

Tabpy Serverの起動が確認できたら、Jupyter Notebook に戻り、操作をします。
tabpy clientのインポートと準備をします。

```
import tabpy_client
client = tabpy_client.Client('http://localhost:9004/')
```

Tabpy Server にデプロイしコールできる関数を定義します。

```
#Tableau から入力を受け取り予測値を返すための関数「housing price」を定義します。
def housingprice(years, minutes, sqrm, distance, renovate, express,
rooms_1k_1dk, rooms_1ldk, rooms_2k_2dk, rooms_2ldk, rooms_3dk_3ldk):

#pandasのインポート
    import pandas as pd

#入力変数をデータフレームとして格納
    years = pd.DataFrame(years)
    minutes = pd.DataFrame(minutes)
    sqrm = pd.DataFrame(sqrm)
    distance = pd.DataFrame(distance)
    renovate = pd.DataFrame(renovate)
    express = pd.DataFrame(express)
    rooms_1k_1dk = pd.DataFrame(rooms_1k_1dk)
    rooms_1ldk = pd.DataFrame(rooms_1ldk)
    rooms_2k_2dk = pd.DataFrame(rooms_2k_2dk)
    rooms_2ldk = pd.DataFrame(rooms_2ldk)
    rooms_3dk_3ldk = pd.DataFrame(rooms_3dk_3ldk)

    #入力変数を1つのデータフレームに連結
    data = pd.concat([years, minutes, sqrm, distance, renovate, express,
rooms_1k_1dk, rooms_1ldk, rooms_2k_2dk, rooms_2ldk, rooms_3dk_3ldk],axis=1)

    #作成したモデルを利用して予測値を取得
    y = model.predict(data)

    #推論結果をリストとして返す
```

343

第3章｜実践編：実データでデータサイエンスのサイクルを回してみる

```
        return y.tolist()
```

Tabpy Server にデプロイします。

```
client.deploy('housingprice', housingprice, 'Predict Real Estate
Price',override=True)
```

Tableau から入力を受け付けると想定して、それぞれのパラメータをリストに変換します。一つひとつが Tableau のメジャーになるイメージです。

```
import numpy as np

years = x['years'].values.tolist()
minutes = x["minutes"].values.tolist()
sqrm = x['sqrm'].values.tolist()
distance = x['distance'].values.tolist()
renovate = x['renovate'].values.tolist()
express = x['express'].values.tolist()
rooms_1k_1dk = x['rooms_1K-1DK'].values.tolist()
rooms_1ldk = x['rooms_1LDK'].values.tolist()
rooms_2k_2dk = x['rooms_2K-2DK'].values.tolist()
rooms_2ldk = x['rooms_2LDK'].values.tolist()
rooms_3kup =x['rooms_3KUP'].values.tolist()
```

client.qury によってデプロイされたモデルにテストデータの入ったリストを投入します。

```
results = client.query('housingprice', years, minutes, sqrm,
distance, renovate, express, rooms_1k_1dk, rooms_1ldk, rooms_2k_2dk,
rooms_2ldk,rooms_3dk_3ldk)
```

結果を確認します。それなりの値が入っている気がします。

```
results["response"]
```

Out
```
[31924239.71529332,
 18155066.66429167,
 29183359.913194995,
 65216515.231011,
```

```
24800900.79202012,
73335298.54614048,
41102135.48724207,
54745490.40363896,
...
```

client.get_endpointsでデプロイされた関数（エンドポイント）が存在することを確認します。

```
client.get_endpoints()['housingprice']
```

[Out] {'last_modified_time': datetime.datetime(2019, 8, 12, 0, 21, 12),
'description': 'Predict Real Estate Price', 'name': 'housingprice',
'dependencies': [], 'version': 8, 'schema': None, 'creation_time':
datetime.datetime(2019, 8, 11, 7, 13, 29), 'type': 'model'}

以上で、Tableau からデプロイされたモデルを利用する準備が整いました。

> **note**
>
> Tableau から再利用可能なように Tabpy Server 環境上に定義、配置された関数のことをエンドポイントと呼びます。またエンドポイント（関数）を定義することをデプロイと呼びます。

✚Tableau から推論結果を取得

モデルの Tabpy Server へのデプロイが完了したところで、今度は Tableau Desktop から物件の希望条件を入力するパラメータを作成し、Tabpy Server にデプロイされたモデルに代入、マンション価格の予測値を取得しましょう。

まずは、本当にシンプルなワークシートで計算フィールドからマンション価格の推論が取得できるかどうかを確認します。

パラメータを入力するとそれに応じたマンション価格の予測値を返します。

図3.2.95 マンション価格シミュレーション（簡易版イメージ）

　Tableauで言うところの**パラメータ**とは、定数または文字列を格納する変数のようなもので、スライダやリストによりパラメータに格納する定数または文字列を指定するために利用します。指定された定数や文字列は計算フィールドの中で利用することが可能です（機械学習で言うところの「パラメータ」とは意味が異なるので注意してください。詳しくは**2.3**「機械学習の基本」を参照してください）。

　以下のように整数型のパラメータとして、p_years、p_minutes、p_sqrmを作成します。

図3.2.96 パラメータ（築年数指定）作成

浮動小数数型のパラメータとして p_distance を作成します。

図3.2.97 パラメータ（最寄駅からの距離指定）作成

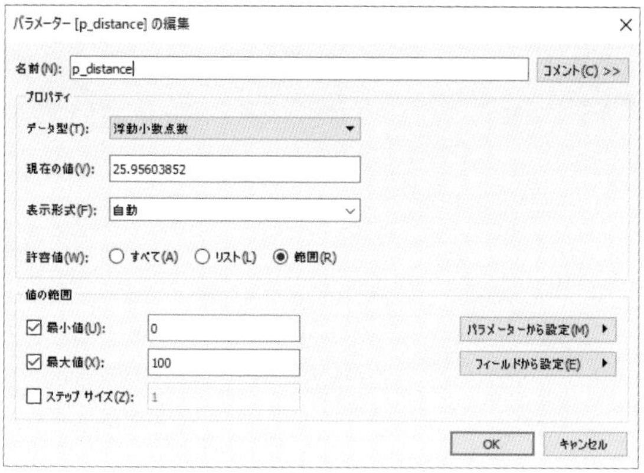

文字型のパラメータとしてp_rooms を作成し、リストに1K-1DK、1LDK のように指定できる間取りを追加します。

図3.2.98 パラメータ（間取り指定）作成

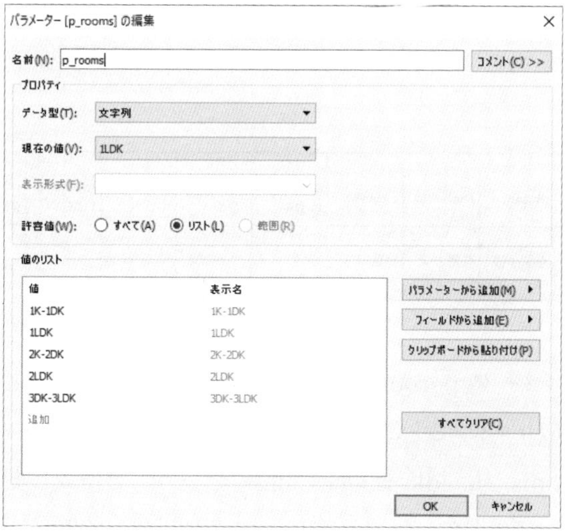

全てのパラメータを右クリックして「パラメータの表示」を選択するとワークシートの右端にパラメータコントロールが表示されます。

図3.2.99 パラメータ（間取り指定）作成

ここでもう一度、モデルをどのように作成したかを振り返ってみましょう。入力変数としては以下を利用したので、同じ数の入力変数をモデルに代入しなければ推論ができません。

間取りについては数値型ではないのでダミー変数化を実施し0か1で表す必要がありました。

years	minutes	sqrm	distance	renovate	express	rooms_1 K-1DK	rooms_1 LDK	rooms_2 K-2DK	rooms_2 LDK	rooms_3 DK-3LDK
整数	整数	整数	浮動小数点	整数リスト	整数リスト	?	?	?	?	?

ここについてはパラメータ p_rooms で選択された値に応じてフラグを立てる計算式を、それぞれの間取りタイプごとに作成します。

例えばフラグ：rooms_1k_1dk は以下の計算フィールドを作成します。これは p_rooms で'1K-1DK'が選択された場合には「1」それ以外は「0」を返すという意味です。同様に rooms_1ldk、rooms_2k_2dk を作成します。

- フィールド名：rooms_1k_1dk

```
IF [p_rooms] ='1K-1DK' THEN 1
ELSE 0
END
```

図 3.2.100 間取りフラグ作成

では、Tabpy Serverを利用した計算フィールドを作成しましょう。Tabpy Serverを利用した計算式を利用するためには、ワークブックの設定でTabpy Serverへの接続を定義しておく必要があります。「ヘルプ」→「設定とパフォーマンス」→「外部接続サービスの管理」でサーバーのアドレス（http://loclahost）とポート番号 9004 を指定します。

図 3.2.101 Tabpy Server への接続設定

テスト接続で正常にTabpy Serverに接続できることを確認します。

図3.2.102 Tabpy Serverへの接続確認（成功）

次に、Tabpyにデプロイされた関数（モデル）を使ってマンション価格の予測値を取得する計算フィールド「predict_price」を作成します。SCRIPT_REALはTabpy Serverを使ったPythonスクリプトを定義することを宣言し、返り値が浮動小数点型であることを意味しています。続いてデプロイしたエンドポイント（関数）名と引数、それに対応するパラメータまたはメジャーを指定します。

- フィールド名：predict_prince

```
SCRIPT_REAL(
"

return tabpy.query('housingprice',_arg1,_arg2,_arg3,_arg4,_arg5,_arg6,_arg7,_arg8,_arg9,arg10,arg11)['response']

",
SUM([years]),
SUM([minutes]),
SUM([sqrm]),
SUM([distance]) ,
SUM([renovate]) ,
SUM([express]) ,
SUM([rooms_1k_1dk]),
SUM([rooms_1ldk]),
SUM([rooms_2k_2dk]),
SUM([rooms_2ldk]),
SUM([rooms_3dk_3ldk])
)
```

図3.2.103 予測値取得のための計算フィールド作成

ここでなぜ、それぞれのパラメータのSUMではなくMAXを取る必要があるのか（MINでもAVGでも良いのですが）についてはコラム「Tableauの表計算を利用する際の約束事」で解説しますが、ここではMAXと記載することにします。

> **column** Tableauの表計算を利用する際の約束事
>
> 　Tabpyの計算式は、Tableauの表計算として処理されます。メジャーをテキストに配置した時に楕円形（ピル）の右端に三角形の小さなマークが表示されるのは、Tableauの表計算であることを示しています。
> 　そのため、ユニークなたった一行のデータであっても、何かしらの集約関数（SUM、AVG、MIN、MAXなど）を付ける必要があります。
> ここでは、Tableauの表計算を利用するときのお約束と理解してください。
> 　「TabpyではTableauで一度集計してから送るんだな」と理解して頂ければOKです。
>
> 　今回は、集計の単位をユニークなIDの一行ずつとしていますので、一行の合計（SUM）、平均（AVG）、最大（MAX）、最小（MIN）は同じ値になります。
> 　ですので、SUM、AVG、MIN、MAXのどれでも、同じ値をPythonに送っていることになります。

第3章｜実践編：実データでデータサイエンスのサイクルを回してみる

　作成された「predict_price」をテキストにドラッグします。パラメータを変更してマンション価格が変わるかどうか確認してみましょう。

図3.2.104 予測値取得（計算式）の動作確認

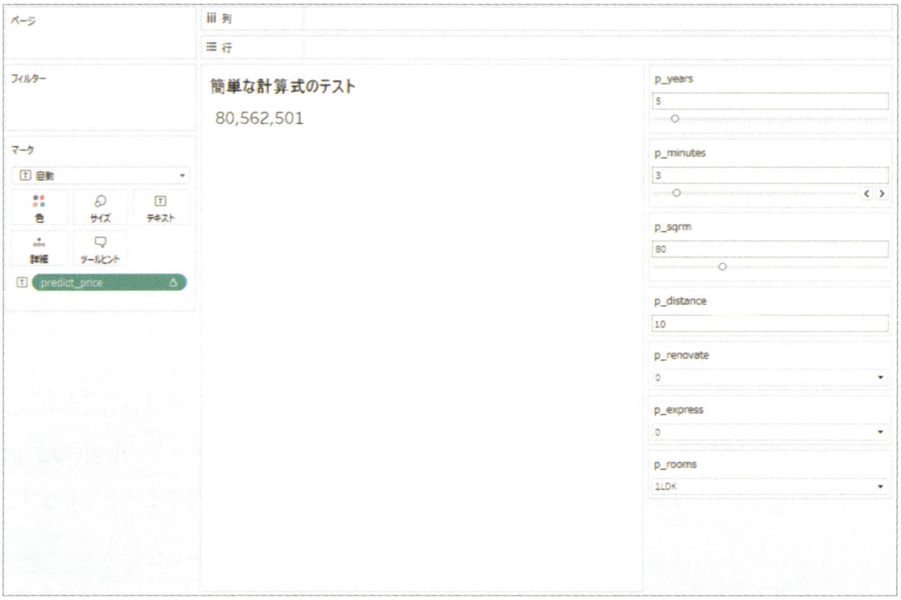

Tableau による表現の工夫

　最後に、アプリケーションとしての表現を少し工夫して、面白味のあるアプリケーションに仕上げましょう。

　ワークブックのサンプルについては、本書のサポートサイト（**https://www.shuwasystem.co.jp/support/7980html/6025.html**）からダウンロードください。

　モデルでは東京駅からの直線距離を入力としますが、実際に中野駅と東京駅の直線距離等わからないですし、快速が止まるかどうかも調べないと分かりません。アプリケーションとしては、地図上の駅をクリックすると、自動的に東京駅から指定した駅までの直線距離、快速停止フラグが自動的にパラメータに入力されるようにしましょう。

　中央線駅の緯度、経度情報を地図上にマッピングします。

3.2 | 東京23区のマンション価格を推論してみよう！

図 3.2.105 JR中央線停車駅のマッピング（Tableau Desktop）

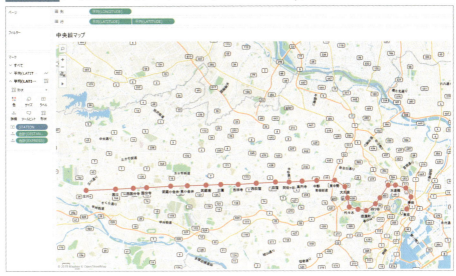

次にダッシュボードのパラメータアクション（Tableau 2019.2以降の機能です。）を使ってクリックした駅についての東京駅までの距離（distance）と快速停止フラグ（express）をそれぞれパラメータ「p_distance」と「p_express」に代入することにします。

「ダッシュボード」→「アクション」→「アクションの追加」→「パラメータの変更」を選択します。

図 3.2.106 パラメータアクションの設定

図 3.2.107 パラメータアクションの設定（駅名指定）

　もう一工夫で、クリックした駅についてGoogle Map検索した情報を表示するWebブラウザーオブジェクトをダッシュボードに組み込みましょう。ダッシュボードからURLアクションを追加します。URLには以下の情報を設定します。

https://www.google.com/maps/place/?q=<パラメーター .p_station>&z=18

図 3.2.108 URLアクションの設定

3.2 | 東京23区のマンション価格を推論してみよう！

上記の**<パラメーター.p_station>**には、Tableau で指定された駅名のパラメータの中身が入ります。地図上でクリックした駅名がパラメータに代入され、その内容がURLの一部として渡されます。つまり、地図上の「御茶ノ水」をクリックすると、Google Mapで「御茶ノ水」を調べた結果がURLウィンドウの中に表示される仕組みになっています。

それでは早速、アプリケーションを利用してみましょう。

住みたい場所を「御茶ノ水駅」から徒歩5分、2LDKで広さ65㎡、築年数10年とすると、マンションの予想価格は！！　7372万円　ということになりました。

図3.2.109 シミュレーター動作確認①

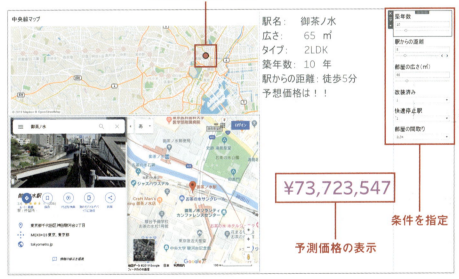

同じ条件で築年数を20年、広さを50㎡に落としてみると……、5千5百23万円にまで下がりました。

図 3.2.110 シミュレーター動作確認②

同じ条件で西に移動し、「中野駅」で挑戦すると4千8百52万円となります。

図 3.2.111 シミュレーター動作確認③

更に西に移動して、井の頭公園も近い「三鷹駅」では……、4千飛んで26万円となります。

図 3.2.112 シミュレーター動作確認④

更に西に移動して、「聖おにいさん」でジーザスとブッダが住んでいると言われる「立川駅」では……、2千8百44万円となりました。

図 3.2.113 シミュレーター動作確認⑤

以上は、あくまで、線形重回帰モデルによる推論ですが、実際に中古マンション販売のウェブサイトで価格を検証してみるとどれだけ当たっているか検証ができますね。また南向きかどうか、道路に面しているかなどの条件によってもマンションの価格は変わってくるはずですので、こういった入力変数を追加して、モデルの精度を上げていくというアプローチをしていくのもよいですね。

3.3 | 気象情報を考慮して 電力需要を推論してみよう！

+ + + tableau

3.3.1 問題設定

この節では、東京電力の電力消費量と気温のデータを可視化によって理解し、気温と電力利用量の関連を考慮しながら、電力需要推論を行います。時系列データを使った推論を行うために今回はFacebookより提供されるProphetという外部パッケージを利用します。2016年から2018年のデータを訓練データとして用いて、2019年の電力消費を推論します。Tableau を用いてデータを理解し、そこから得られる情報をうまく活用してモデルの精度向上に挑戦してみましょう。

分析のステップは、次のとおりです。

❶データの収集
❷データの理解
❸推論の実施
❹推論結果の評価（誤差の確認）
❺イベントデータの作成
❻イベントを考慮した推論の実施
❼再評価

3.3 | 気象情報を考慮して電力需要を推論してみよう！

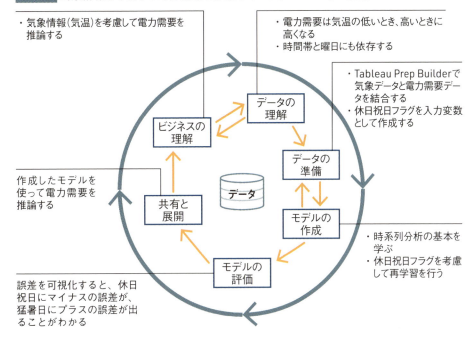

図 3.3.1 気象情報を考慮して電力需要を推論してみよう！ ステップ概要

3.3.2 データの収集

まずはじめに今回利用するデータをダウンロードしましょう。東京電力のサイトから電力使用実績をダウンロードします。2016年、2017年、2018年、2019年と別々にダウンロードを実行することができるようになっています。

電力使用量実績（東京電力）

http://www.tepco.co.jp/forecast/html/download-j.html

第3章 実践編：実データでデータサイエンスのサイクルを回してみる

図3.3.2 電力使用実績データのダウンロード（東京電力）

同様に、以下、気象庁のホームページから気象情報をダウンロードします。2016年から2019年8月31日（本稿執筆時の最新データ）を入手します。このサイトでは最大2カ月ごとの範囲で気象データをダウンロードすることができます。

https://www.data.jma.go.jp/gmd/risk/obsdl/

図3.3.3 気象データのダウンロード（気象庁）

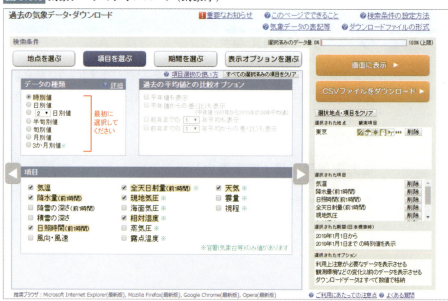

次に、データの準備をします。電力消費量については年度によって数回に分けてファイルをダウンロードしているため、Tableau Prep Buiderで分割された複数ファイ

ルをユニオンします〔一度NOTEPAD（メモ帳）で開き、文字コードにUTF-8を指定して保存します〕。

図3.3.4 電力データのユニオン

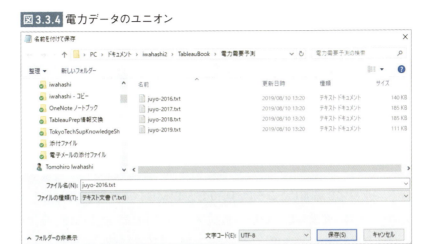

　Tableau Prep Builderから接続し、マルチファイルとして「juyo*」を指定し、2016年から2019年までをユニオンします。DATEとTIMEは最初に文字列にタイプ変更しておきます（タイプで「Abc 文字列」を選択します）。フローの完成版については、本書のサポートサイト（https://www.shuwasystem.co.jp/support/7980html/6025.html）からダウンロードください。

図3.3.5 電力データへの接続

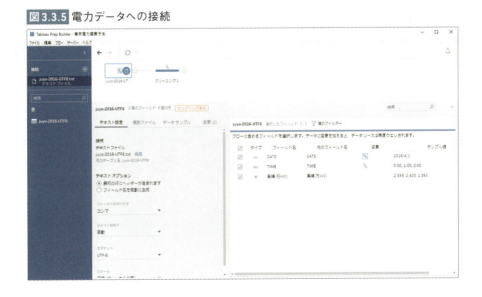

接続ステップで、電力消費実績である「実績（万kw）」を「kw」と名称変更します（今後Pythonで利用する際には、英語表記の方が利用しやすいためです）。

図3.3.6 実績（万kw）の名称変更

ステップを追加したところで、DATEとTIMEを文字列として連結し（接続ステップで文字列に変換しています）、新規フィールド「DATE_TIME」を作って、データ型を「日付と時刻」に変更します。データ型を「日付と時刻」に変更します。フィールドの左上の「abc」のマークをクリックしデータ型を「日付と時刻」に変更します。

```
STR([DATE]) + ' ' + STR(TIME) + ':00'
```

図3.3.7 フィールド作成（日付と時刻）

図3.3.8 データ型の変更（日付と時刻）

図3.3.9 ステップの確認

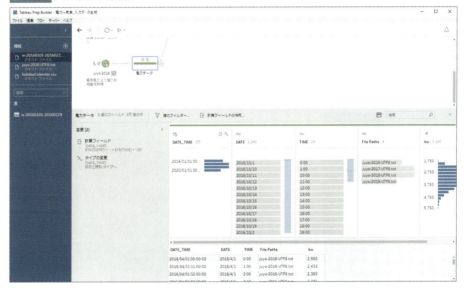

気象データについても同様に、2016年から2019年のデータをユニオンします。

図3.3.10 気象データへの接続

第3章 実践編：実データでデータサイエンスのサイクルを回してみる

図 3.3.11 気象データの（ステップでの）確認

電力使用量のデータと気象データは、両方とも年月日時間の単位で記録されているため、同じ年月日時間（DATE_TIME＝年月日時）で結合（ジョイン）します。

図 3.3.12 電力データと気象データの結合

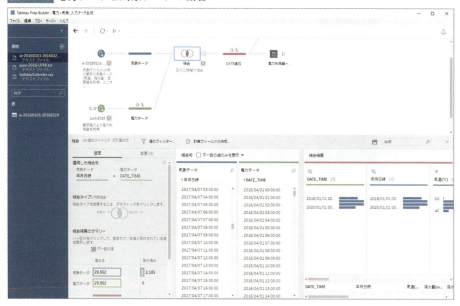

電力使用量と気象情報の結合ができたところで一度CSVファイルとして吐き出します。「電力消費量+気象情報2016_2019.csv」というファイルが作成されます。

3.3 | 気象情報を考慮して電力需要を推論してみよう！

図 3.3.13 出力の完了

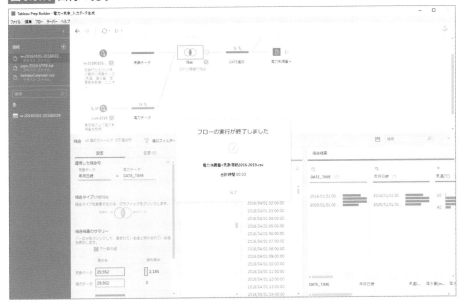

3.3.3 データの理解

それでは早速、データを可視化し、理解していきましょう。ここからはTableau Desktopを利用します。先ほどTableau Prep Builderで作成した「電力消費量+気象情報2016_2019.csv」というファイルに接続し、可視化を行います。

❶ディメンション「DATE_TIME」を右クリックしながら列にドラッグし、DATE_TIME(連続)を選択

365

第3章 | 実践編：実データでデータサイエンスのサイクルを回してみる

図3.3.14 DATE_TIME（連続）を選択

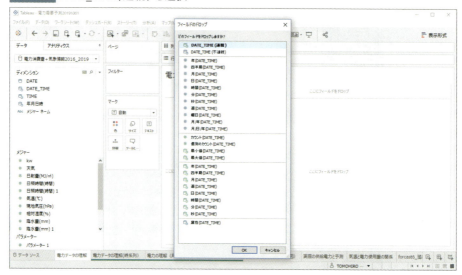

❷ メジャー「kw」（電力消費量）を行にドラッグ

図3.3.15 メジャー「kw」（電力消費量）を行にドラッグ

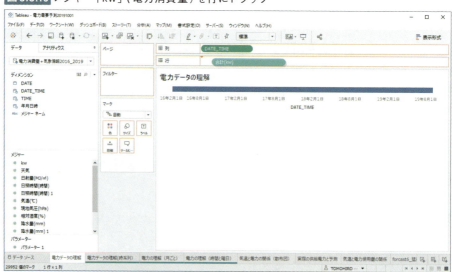

　2016年4月から2019年8月末までの電力需要は以下のように推移しています。どうやら周期性があるということがパッと見てわかります。

図3.3.16 電力消費の推移

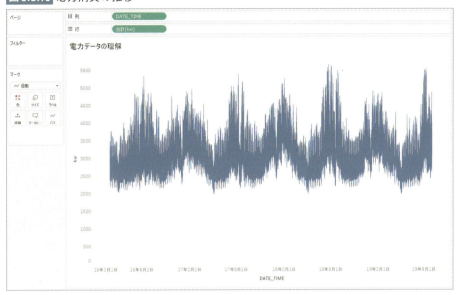

　フィルタを使って範囲を絞ってみましょう。2018年1月1日から2018年12月31日の一年間で絞ります。冬場と夏場は電力の使用量が多いようです。

❶列のDATE_TIMEを右クリックしフィルタの表示
❷フィルタの期間を2018/1/1から2018/12/31に変更

図3.3.17 フィルタ期間の変更

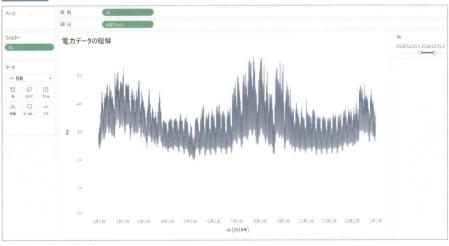

2018年でフィルタして、月ごとの電力消費量を棒グラフで表示します。1年の周期で見ると、冬場（1月、12月）と夏場（7月、8月）の電力消費が多いようです。

❶ DATE_TIME を右クリックして列にドラッグ
❷ 青色（不連続）の月を選択

図 3.3.18 月（DATE_TIME）を列にドラッグ

❸ kw を行にドラッグ
❹ マークで棒グラフを選択

図 3.3.19 月別の電力利用量

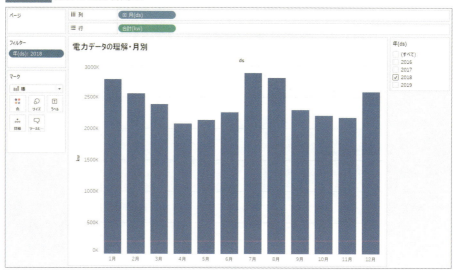

曜日と時間帯でヒートマップを作成してみましょう。

❶ DATE_TIMEを右クリックして列にドラッグ、時間を選択
❷ DATE_TIMEを右クリックして行にドラッグ、曜日を選択
❸ kwを色にドラッグ
❹ 日曜日はドラッグして土曜日の次に来るように並べ替え

　以下、色の濃いところが電力の使用量が多い区分です。するとどうでしょう。電力の使用量は平日：月〜金曜日、9時から18時の時間帯で増えるようです。お昼12時は少し使用量色が薄くなっているというのも面白いですね。お昼休みは電力を使用しないということでしょうか。

図3.3.20 曜日・時間帯別の電力利用量

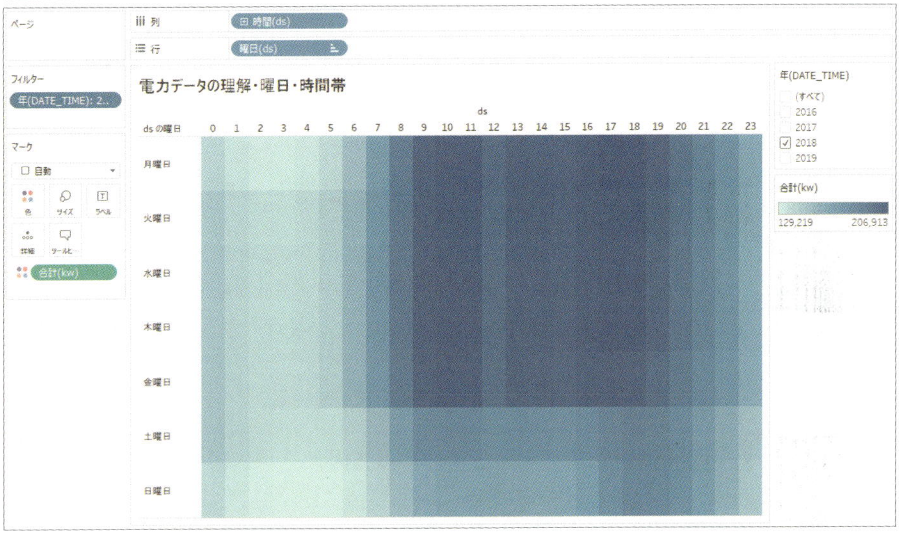

次に気温と電力の関係を見てみましょう。先ほどの電力推移（折れ線）に戻ります。

❶「電力の理解（時系列）」ワークシートで「kw」の横に「気温（℃）」をドラッグします。
❷ 色で気温（℃）の色を変更します。

図3.3.21 「kw」の横に「気温（℃）」をドラッグ

下のグラフの上段が2018年一年間の電力使用量（青色）、下段が気温の変化（緑色）です。平均気温から離れる（暑いまたは寒い）ときに電力使用量が増えることが分かります。気温と電力消費量には関係性がありそうです。

図3.3.22 電力利用量（kw）と気温の比較

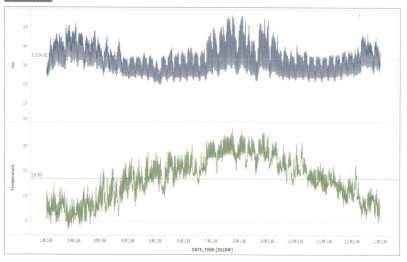

　気温と電力使用量の散布図を書いてみましょう。真夏の暑い日（特に32℃を超えるところ）で、電力使用量が急激に伸びています。ここから猛暑日には電力使用量が増加するということが分かります。

図3.3.23 気温と電力利用量(kw)の散布図

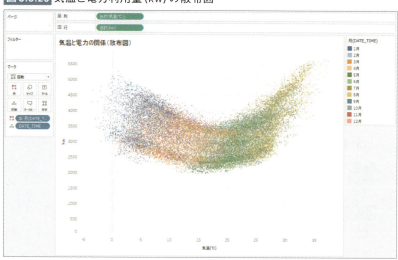

❶気温（℃）を列にドラッグします。
❷kwを行にドラッグします。
❸詳細にDATE_TIMEを右クリックしながらドラッグし、DATE_TIME(不連続)を選択します。
❹色にDATE_TIMEを右クリックしながらドラッグし、DATE_TIME(月)を選択します。

図3.3.24 月（DATE_TIME）を色にドラッグアンドドロップ

❺形状で塗りつぶしの丸を選択します。
❻マークのサイズで大きさを調整します。

ここまでで、データの理解ができましたので、次にPythonを利用して電力需要の推論（推論）を行ってみましょう。

前のステップで電力の利用量には一定の**周期性**があることが確認できました。このような周期性を持つデータの推論には、**時系列分析**を利用します。時系列分析とは一体何でしょうか。以降で、詳しく見ていきましょう。

3.3.4 時系列分析とは

➕時系列データ¶

今回の問題設定である時系列分析。そもそも、**時系列データ**とはどのようなデータなのかを理解してから、時系列分析の話をしていきましょう。まずは、以下の図を見てください。

図3.3.25 時系列データ

時系列データは横軸に時間、縦軸に値を表示した、上記のようなデータを指します。例えば、株価や店舗の売上、電力の使用量だけでなく、身長・体重の推移等も時系列データです。要するに、時間ごとに値が変わっていくデータはすべて時系列データといっても過言ではありません。このように、実社会にはたくさんの時系列データが存在しています。

➕時系列分析

時系列分析は、過去の時系列データの規則性やパターンを学習することで、未来の値を推論することを指します。

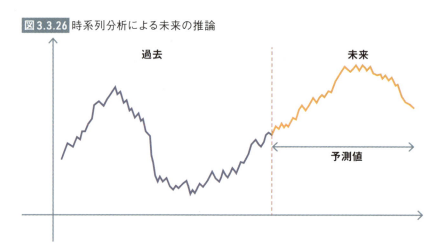

図3.3.26 時系列分析による未来の推論

3.3 | 気象情報を考慮して電力需要を推論してみよう！

「株価の値を推論して儲けたい」「店舗売上を推論して施策を考えたい」などの例があるように、時系列推論は非常に需要のある分野です。しかし、所望の精度をクリアするのが難しい分野でもあります。株価を推論したいとしても、そもそも株価に影響を与えている要因を人間側である程度把握し、定量化した指標にする必要があります。実際に株価を機械学習で推論しようと思ってもうまく学習することができず、過学習に陥ってしまうことがほとんどです。しかし、今回の使用電力量やコンビニの売上予測といった問題設定であれば、どのような要因で値が増減するのかが比較的わかりやすいため、機械学習を用いて予測することも可能になります。

また、製造業でよく扱われるセンサーデータなどを用いた時系列データの異常検知は、多くの企業が取り組んでいる課題です。

✚ 代表的なモデル

本書では、時系列分析の理論は深堀りしませんが、代表的なモデルについて少しだけお伝えしておきますので、気になる方はぜひ調べてみてください。

AR （自己回帰）	ある時点における過去のデータを用いて回帰を行うモデル。AR は Auto Regression の略。
MA （移動平均）	時系列データの自己相関 * を表現するモデル。MAは Moving Average の略。
ARMA （自己回帰移動平均）	ARとMAを組み合わせたモデル。ARMAは Autoregressive MA の略。
ARIMA （自己回帰和分移動平均）	前後のデータ間の差分を取り入れたARMAモデル。Autoregressive Integrated MA の略。
SARIMA （季節自己回帰和分移動平均）	ARIMAに季節成分を取り入れたモデル。Seasonal ARIMA の略。

※自己相関とは、過去の値とどれくらい似ているか、もしくは似ていないかを表した指標。

上記の手法に加え、近年は時系列データに特化した**RNN**（Recurrent Neural Network）がよく用いられます。特に、RNNの一種である**LSTM**（Long Short-Term Memory）という手法を用いることが時系列分析のスタンダードになってきました。実際にLSTMをお伝えしようとすると、本一冊が書けるくらいのボリュームとなっ

373

てしまいます。また、本書の内容からそれてしまうのでお伝えはしませんが、時系列分析に興味のある方はぜひLSTMを勉強してみてください。LSTMは、RNNの拡張として登場した、時系列データに対するモデルの一つです。

3.3.5 Prophetによる時系列解析

➕Prophetとは

　今回はscikit-learnではなく時系列分析に特化したProphetを使用します。ProphetはFacebookが提供している外部パッケージであり、非常に簡単に時系列分析を行うことができます。scikit-learnベースで作られているため、scikit-learnを学んだ読者の皆さんであれば、簡単に使いこなすことが可能です。pipでインストールしましょう。Prophetをインストール前にPyStanというパッケージもインストールしていただく必要があります。

```
pip3 install pystan
pip3 install fbprophet
```

➕データの準備

　Jupyter NotebookでProphetを利用する前に、Prophetに読み込ませるデータをTableau Prep Builderを使って作成します。2016年から2018年の年月日時と電力使用量の列のみを持つデータセットを作成します。3.3.1でユニオンしたファイルから、ステップの分岐を追加します。

図3.3.27 電力データ（2016年から2018年）抽出ステップの追加

3.3 | 気象情報を考慮して電力需要を推論してみよう！

2016年から2018年のデータをフィルタします。ステップの「値のフィルタ」をクリックし、フィルタ追加の計算式で、**DATEPART**関数を使って「DATE_TIME」の年を取り出し、2016以上、2018以下という条件を追加します。

図 3.3.28 ステップの「値のフィルタ」をクリック

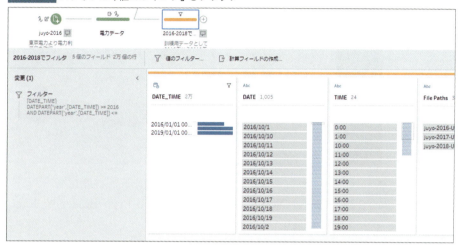

図 3.3.29 DATE_TIME を 2016 年から 2018 年でフィルタ

出力ステップを追加し、「電力消費量20160101-20181231.csv」という名前でCSVファイルとして書き出します。

第 3 章 | 実践編：実データでデータサイエンスのサイクルを回してみる

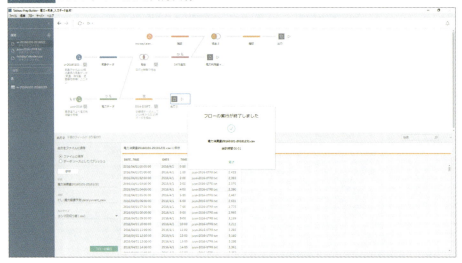

図 3.3.30 CSV ファイルとして出力実行

　ここで Jupyter Notebook に戻り、Tableau Prep Bulder で生成した訓練データ（2016年～2018年）を読み込みましょう。

```
df = pd.read_csv('電力消費量20160101-20181231.csv')
```

　中身を確認します。

```
df.head()
```

Out

	DATE_TIME	kw
0	2016/04/01 0:00:00	2555
1	2016/04/01 1:00:00	2433
2	2016/04/01 2:00:00	2393
3	2016/04/01 3:00:00	2375
4	2016/04/01 4:00:00	2390

```
df.tail()
```

3.3 | 気象情報を考慮して電力需要を推論してみよう！

Out

	DATE_TIME	kw
24115	2018/12/31 19:00:00	3531
24116	2018/12/31 20:00:00	3473
24117	2018/12/31 21:00:00	3376
24118	2018/12/31 22:00:00	3252
24119	2018/12/31 23:00:00	3198

　時刻を表すDATE_TIME、電力使用量を表すkwが格納されています。Prophet
では、時刻や日時を表すカラムをds、推論したい値をyという名前に変更する必要
があります。rename()を用いてカラム名を変更しましょう。以下のコードはDATE_
TIMEをdsに、kwをyに変更することを意味します。

```
#df.columns = ['ds', 'y']
df = df.rename(columns={'DATE_TIME': 'ds', 'kw': 'y'})
df.head()
```

Out

	ds	y
0	2016/04/01 0:00:00	2555
1	2016/04/01 1:00:00	2433
2	2016/04/01 2:00:00	2393
3	2016/04/01 3:00:00	2375
4	2016/04/01 4:00:00	2390

＋学習

　今回は訓練データ、検証データ等に分割せず、学習から推論までの流れを試して
みましょう。本来であればデータを分割する必要がありますが、試行錯誤の過程や評
価をシンプルに考えていくために割愛いたします。

第3章｜実践編：実データでデータサイエンスのサイクルを回してみる

> **note**
>
> Prophetでクロスバリデーションを行いたい場合はfbprophet.diagnosticsの中にcross_validationがあるのでそちらを用いて実装してみてください。評価に関しても厳密に行いたい場合はfbprophet.diagnosticsの中にperformance_metricsがあり、様々な指標で評価することが可能です。

　fbprophetの中にあるProphetをimportしましょう。scikit-learn使用時、sklearn.linear_modelからLinearRegressionをimportしたのと同じことを意味しています。時系列を推論する手法をimportします。

```
from fbprophet import Prophet
```

　scikit-learnと同様にfit()で学習させます。もしかしたらWarning（警告）が出るかもしれませんが、こちらはエラーではないので気にしなくて大丈夫です。

```
model = Prophet()
model.fit(df)
```

Out
```
/usr/local/lib/python3.7/site-packages/fbprophet/forecaster.py:880:
FutureWarning: Series.nonzero() is deprecated and will be removed in a
future version.Use Series.to_numpy().nonzero() instead
  min_dt = dt.iloc[dt.nonzero()[0]].min()

<fbprophet.forecaster.Prophet at 0x11571fac8>
```

➕推論

◉未来のデータを作成

　未来の値を推論するために、Prophetでは事前に将来分のデータを用意する必要があります。未来100日の値を推論したいのであれば、100日分のデータフレームを用意する必要があります。今回は1日あたり24サンプルが入っています。 2019年8月31日までを推論したい場合は24サンプル×243日=5832個のデータを作成します。

　make_future_dataframe() を用いますが、今回はサンプルが1時間単位で入って

いるため、freq='H'と指定します。freqは頻度、周波数を表す英単語frequencyの略であり、HはHourの頭文字です。以下はfreqでよく用いる値の一例です。

M（Month）	月単位
H（Hour）	時間単位
min（minute）	分単位
S（second）	秒単位
5m	5分単位

どのような値を指定することができるのか気になる方は「pd.date_range freq」で調べてみてください。

```
future = model.make_future_dataframe(24*243, freq='H')
```

futureには未来分のデータフレームが格納されていることを確認してみましょう。

```
future.tail(10)
```

Out

	ds
29942	2019-08-31 14:00:00
29943	2019-08-31 15:00:00
29944	2019-08-31 16:00:00
29945	2019-08-31 17:00:00
29946	2019-08-31 18:00:00
29947	2019-08-31 19:00:00
29948	2019-08-31 20:00:00
29949	2019-08-31 21:00:00
29950	2019-08-31 22:00:00
29951	2019-08-31 23:00:00

第3章｜実践編：実データでデータサイエンスのサイクルを回してみる

2019年分（未来）のデータが（日付と時刻だけ）入っていることを確認できました。

◉ 推論

準備ができたので、早速推論してみましょう。推論にはpredict()を用い、先程準備したfutureを指定します。推論結果をforecastに入れましょう。

```
forecast = model.predict(future)
```

◉ 結果の可視化

可視化するために、**matplotlib**というモジュールもimportする必要があります。matplotlibはデータの可視化に特化したPythonのモジュールになります。本書では基本的にTableauでデータの可視化を行うため、matplotlibについては説明しておりませんでした。 Prophetの可視化機能を使用する際に裏側でmatplotlibが使われているためimportします。 matplotlibの中のpyplotをpltとしてimportします。

```
import matplotlib.pyplot as plt
```

推論結果を可視化してみましょう。plot()を用います。グラフを表示させるためにplt.show()の1行も必要になります。

```
model.plot(forecast)
plt.show()
```

Out
```
/usr/local/lib/python3.7/site-packages/pandas/plotting/_converter.py:129:
FutureWarning: Using an implicitly registered datetime converter for a
matplotlib plotting method. The converter was registered by pandas on
import. Future versions of pandas will require you to explicitly register
matplotlib converters.

To register the converters:
        >>> from pandas.plotting import register_matplotlib_converters
        >>> register_matplotlib_converters()
  warnings.warn(msg, FutureWarning)
```

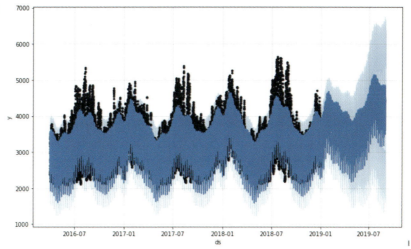

黒が実測値、青が予測値になります。大きな流れはしっかり捉えることができていそうですが、部分的に見ると誤差が大きそうです。

表示データを1ヶ月分に絞って確認してみます。横軸（x軸）の範囲を限定する場合は、plt.xlim()を使用します。また、横軸の日付を指定するためにdatetimeというパッケージを使用いたします。datetimeパッケージの中にdatetimeという機能があるのでimportします。日付の指定には、datetime(年, 月, 日)の形式で記述します。早速、見てみましょう。

```
from datetime import datetime
```

下記は、2016年7月1日から2016年8月1日までのグラフになります。

```
model.plot(forecast)
plt.xlim(datetime(2016, 7, 1), datetime(2016, 8, 1))
plt.show()
```

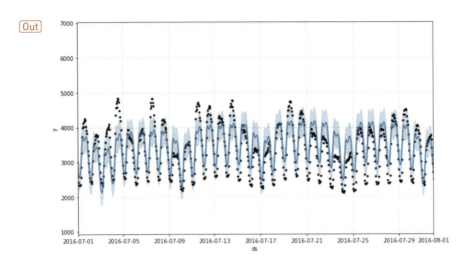

1週間分、1日分のデータも確認してみましょう。

```
# 1週間分
model.plot(forecast)
plt.xlim(datetime(2016, 7, 1), datetime(2016, 7, 8))
plt.show()
```

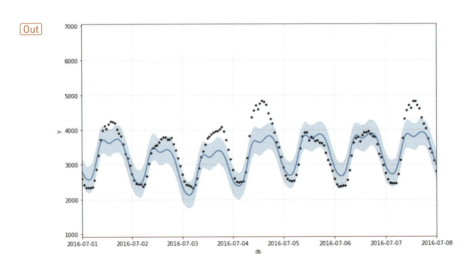

```
# 1日分
model.plot(forecast)
plt.xlim(datetime(2016, 7, 1), datetime(2016, 7, 2))
plt.show()
```

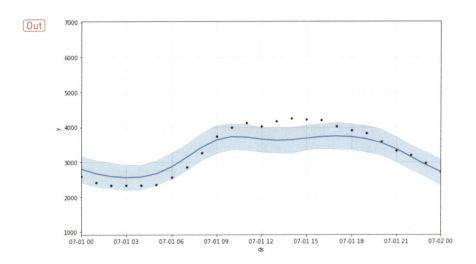

細かく確認してみると、完璧に推論はできていないのですが、大きな流れを捉え、近い値を推論することはできていそうです。

◉ 結果の中身を確認

推論結果の中身も確認してみましょう。

```
In [17]:
forecast.head()
```

Out[17]:

	ds	trend	yhat_lower	yhat_upper	trend_lower	trend_upper	additive_terms
0	2016-04-01 00:00:00	3158.668578	2253.762472	2996.458067	3158.668578	3158.668578	-515.228486
1	2016-04-01 01:00:00	3158.650510	2135.501462	2877.096619	3158.650510	3158.650510	-645.924989
2	2016-04-01 02:00:00	3158.632441	2035.354651	2822.232178	3158.632441	3158.632441	-723.772316
3	2016-04-01 03:00:00	3158.614372	2018.624308	2775.127311	3158.614372	3158.614372	-758.584128
4	2016-04-01 04:00:00	3158.596304	2040.683096	2797.433644	3158.596304	3158.596304	-742.754185

5 rows × 22 columns

いくつかの項目が入っていますが全てを確認する必要はありません。

◉ トレンドと周期性

時系列データは大きく、トレンドと周期性に分かれています。

- トレンド：長い期間のざっくりとした傾向のこと。長期的に見たときの上昇傾向や下降傾向を判断します。
- 周期性：季節等の周期ごとに表れる増減のサイクルのこと。夏・冬は増加傾向、春・秋は下降傾向などの周期的傾向を判断。==季節変動==と呼ぶこともあります。

トレンドと周期性は時系列データにおいて非常に重要になります。両者をplot_components()で可視化してみましょう。

```
model.plot_components(forecast)
plt.show()
```

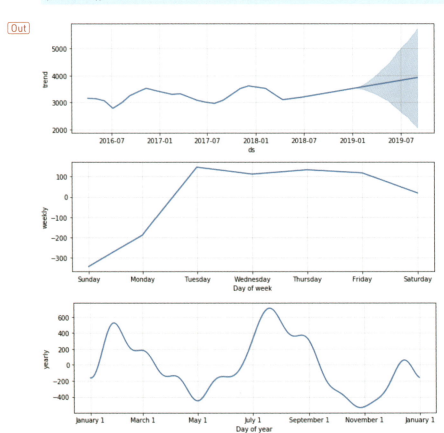

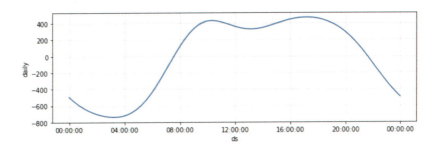

各項目を確認してみます。 Tableau Desktop で事前に考察した内容と同様の部分もありますが、再度考察してみましょう。

trend(長期変動)

3年間のトレンドだけを見ても考察できる部分は少ないように思えます。時期によって上昇傾向であったり様々です。 もしかしたら、1年単位での最高気温や最低気温、平均気温等に影響しているかもしれません。最高気温が例年と比べて高い、最低気温が例年と比べて低い場合は、冷暖房の使用量に影響を与える可能性があるからです。

weekly(週周期)

火曜日から金曜日までの値が高くなっており、平日、つまり仕事のある曜日は増加傾向にあるのかもしれません。

yearly(年周期)

夏、冬の時期が増加傾向にあります。これは、冷暖房の使用時期と重なるため使用電力が増加するのも納得できます。

daily(日周期)

日中の活動時間帯が増加傾向にあります。これもyearly同様、冷暖房の使用時間帯と重なっていることが影響しているでしょう。

◉ 結果をcsvに書き出し

Tableau側で可視化するために推論結果を含めたデータをforecast.csvというファ

イル名でcsvに書き出しましょう。

```
forecast.to_csv('forecast.csv', index=False)
```

評価

◉時系列の評価方法

今回の問題設定は値を推論する回帰であるため、実測値と予測値のズレ（誤差）を小さくすることが好ましいです。つまり、評価指標に**誤差**を用います。特によく用いるのは、**平均二乗誤差（MSE：Mean Squared Error）**です。以下のグラフ、表を見てください。

図3.3.31 実測値と予測値

図3.3.32 誤差の考え方

	実測値(t)	予測値(y)	誤差(t-y)	二乗誤差
	10	8	2	4
	11	12	-1	1
	12	15	-3	9
	11	11	0	0
	12	10	2	4
合計			0	18
平均			0	3.6

3.3 | 気象情報を考慮して電力需要を推論してみよう！

　上記には5つのサンプルの実測値と予測値、それらを引いた誤差、誤差の二乗が記載してあります。単純な誤差の平均値を用いてしまうと、上記のように誤差に正の値と負の値が混じってしまい、平均をとっても0になってしまったりします。しかし、二乗を用いることで全ての値が正になり、二乗しても大小関係は変わらないので、しっかりと誤差を評価することができます。また、二乗してしまうと数値の大きさ（スケール）が変わってしまうので、平均二乗誤差にルート（√）をつけた**平均平方二乗誤差（RMSE:Root Mean Squared Error)**を用いることも多いです。ルートをつけることで、元のスケールに戻すことができ、誤差が大きいか小さいかの判断ができます。

◉ MAPEとは

　MSE、RMSEは一般的に用いられています。しかし、数値のスケールが大きくなればなるほど、結局誤差が大きいのか小さいのか判断がつきにくいです。また誤差自体も各人の評価によって判断が異なります。そこで用いられるのが**平均絶対誤差率（MAPE：Mean Absolute Percent Error)**です。予測値が実測値から平均で何パーセントずれているのかを表す指標になります。パーセントで表すことにより、異なる単位間での予測を比較することができます。注意点としては、計算式の都合上、実測値に0が含まれる場合は利用することができないです。　MAPEを求める計算式は以下のとおりです。

図 3.3.33 MAPE の計算式

$$\frac{1}{N} \sum_{i=1}^{n} \left| \frac{t_i - y_i}{t_i} \right|$$

　本書では、数学について触れていないため、上記の計算式を細かく理解する必要はありません。上記の計算式が以下の流れを意味していることをイメージしていただけたらと思います。

❶：実測値と予測値の誤差を実測値で割り、絶対値をつけます。
❷：❶を各サンプルで計算し、総和を求めます。
❸：❷をサンプル数で割ります。

第3章｜実践編：実データでデータサイエンスのサイクルを回してみる

先程の表でMAPEを求めると、以下のようになります。

図3.3.34 MAPE計算例

	実測値 (t)	予測値 (y)	誤差 (t-y)	$\dfrac{t-y}{y}$
	10	8	2	0.2
	11	12	-1	0.091
	12	15	-3	0.25
	11	11	0	0
	12	10	2	0.167
合計			0	0.708
平均			0	0.142

MAPE 約14%

3.3.6 Prophetによる時系列解析 – Tableau Desktopを使った評価

Prophetで作成された学習済みモデルを、今度はTableau Desktopを使って評価してみましょう。

ワークブックのサンプルについては、本書のサポートサイト（https://www.shuwasystem.co.jp/support/7980html/6025.html）からダウンロードください。

Tableau Desktopから前のステップで作成された forecast_df（2016年から2018年までの学習済みモデルが算出した電力消費量と2019年の電力消費量推論を合わせたデータ）に接続します。forecast_dfには2019年の実際の値が入っていないので、実際の電力消費量と突き合わせるために、年月日時刻で2つのデータを(ds = DATE_TIMEで)結合します。

❶「forcast.csv」(Prophetにより算出された予測値）に接続します。
❷データソースタブで接続→追加を選択し、「電力消費量＋気象情報2016_2019.csv」に接続します。
❸二つの円の重なり部分をクリックし、結合のキーとして ds = DATE_TIME を選

択します。

図 3.3.35 Tableau Desktop から実績値と予測値に接続

　実績値と予測値を重ねた折れ線グラフを作成します。青色は実績値、オレンジ色はProphetが導き出した予測値です。2016年から2019年までの範囲を以下のステップで可視化します。

❶ DATE_TIMEを右クリックしながら列にドラッグし、DATE_TIME（連続）を選択します。
❷ kw（実際の電力消費量）を行にドラッグします。
❸ yhat（予測値）を行にドラッグします。
❹ yhatを右クリックし、二重軸を設定します。

図3.3.36 実績値と予測値の比較（2016年から2018年）

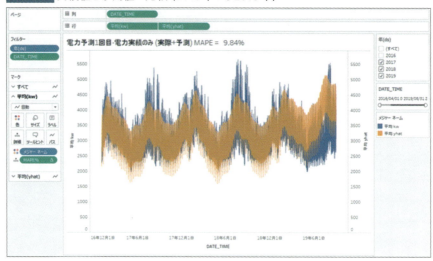

　少しわかりにくいので、2018年に絞って見てみましょう。フィルタで2018年を指定します。

❶ DATE_TIMEを右クリックし「フィルタを表示」を選択します（デフォルトで年のレベルのフィルタが追加されます）。
❷ DATE_TIMEの年のフィルタで2018年だけチェックを残します。

図3.3.37 実績値と予測値の比較（2018年）

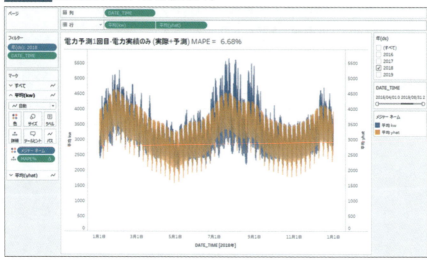

全体的な傾向は学習できているようですが、特に夏の間は推論と比べて実績の方が高低差が激しく当てはまりが良くありません。

ここで、**MAPE**を以下のようにTableauの計算フィールドとして定義します。実績に対する誤差の絶対値の割合を全て足し合わせ、レコード数、つまり年月日時刻のカウントで割るという意味になります。

- 計算フィールド名：MAPE%

```
WINDOW_SUM(SUM(ABS((kw - [yhat]) / [kw])))
 /
WINDOW_SUM(COUNT([DATE_TIME]))
```

図3.3.38 TableauでのMAPEの計算

この計算式「**MAPE%**」をタイトルに入れて、表示されている期間のMAPEを併せて表示するようにしましょう。「MAPE%]を詳細にドラッグしてから、タイトルをダブルクリックするとタイトルの編集ができます。ここで「挿入」で「集計（MAPE%）」を選択すると、タイトルにMAPEを表示させることができます。

図3.3.39 MAPE計算値をタイトルに表示

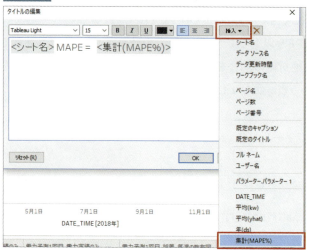

この計算フィールドを利用すると、2018年一年間のデータについてのMAPEは6.68%となります。

モデル作成に利用した2016年から2018年の3年間のデータについても確認すると、MAPEは6.58%となりました。

図3.3.40 MAPEの表示（2016年から2018年）

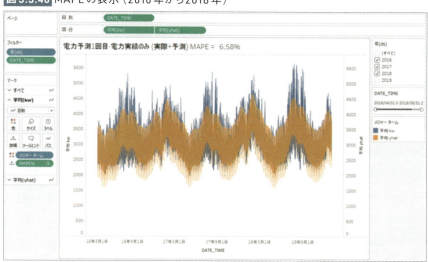

3.3 気象情報を考慮して電力需要を推論してみよう！

今回は2016年から2018年のデータを使って学習済みモデルを作り、学習済みモデル作成に利用していない2019年の電力使用量を推論しています。学習に利用していない2019年について見てみましょう（推論するということは学習に利用していない未来のデータを推論するということなので、2019年に対してどれだけ当たっているかを確認するのが重要です）。

❶ DATE_TIME（年）のフィルタで2019年のみをチェックします。

結果としては、ずれが大きくなり、MAPEは19.66%となりました。

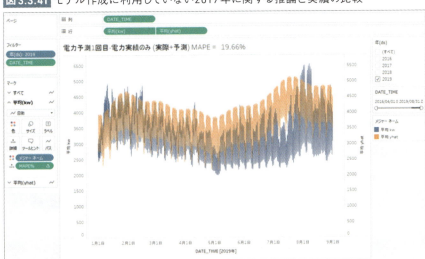

図3.3.41 モデル作成に利用していない2019年に関する推論と実績の比較

もう少し深堀して、どのような条件の時に誤差が発生しているのか確認してみましょう。簡単に実績と予測値の差（**[kw] - [yhat]**）を求める計算フィールドを作成し、グラフにしてみましょう。

- 計算フィールド名：誤差

[kw] - [yhat]

図3.3.42 簡単な誤差の計算フィールド

2016年から2018年の3年間で見てみます。上段青色折れ線が実績値、中断オレンジ色折れ線がProphetによる予測値、下段入色折れ線が誤差（実績値 - 予測値）となります。

❶ 列にDATE_TIME（連続）をドラッグします。
❷ 行にkw、yhat、計算フィールドとして作成した「誤差」をそれぞれドラッグします。

図3.3.43 実績、推論、誤差（差分）の比較（2016年から2018年）

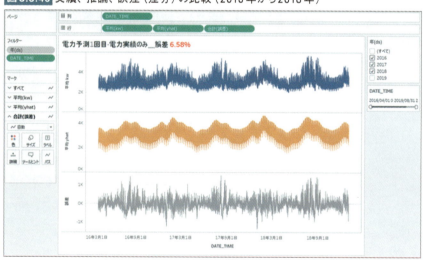

誤差が大きい（画面灰色折れ線の0から外れている）ところにマウスを当ててみましょう。例えば誤差がマイナスになっている点（予測値より実際の電力使用量は少なかった日時）を見てみると、どうやら毎年お正月の時期には実際の電力消費量は予測値より少なくなる傾向があるようです。

3.3 | 気象情報を考慮して電力需要を推論してみよう！

図 3.3.44 誤差がマイナスになっている点のツールヒントを確認（正月）

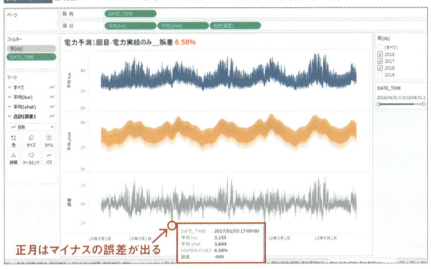

お正月の隣の落ち込みも確認してみます。ここはゴールデンウィーク（5月3日から5月5日前後）のようです。

図 3.3.45 誤差がマイナスになっている点のツールヒントを確認（ゴールデンウィーク）

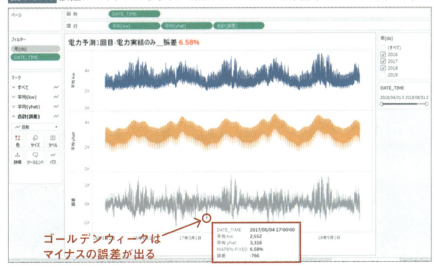

面白いことに、毎年8月14日前後も電力の消費量の誤差がマイナスを示すようです。これはお盆でしょうか。このように、祝日やお盆期間等、経済活動が休止になる期間については電力消費量が予測値より少なくなるようで、休日をイベントとして特別

395

に考慮させた方が良さそうです。

図3.3.46 誤差がマイナスになっている点のツールヒントを確認（お盆）

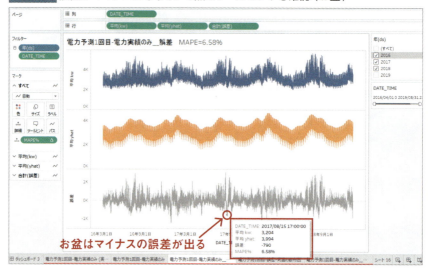

次に気温と誤差の関係を考察してみましょう。

❶行の適当なところに「気温（℃）」をドラッグします。

図3.3.47 実績、推論、気温、誤差（差分）の比較（2016年から2018年）

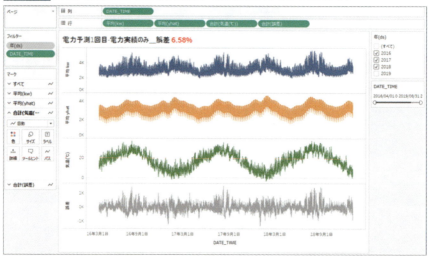

夏場の気温の高い時期では誤差がプラスに振れている（予測値より実際の電力使用量が大きい）ようです。

気温と誤差の関係を散布図で表してみると興味深いグラフができました。

ここで別の観点から分析を行ってみましょう。

❶列に「気温℃」をドラッグします。
❷行に「誤差」をドラッグします。
❸詳細に「DATE_TIME」を右クリックしながらドラッグし、DATE_TIME（不連続）を選択します。
❹「気温℃」を色にドラッグし、色を調整します。

気温が高くなると、特に誤差も比例するように大きくなっています。ここから、猛暑日（感覚的に32℃を超えるあたり）から電力使用量が大きく伸びるのではないかと仮定し、気温が32℃を超える日を猛暑日と定義してこれをイベントとして推論に考慮させたいと思います。Prophetにイベントを考慮させる具体的な方法については、後ほどご紹介いたします。

図 3.3.48 気温と誤差の散布図

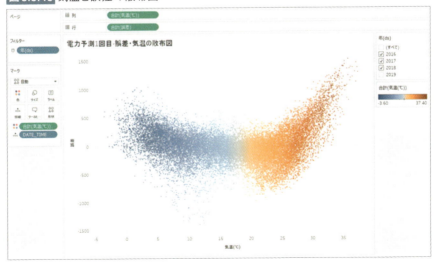

第3章│実践編：実データでデータサイエンスのサイクルを回してみる

3.3.7 精度向上の試行錯誤

＋イベント性の考慮

　　1回目の評価考察時に、祝日や猛暑日に使用電力量が増え、誤差が大きくなっていることがわかりました。　そこで、祝日や猛暑日を不定期に発生するイベントだと捉え、イベント情報を学習前に1つのパラメータとしてProphetに渡したいと思います。　つまり、イベント情報を事前に渡すことで、イベントを考慮した学習が可能になります。

　　以下の流れで進めていきましょう。

❶Tableau Prep Builderで祝日と猛暑日のリストを作成し、csvに書き出す
❷pandasで作成したcsvを読み込む
❸Prophetにイベント情報を渡す

＋データの準備

　　Prophetに与えるイベント情報をTableau Prep Builderで作成します。気象データから気温が32℃以上だった年月日時をフィルタで抽出します。

　　ワークブックのサンプルについては、本書のサポートサイト（https://www.shuwasystem.co.jp/support/7980html/6025.html）からダウンロードください。

❶気象データからステップの分岐を追加します。
❷気温（℃）のカラムの右端「その他のオプション」からフィルタ→値の範囲を選択します。

3.3 | 気象情報を考慮して電力需要を推論してみよう！

図 3.3.49 気温をフィルタするステップの追加

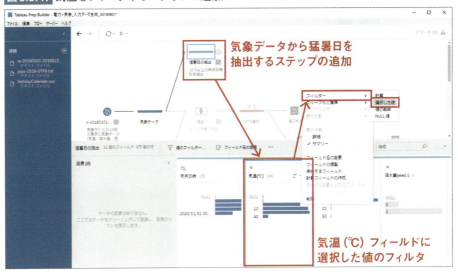

❸フィルタの最小値で32を指定します。

図 3.3.50 気温32℃以上をフィルタ指定

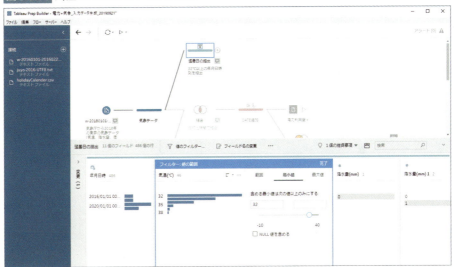

❹年月日時以外のフィールドを削除します。

399

第3章 実践編：実データでデータサイエンスのサイクルを回してみる

図3.3.51 年月日時以外のフィールドを削除

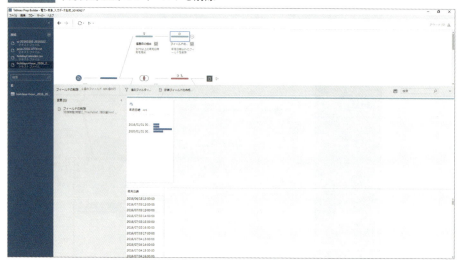

❺ Prophetに渡す際に必要となる「holiday」列を追加し、猛暑日として識別するために一律で文字列'hotday'を追加します。

図3.3.52 holiday列の追加

❻Prophetに渡す際に必要となる「lower_window」列を追加し、一律で数値の0を追加します（こちらのフィールドの意味は後ほど説明します）。

図3.3.53 lower_window列の追加

❼Prophetに渡す際に必要となる「upper_window」列を追加し、一律で数値の1を追加します（こちらのフィールドの意味は後ほど説明します）。

図3.3.54 upper_window列の追加

❽Prophetが利用できるように「年月日時」のフィールド名を「ds」に変更し、フィールドの順番も以下図のように変更します。

図3.3.55 Prophet用のデータ準備

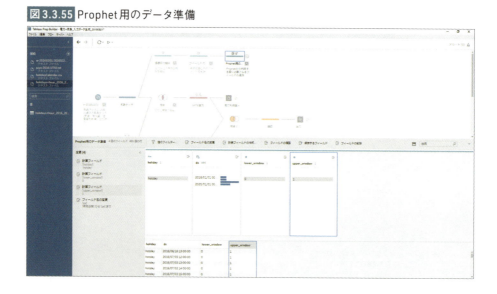

❾最終的には以下のようなファイルを作りProphetからイベント（猛暑日・時）として認識させます。

図3.3.56 Prophetイベントファイル（猛暑日・時）

holiday	ds	lower_window	upper_window
hotday	2016/06/18 13:00:00	0	1
hotday	2016/07/03 12:00:00	0	1
hotday	2016/07/03 13:00:00	0	1
hotday	2016/07/03 14:00:00	0	1
hotday	2016/07/03 15:00:00	0	1
hotday	2016/07/03 16:00:00	0	1
hotday	2016/07/03 17:00:00	0	1
hotday	2016/07/04 13:00:00	0	1
hotday	2016/07/04 14:00:00	0	1
hotday	2016/07/04 15:00:00	0	1

　次に、祝日、休日（年月日時）を含むイベントのデータセット（あらかじめ用意している「holidays+hour_2016_2019.csv」を利用）に接続します。このファイルは、休日・祝日のリストですが、Prophetで利用するために、1日24時間分のリストが入っています。

3.3 気象情報を考慮して電力需要を推論してみよう！

図 3.3.57 Prophetイベントファイル（休日・祝日）に接続

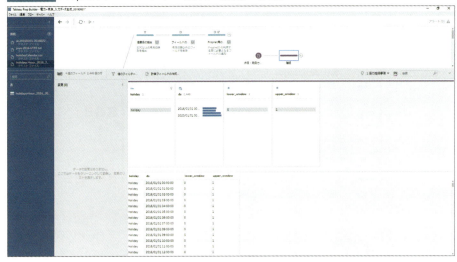

猛暑日イベントファイルと休日・祝日イベントファイルをユニオンします（休日イベントファイルから出るステップをドラッグし、猛暑日イベントファイルから出るステップに重ねるとユニオンが選択できます）。

図 3.3.58 休日・祝日イベントファイルと猛暑日イベントファイルのユニオン

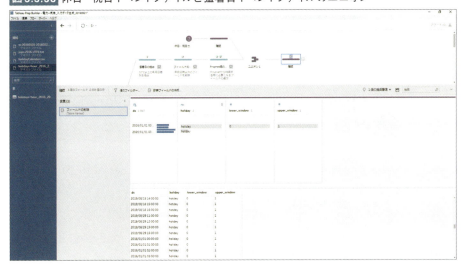

最終的に「hotday」（猛暑日）と「holiday」（休日）の2種類のイベントデータを含む以下のようなファイルを作成し、「holidays+hotdays+hour_2016_2019.csv」という

第3章｜実践編：実データでデータサイエンスのサイクルを回してみる

名前でCSV形式で書き出します。

図3.3.59 イベントファイル最終形（休日・祝日イベント、猛暑日イベント）

holiday	ds	lower_window	upper_window	
hotday	2017/08/09 15:00:00	0	1	
hotday	2016/07/03 12:00:00	0	1	
hotday	2017/08/26 12:00:00	0	1	
hotday	2019/08/18 15:00:00	0	1	猛暑日イベントリスト
hotday	2018/08/31 15:00:00	0	1	
hotday	2016/08/09 20:00:00	0	1	
hotday	2016/08/09 21:00:00	0	1	
holiday	2016/01/01 00:00:00	0	1	
holiday	2016/01/02 00:00:00	0	1	休日・祝日イベントリスト
holiday	2016/01/03 00:00:00	0	1	

> **note**
>
> 　上のイベントデータでlower_windowやupper_windowというカラムを追加して、イベント発生時の周辺までイベント効果が適応される範囲を延ばすことができます。例えば、クリスマスの日に加えてクリスマスイブにもイベント効果を適応させたい場合は、lower_window=-1,upper_window=0とします。また、サンクスギビングデーの効果をブラックフライデーにも適応させたい場合は、lower_window=0,upper_window=1とします。ここでは1レコードの単位は時間ですが、気温が上がった後、次の一時間は遅れて電力使用への効果が残ると考えて、lower_window=0,upper_window=1とします。

　もう一度Jupyter Notebook に戻り、Tableau Prep Builderで作成したイベントファイルを読み込みます。

```
event_df =  pd.read_csv("holidays+hotdays+hour_2016_2019.csv")

event_df.head()
```

3.3 | 気象情報を考慮して電力需要を推論してみよう！

Out

	holiday	ds	lower_window	upper_window
0	holiday	2016/01/01 0:00:00	0	1
1	holiday	2016/01/01 1:00:00	0	1
2	holiday	2016/01/01 2:00:00	0	1
3	holiday	2016/01/01 3:00:00	0	1
4	holiday	2016/01/01 4:00:00	0	1

➕ 学習

イベント情報が用意できたところで、早速学習の準備を進めていきます。Prophet
では、イベント情報以外にも指定可能なパラメータが複数存在します。 以下は今回
指定すると効果がありそうなパラメータの一例です。

- growth：トレンドの選択
  - linear（デフォルト）：線形トレンド
  - logistic：非線形トレンド。ビジネス時系列データは非線形トレンドで
    あることが多い
- yearly_seasonality：年周期を考慮するかどうか（デフォルト：auto）
- weekly_seasonality：週周期を考慮するかどうか（デフォルト：auto）
- daily_seasonality：日周期を考慮するかどうか（デフォルト：auto）
- holidays：不定期に発生するイベントを考慮（例：祝日、お盆、キャンペーン）

上記のパラメータを設定し、再度学習させましょう。先ほどのモデルと区別するた
めにmodel2とします。

```python
model2 = Prophet(
    growth='logistic',
    yearly_seasonality=True,
    weekly_seasonality=True,
    daily_seasonality=True,
    holidays=event_df
)
```

第3章│実践編：実データでデータサイエンスのサイクルを回してみる

◉ 上限値（cap）の設定

　growth='logistic' を指定する際には、与えるデータにcapというカラムを作成する
必要があります。capは上限（キャパシティ）を指定する必要があります。capには推
測値を指定するのではなく、実際の値や市場規模等を踏まえた上で設定するのが一
般的です。つまり、使用データの専門知識を持って決定します。今回我々は、使用電
力に関する専門知識を持っているわけではないため、データの最大値を元にcapを
決定しましょう。max( )で最大値を確認します。

```
df['y'].max()
```

Out　5653

　上記の値が過去データの最大値であるため、少し余裕を持って5700を上限値とし
て定めましょう。

```
df['cap'] = 5700
```

　しっかりと値が入っているかも確認しておきましょう。

```
df.head()
```

Out

	ds	y	cap
0	2016/04/01 0:00:00	2555	5700
1	2016/04/01 1:00:00	2433	5700
2	2016/04/01 2:00:00	2393	5700
3	2016/04/01 3:00:00	2375	5700
4	2016/04/01 4:00:00	2390	5700

　df['cap']を確認できたところで再度学習させます。

3.3 気象情報を考慮して電力需要を推論してみよう！

```
model2.fit(df)

/usr/local/lib/python3.7/site-packages/fbprophet/forecaster.py:880:
FutureWarning: Series.nonzero() is deprecated and will be removed in a
future version.Use Series.to_numpy().nonzero() instead
  min_dt = dt.iloc[dt.nonzero()[0]].min()
```

Out <fbprophet.forecaster.Prophet at 0x11805bb00>

＋推論

futureにもcapを指定する必要があります。先程と同様に5700を設定しましょう。

```
future['cap'] = 5700

forecast2 = model2.predict(future)

model2.plot(forecast2)
plt.show()
```

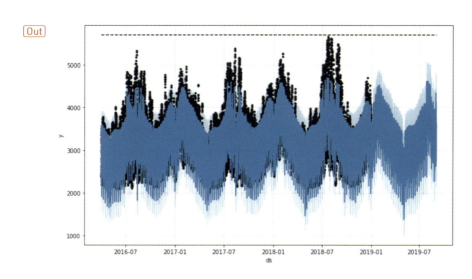

407

```
model2.plot_components(forecast2)
plt.show()
```

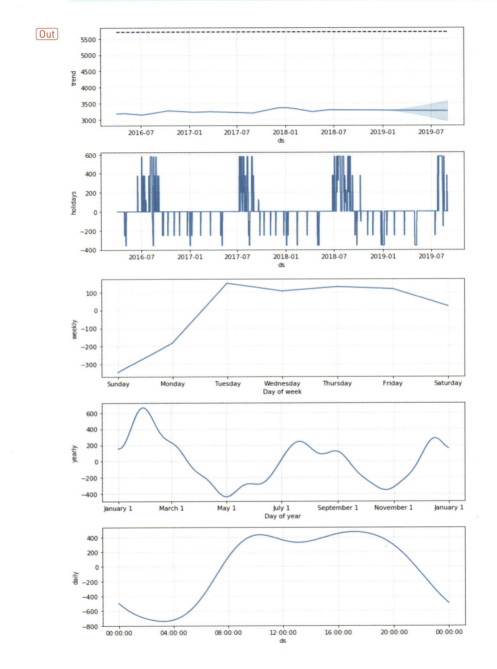

先程と同様にトレンドと各周期性を可視化してみましたが、いかがでしょうか。先程と比較しても大きな変化はないかと思います。

3.3 | 気象情報を考慮して電力需要を推論してみよう！

　一つ異なる点として、イベント日を追加した影響で、holidaysという指標も表示されています。この指標を確認すると、7月が始まったあたり、つまり、猛暑日が増えてくるシーズン近くで値が大きくなっているのを確認できます。

図3.3.59 トレンド指標holidaysをTableauで可視化（2016年〜2019年）

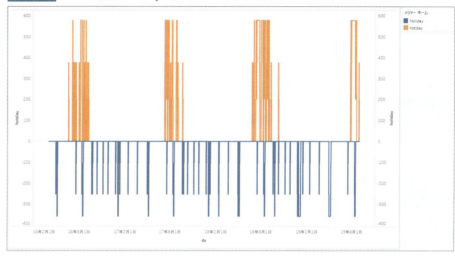

図3.3.60 トレンド指標holidaysをTableauで可視化（2018年）

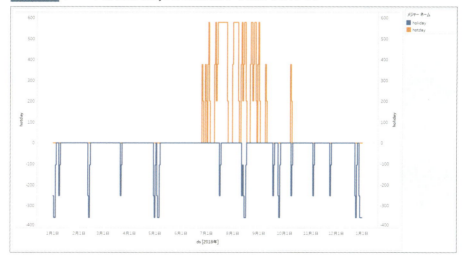

　概ねイメージと相違なく学習することができていそうです。
　Tableau Desktopで可視化するために一度CSVファイルに出力しましょう。

```
forecast2.to_csv("forecast2.csv")
```

◉ Tableau Desktopを使った評価

次に、Tableau Desktopを使ってイベントを考慮した予測値の評価をしてみましょう（グラフの作成方法は1回目と同様です）。

ワークブックのサンプルについては、本書のサポートサイト（https://www.shuwasystem.co.jp/support/7980html/6025.html）からダウンロードしてください。

実績と推論を重ねた折れ線グラフを作成します。青色は実績、オレンジ色はProphetが導き出した予測値です。2016年から2018年までの範囲を可視化すると以下のようになります。先ほどよりオレンジ色の予測値がギザギザしているように見えます。祝日や休日に見られた実績のスパイクが反映されているように見えます。MAPEは6.26%となっており、1回目（イベントを考慮しない）と比較して若干精度が良くなっています（1回目は6.58%でした）。

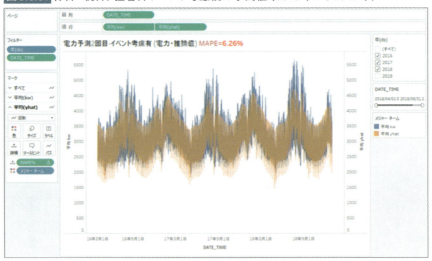

図3.3.61 休日・祝日、猛暑日イベント考慮後の予測値（2016年から2018年）

2018年に絞ってみてみましょう。確かに、お正月、ゴールデンウィーク、お盆についての電力使用量の落ち込みスパイクが反映されましたし、猛暑日についても前回と比べると、スパイクが考慮されているようです。

図3.3.62 休日・祝日、猛暑日イベント考慮後の予測値(2018年のみ)

2018年について、画面左に1回目(イベント考慮なし)と画面右に2回目(イベント考慮あり)を配置し、比較すると、図3.3.61「イベント考慮なし(左)とイベント考慮あり(右)の比較」のようになります。微妙な違いではありますが、実測値の動きに予測値が近づいていることが可視化することで理解できるようになります(Tableauのダッシュボード機能を利用して1回目と2回目のグラフを横に並べています)。

図3.3.63 イベント考慮なし(左)とイベント考慮あり(右)の比較

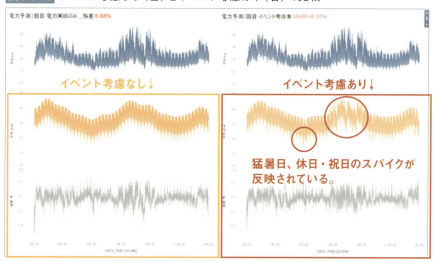

411

上の図で、左がイベントを考慮しない場合の（上から）2018年の実績（青色）、推論(オレンジ色)、誤差%(灰色)の推移となります。

右がイベント（祝日、猛暑日）を考慮した場合の（上から）2018年の実績（青色）（左と同じ）、推論(オレンジ色)、誤差（灰色）となります。

右側の予測値（オレンジ色）では、イベント日が考慮されており、スパイクが反映されています。例えば夏の猛暑日については、もともとなだらかだった推論の推移にとげのような起伏が見られるようになりました（画面右中央、オレンジ色後半、8月あたり）。猛暑日のスパイクに合わせて推論も動いています。2018年一年で見ると、MAPEは 6.37% となりました（先ほどの1回目では6.68%でした）。

では次に、今回もモデルを学習する際に利用しなかった2019年の電力使用量についても確認しましょう。結果としてはMAPEが7.22%なりました。1回目（イベント考慮なし）ではMAPEが19.66%だったので、大幅に推論の精度が向上しました。

図3.3.64 イベント考慮ありのモデルを利用した2019年の予測値

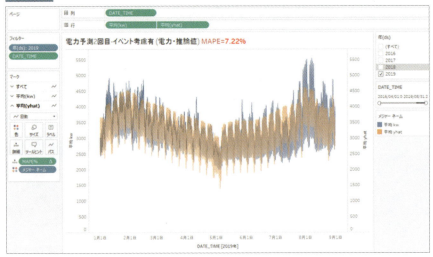

2019年の夏に範囲を絞って、結果を検証してみましょう。2019年は7月の終わりまで梅雨が続き、気温が上がらなかった（下図緑色折れ線参照）ため、7月については実績が推論を下回っているのも興味深い点です。

図3.3.65 イベント考慮ありのモデルを利用した2019年の予測値（7月から8月）

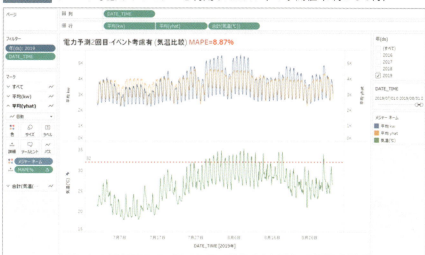

◉ 結論と考察

　ここまで見てきたように、Facebook Prophetを利用して時系列データを学習し、学習データにはない将来の電力需要推論できることを確認しました。またTableau によって予測値と実績の誤差が出る理由を発見し、これをイベントとしてProphetの推論に考慮させることで、推論の精度を高めることに挑戦しました。Tableauによるデータの可視化とドメイン知識の理解から得られる付加情報をProphetに加えることで、更に良いモデルを作成することができることが分かりました。

　Prophetでは、イベント情報（祝休日・猛暑日）の指定などを行い、精度向上のための試行錯誤をしましたが、実際の入力データはすべて**使用電力量**でした。実際に電力量を推論したいのであれば、当日の温度や湿度、直近1ヶ月の平均値などを別途入力データとして入れることが望ましいかと思います。このように入力データを複数入れたい場合は、今回のProphetではなく他の手法を用いる必要があります。
　具体的には、前述した**RNN**（Recurrent Neural Network）を使用するのが良いです。RNNを学ぶにはそのベースとなるディープラーニングを学ぶ必要があります。ディープラーニングと聞くと、どうしても難しいイメージがありますが、重要な部分のみを絞れば実装まで比較的簡単に学ぶことができます。書籍等もたくさん出ていますので、ネクストステップとしてぜひチャレンジしてみてください。

第4章
展望編

ここまでで、実際のデータを使い、
データサイエンスのプロセスを回していくことを体験して来ました。
私たちは「データサイエンス」の扉を開き、その入り口にたどり着きました。
さて、これから更にステップアップし「データサイエンス」の道を更に進んでいくためには、
どのようなことに取り組んでいくべきでしょうか。

4.1 AIとBI連携の重要性

今回本書を通して皆さんに経験していただいたとおり、一連のデータサイエンスのサイクル（CRISP-DM）の中で、データを理解し、準備し、モデルを評価し、またその結果を活用するステップの中で、BIツールを用いれば簡単にそれぞれのステップが実現できることを体感いただけたのではないでしょうか。

例えば、データの理解についても、Python のコードを書いて同様のことを実現するのは可能ではあります。しかしBIツールを使えば簡単なドラッグアンドドロップ操作を数回行うことで、ほぼ考えるスピードと同時に答えが浮かび上がってきます。

データの準備についても、やはりPythonでコーディングすることも可能ですが、ツールを使ってグラフィカルにフローを作成して置けば、どの操作をどの順番で実行したのかが一目瞭然となりますし、データが更新されたとしても同じ操作を何回も再実行することができます。

つまり、データサイエンスのプロセスの中で、楽ができるところはツールの力を使ってどんどん楽をしまえば良いと考えます。楽ができる分、よりスピード感を持ってデータサイエンスのサイクルを何回も、トライアンドエラーを繰り返し回し、ゴールに近づいていくことが重要になります。

4.1 AIとBI連携の重要性

図 **4.1.1** データサイエンスのプロセスサイクル（CRISP-DM）

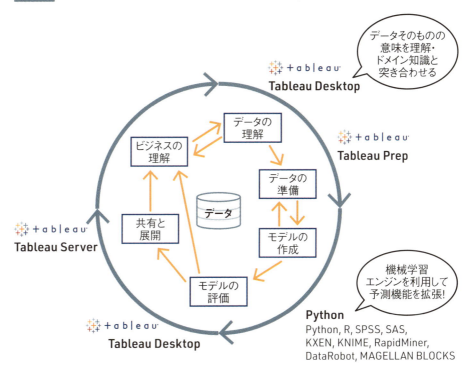

　また、少し観点が変わりますが、今後AIの技術が更に進化していく中で、機械と人間とのインターフェイスとしてのBIも重要性が増すでしょう。データの中から特徴量を素早く見出し、ドメイン知識と結び付け新たな特徴量を作成して機械へのインプットとする（入力フェーズ）と機械からの出力を人間が理解し、アクション可能な形に咀嚼して人間に伝える（出力フェーズ）でBIの利用価値はこれからも重要となるでしょう。

　昔から「百聞は一見に如かず」と言いますが、人間は目で見たものしか信じられなかったりするようです。例えば、機械が予測する結果は数字の羅列としての「予測値」だったり「確率」だったりするかもしれません。
　BIを利用することで、これらの「情報」を棒グラフや折れ線グラフを使って可視化したり、位置情報を使って地図上にマップしたりして「インサイト」に変えることができます。
　人間が見たときにハッと驚いたり、興味や関心を引くような表現方法を工夫し、実

際に人の心を動かすことが出来た時に、初めて機械からのデータが意味持つのではないでしょうか。

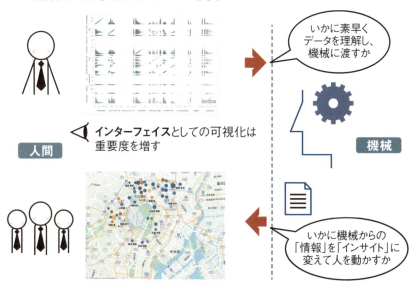

図4.1.2 AIとBIの連携概要

　これからもうまくBIを使って、楽しく、効率的にデータ活用を進めていくことが求められるでしょう。

4.2 データサイエンティストを目指す次のステップとは

第3章の実践編で扱った問題設定である銀行顧客の情報、物件情報、電力使用量、これら3つのデータにおける共通点は一体何でしょうか。そうです、すべてのデータが数値データであり、表データです。表データは元から定量化されている変数が多く、非常に扱いやすいデータです。しかし、実際に話題に上がるデータというのは表データだけではありません。日本語や英語といったテキストデータや画像データなどが挙げられます。

図4.2.1 今まで扱ってきたデータとこれから扱っていくデータ

今まで

表形式のデータ

時系列のデータ

これから

画像やテキストデータ

テキストのことを**自然言語**と呼び、自然言語を扱っていく分野を**自然言語処理**と言います。今まで扱ってきたデータは全て数値データであったため数値に変換するという作業がほとんど必要ありませんでした。しかし、自然言語と画像ともに数値データではありません。さて、どのように自然言語を数値化するのでしょう、画像を数値化するのでしょうか。これらを理解することが次のステップとして重要になります。少しだけ見ていきましょう。

4.2.1 画像

　画像に関しては少し触れましたが、RGBという輝度を表す指標に変換することで画像を数値で扱うことができます。ただし、RGBで表現すると画像は以下のように、縦（列）と横（行）だけではなく奥行きも持った表データとなってしまいます。

図4.2.2 RGB画像の構造

画像

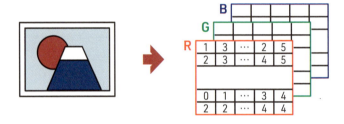

　私たちが今まで扱ってきた行と列を持つ表データとは異なるため、この奥行きを持ったデータに対してのアプローチも考える必要があります。本書では説明を割愛いたしますが、画像の勉強を進めていきたい方は以下のキーワードがヒントになります。

- フィルタ
- CNN（Convolutional Neural Network）

　上記のキーワードについて理解することで画像の扱い方習得に一歩近づきます。画像処理関連の本はたくさん出ていたり、ネット上の記事も豊富に存在しますので、ぜひ一歩学びを進めてみてください。

4.2.2 自然言語

　自然言語、つまり、テキストデータはどのように扱うのでしょうか。画像よりもイメージしにくいですよね。自然言語を数値化する方法の1つである**BoW（Bag of Words）**について少しお伝えしていきます。

4.2 | データサイエンティストを目指す次のステップとは

＋BoW（Bag of Words）

以下の3つの文章の数値化について考えます。

❶私の名前は岩橋です。
❷私は増田と言います。
❸私は今西です。

まずは、文章をそのまま扱うのではなく、以下のように単語単位で分割します。厳密には以下の分割単位を<mark>形態素</mark>と言い、このように形態素単位で分割することを<mark>形態素解析</mark>と呼びます。

図4.2.3 形態素解析のイメージ

私/の/名前/は/岩橋/です/。
私/は/増田/と/言い/ます/。
私/は/今西/です/。

3つの文章で出現した単語を重複なくすべて羅列したのが以下になります。

[私 の 名前 は 岩橋 です 増田 と 言い ます 今西]

上記をもとに、各文章に対し各単語の出現回数をカウントします。

図4.2.4 各単語の出現回数をカウントした数値列

① 私 の 名前 は 岩橋 です 増田 と 言い ます 今西
　1　1　1　1　1　1　0　0　0　0　0

② 私 の 名前 は 岩橋 です 増田 と 言い ます 今西
　1　0　0　1　0　0　1　1　1　1　0

③ 私 の 名前 は 岩橋 です 増田 と 言い ます 今西
　1　0　0　1　0　1　0　0　0　0　1

第4章｜展望編

出現した単語には「1」、出現してない単語には「0」が割り当てられており、各文章を以下のように数値化することができました。

❶私の名前は岩橋です。　→ [1,1,1,1,1,1,0,0,0,0,0]
❷私は増田と言います。　→ [1,0,0,1,0,0,1,1,1,1,0]
❸私は今西です。　→ [1,0,0,1,0,1,0,0,0,0,1]

このように文章を数値化する方法がBoW（Bag of Words）と呼ばれるものとなります。もちろん他にも自然言語を数値化する方法はあり、お伝えすべきことはたくさんあります。今後の参考となるように以下のキーワードをぜひ調べてみてください。

- 形態素解析
- Word2vec
- Seq2Seq（Sequence to Sequence）

column 特徴量エンジニアリング

　画像や自然言語のように数値化されていないデータをどうやって扱っていくかももちろん大事ですが、すでに数値化されている変数から新たな変数を生み出す**特徴量エンジニアリング**を理解していくことも重要です。

　特徴量については触れましたが、特徴量エンジニアリングとは、変数Aと変数Bから新たな変数Cを作るような処理を指します。例えばですが、県の人口数を表す変数Aと県の面積を表す変数Bから、人口密度を表す変数Cを作成するようなことを指します。よく用いられる特徴量エンジニアリングを集めた書籍がでるほど深く重要な内容でもあるので、ぜひこちらも学んでいってみてください。

4.3 データ活用の次のステージ：必要なスキルセットとは

前節では、データサイエンティストとしてのネクストステップについてお伝えしましたが、もう少し大きな枠で捉え、データを活用していくために必要なスキルセットについて考えていきます。

「データ活用」と言っても、データサイエンスに知見のある人だけがいれば良いわけではなく、ビジネスを理解している人、エンジニアリング面を理解している人が必要です。

一般社団法人データサイエンス協会は「データサイエンティストに求められるスキルセット」として、「ビジネス力」「データサイエンス力」「データエンジニアリング力」の3つに分解し定義しています。

図4.3.1 一般社団法人データサイエンス協会が定義する3つの必要なスキルセット

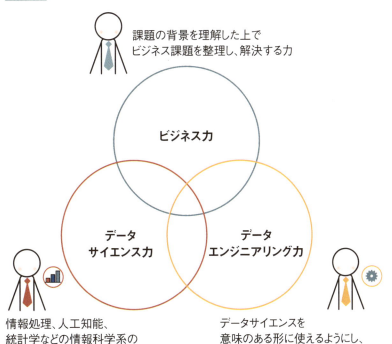

上記3つのスキルを持っている人は少なく、ビジネスは理解できるがデータサイエンスやデータエンジニアリングには疎い人、データサイエンスはできるがビジネスにおける課題解決能力が低い人など、どこかの領域に特化した人は多くいるのが現状です。各スキルに関して少し説明していきたいと思います。

4.3.1 ビジネス力

機械学習などのデータサイエンス領域を学んでいくことは非常に価値のあることですが、どのビジネス課題に対しても機械学習を適用しようとしてしまうのは良くないです。機械学習の様々な手法、精度を上げる方法を知れば知るほどこの落とし穴に陥りがちです。

解決したいビジネス課題があったとき、その課題を解決する1つの手段が機械学習です。実際に機械学習以外にもRPAやBIを使用したり、単純な業務フローの整理を行うだけで課題を解決することができたりする場面が多々あります。

図4.3.2 ビジネス課題の解決においてよくあるパターンと理想

筆者自身、よくお客さんから相談を受けますが、「それってAIじゃなくてBIで良いんじゃないかな？」「業務フローを整理すれば解決できそうな問題だよな」と思うことが多いです。

重要なのは、**本質的な課題を見抜く力**です。いわゆるビジネス力にあたる部分です。表面上の課題に対してのアプローチを考えるのではなく、実際にこの課題は何が原因で起きているのかを考え、それに対し適切なアプローチを取ることです。

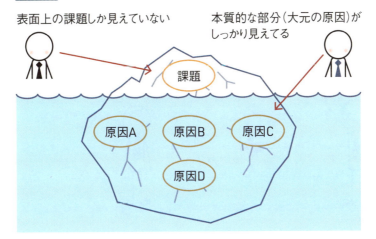

図 4.3.3 課題の表面上しか見えていない人と本質的な原因を突き止めている人

4.3.2 データサイエンス力

　様々なアルゴリズムを知り、精度の高いモデルを作っていくことはもちろん重要ですが、問題設定に応じた適切なアルゴリズムの選択、評価指標の選択を行うことができるのも非常に大事です。

　例えばですが、製造品の異常検知を行いたいという問題設定にて、今まで通り「正常」か「異常」かの分類に取り組んだとしましょう。その際に、いつも使用している指標にて結果を確認してみると、99%という数値がでました。かなり高い数値で喜びたいところですが、実際の推論結果を確認してみるとすべて「正常」だと予測しており、今回の問題設定であった「異常」を見つけるということができていませんでした。

図4.3.4 異常検知の問題設定においてよくある勘違い

　実際に異常検知の問題設定では、サンプルのほとんどが「正常」で、「異常」は全体の1%未満であるということはよくある話です。このような状況では、通常の分類に対する評価指標ではなく、**F値**や**AUC**といった評価指標を用いるのが一般的です。問題設定に応じた評価指標の選択も非常に重要なスキルの1つです。

4.3.3 データエンジニアリング力

　基本的には学習済みモデルを作成することがゴールではなく、作成された学習済みモデルを用いたシステムを構築することが最終着地点になります。機械学習を用いたシステムを構築することで、人手が多くかかっている部分を機械で代替し、人件費を削減するというケースが多々あります。このような際に、大規模なシステムを構築してしまい、運用保守を踏まえるとむしろコストが増加してしまうようなケースも存在します。システムを構築する上で、当初の課題をクリアできる仕組みとなっているかをしっかりと理解しておきましょう。

　また、モデルを日々更新していくための仕組みを構築することも重要です。学習済みモデルを作成後、その都度モデルをアップデートしていくことを**再学習**と呼びます。再学習を前提にしたシステム構築であったり、大規模データを処理していく上で重要な**分散処理**のインフラ構築を行うスキルセットも必要になります。

　さらに、データを扱う上で忘れてはいけないのが**セキュリティ**面です。昨今、情報

漏洩のニュースが問題になることも多く、一度ニュースに出してしまうとその企業の信頼性を一気に下げてしまいます。セキュリティに関連する部分として、**クラウド**と**オンプレミス**も必要スキルとして挙げられます。

AWS（Amazon Web Services）やMicrosoft Azure、GCP（Google Cloud Platform）といったクラウドサービスの登場で、オンプレミス以外の選択肢が出てきました。運用面を考えて適切な選択をしていく必要があります。

このように、データエンジニアリングと一口に言ってもプログラミングができれば良いわけではなく、システム構築に関わる広範囲なスキルを兼ね備えている必要があります。

4.3.4 橋渡し力

「ビジネス力」「データサイエンス力」「データエンジニアリング力」についてお話しましたが、これらすべてのスキルセットを深めていくことはできるのでしょうか？

正直、すべてのスキルセットをプロフェッショナルレベルで深められる人はごく僅かだと思っています。もちろん1つずつ深めていくことも重要ですが、昨今求められているもう1つのスキルも非常に重要だと筆者は思っております。それが**橋渡し力**です。橋渡し人材という用語で良く耳にする「橋渡し」という言葉から取っています。先程紹介した3つのスキルを総合的に持ち、プロジェクトを円滑に進めていくためのコミュニケーション能力といったところでしょうか。

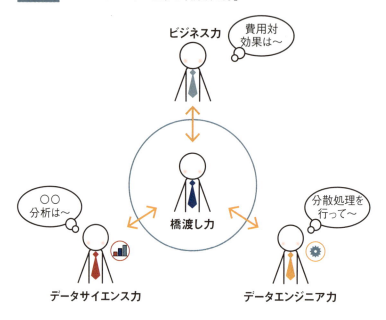

図4.3.5 3つのスキルセットを繋ぐ「橋渡し力」

多くの企業がこの橋渡し力を持った人材を欲しています。

筆者自身、多くの大企業にてAI人材育成のコーディネートを担当いたしましたが、研修後に求める人物像によく挙がってくるのが橋渡し力を持った人材です。AI案件を社内で抱えている企業はたくさんありますが、すべてを社内で回している企業はそこまで多くない印象です。AIの開発・コンサルを行っている会社に外注したりして他社を巻き込んでいる会社がほとんどです。このような状況下、外注へ丸投げしてしまい、プロジェクトがうまくいかず失敗してしまうケースが非常に多いです。実際に関わっている自社の人材はAIについてほとんど知らなかったりします。企業では一刻も早くAI案件を回せる人材を欲しているわけです。データサイエティストの気持ちがわかり、エンジニアの気持ちもわかる、そして、ビジネスをしっかり考えられる人材です。すべてにおいて深い知識を持っている必要はなく、幅広く全体像を把握している、知らなかった技術が出てきても、既存のベースとなる知識のおかげで理解することができる。こういった人材になるには、まずは浅くても構わないので、全体を俯瞰できるようにベース知識を学び徐々に深めていく必要があります。

ミクロな視点で見ると、各領域のプロフェッショナルなスキルを求められていますが、マクロな視点で見た時に多くの企業で求められているのは、この橋渡し力です。

4.4 この次にどこを目指していくべきか

データ活用に必要なスキルセット等をお話しましたが、実際に読者のみなさんが次にどこを目指し何を学んでいくべきかについてお伝えし、この章を終えられればと思います。

どこを目指していくべきであるかは、みなさんが目指したい方向性、現在の立ち位置によって変わると思っています。みなさんは以下のどちらを目指したいでしょうか。

- 横展開型：様々な領域を広く浅く学んでいく
- 縦展開型：1点集中型で深く突き進めていく

筆者自身は、**横展開型**で学んできました。1つのスキルに固執するわけではなく、データサイエンス、データエンジニアリング、ビジネスを広く学んできたからこそ、本書のように一通りの流れをお伝えすることができています。

4.4.1 横展開型：様々な領域を広く浅く学んでいく

横展開型を目指す方はまず、今学んでいる領域、もしくは、一番学びたいと思っている領域の勉強をしてみましょう。

第4章｜展望編

図4.4.1 横展開型の学び方

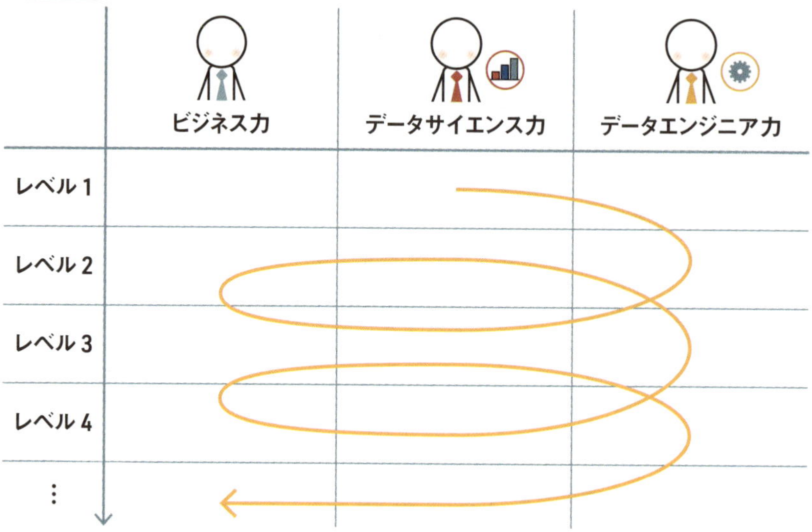

　横展開型の人はまず、書籍やネットの記事、動画講座を参考にプロトタイプの機械学習アプリケーションを作成してみましょう。プロトタイプ作成を行うことで、データサイエンス力、データエンジニアリング力をざっくりと身に付けることができます。もちろん弊社含めた中長期的なスクールに通うのも1つの手段です。

　何かを参考にアプリケーションを作成した後は、自らの周りに生じている問題の中で、機械学習を用いて解決できる課題がないかを探してみてください。ここで、ビジネス力が必要になってきます。機械学習で解決できそうな課題がたくさん出てきたとしても、本当にその課題を機械学習で解決すべきなのか、ベストな解決手段が機械学習を用いる方法なのかをぜひ考えてみてください。色々と考えた上で、やはり機械学習を用いるべきだと思ったら1つ前のステップ同様にアプリケーションまで作成してみましょう。

　「周りに課題なんかないよ」と思う方は、日頃から「不便」や「不満」といった感情がでたときのことをぜひ覚えておいてください。みなさんが感じる「不便」「不満」といったものが実は機械学習を用いて解決できる課題の1つかもしれません。

　最終的には企業案件に入り、問題設定の切り分けから、モデル構築、機械学習アプリケーション作成までを行えるようなポジションを目指しましょう。AIの実務経験

4.4 | この次にどこを目指していくべきか

がなくても、自らプロトタイプを作ったことがある人材を求めているAI開発の企業も存在するので、ぜひチャレンジしてみてください。

4.4.2 縦展開型：
1点集中型で深く突き進めていく

縦展開型を目指す方は、自分の学びたい領域で深く突き進めていきましょう。

図4.4.2 縦展開型の学び方

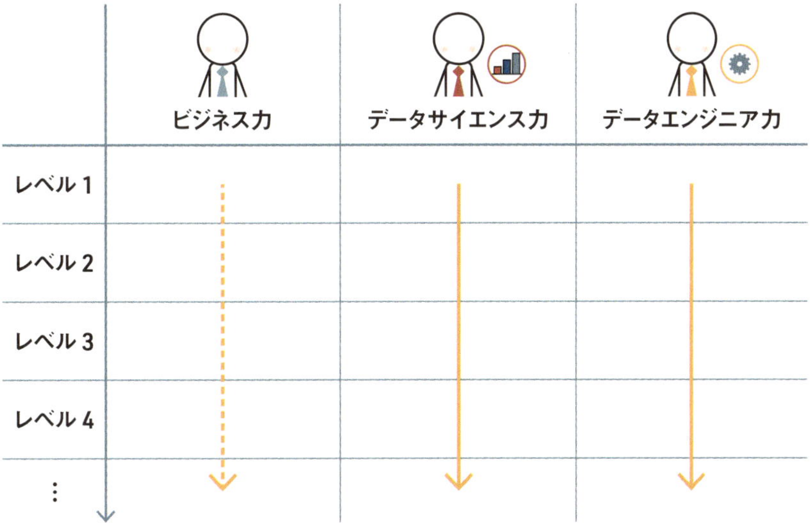

ある一定のレベルまでは、書籍やネット上の記事で学ぶことは可能です。しかし、1点集中型で深く突き進めていくには、それぞれの分野における実務に関与する必要があります。各スキルに応じた深め方について見ていきましょう。

✚ データサイエンス力

データサイエンス力を深めたい方は、KaggleやSIGNATEといったデータ分析コンペティションに参加することをおすすめします。

Kaggleは海外、SIGNATEは国内のサービスです。Kaggleは世界的にも有名なデータ分析コンペティションであり、世界中の人たちが参加して精度を競い合ってい

ます。Kaggleの良いところは、実際の実データを扱いつつ、各コンペティション上位数%の方には、Bronz、Silver、Goldといったメダルが与えられ、各メダルの保持数に応じて、Grandmaster、Master等の称号をもらうことができます。このメダルや称号を必須条件などにして採用募集をかけている企業も多く存在するので、力がついてきたと思ったらぜひチャレンジしてみてください。初学者だから挑戦するのは無理ではないかと思う人もいるかと思いますが、KaggleにはKernelと呼ばれるお手本コードのようなものが存在し、こちらを参考にすることでどうやって問題を解けばいいかがわかるようになります。

✚データエンジニアリング力

データエンジニアリング力を深めたい方はまず、プロトタイプレベルで構わないので、1つの機械学習アプリケーションを作ってみましょう。

1つのアプリケーションを作成してみると気づくのですが、慣れないうちは、思っても見なかった障害、エラーたくさんにぶつかります。このエラーをネットで調べたりし解決していくことでアプリケーション作成の全体像を掴むことができます。1つ作成することができたら、前回の反省を活かし、違うタイプのアプリケーションも作成してみましょう。2、3個のアプリケーションを作成すると理解がかなり深まります。しかし、個人レベルでのプロトタイプアプリケーションはセキュリティ等をそこまで気にする必要なく作成するかと思います。そのように感じたら次の段階です。最近は多くの企業で機械学習システムの開発者を募集しています。大きな経験問わず募集している企業もあるので、ぜひそういった企業に今まで作成したアプリケーションを見せ、アピールしていきましょう。企業案件に入ることができたらよりデータエンジニアリング力を深めることができます。

✚ビジネス力

ビジネス力に関しては正直かなり難しいところです。書籍で学べる部分ももちろんありますが、やはり、まずは実務に入る必要があると感じています。どのように入るのか、さてこれまた難しい問題です。多くの企業では、ビジネスサイドとしてAI案件にアサインする人には、何かしらの経験を求めてくる企業が多いからです。

4.4 | この次にどこを目指していくべきか

　そこで、筆者が提案するのは、==一通りのデータサイエンスとデータエンジニアリングを学ぶこと==です。

　一通りと言っても深く学ぶ必要はないです。全体像を把握し、プロトタイプレベルのアプリケーションを自ら作成したことがあるレベルがイメージしやすいかと思っています。この提案は、弊社（株式会社キカガク）が主に個人向けに提供する6ヶ月間の長期コースの卒業生を見て感じたことです。弊社長期コースでは、データの収集からモデル構築、アプリケーション作成までの一連の流れを複数回繰り返し、最終的には受講生が自ら作成したいアプリケーションを完成させるところまでをサポートします。全体の工程を幅広く学んだことで、AI系の有名企業にビジネス職として転職に成功した方が複数名いらっしゃいました。ビジネス力を深めるにはデータサイエンス力、データエンジニアリング力も持っている必要があると強く実感しました。

4

433

+++ +tableau
+++

Appendix

付　録

ここでは、本書で利用するツールの環境構築の方法や、
基本的な使い方を解説します。

A.1 | Pythonの環境構築

読者のみなさんのPCにPythonが扱える環境を整える必要があります。Windows
とMacの場合で方法が異なるため、別々にお伝えしていきます。

A.1.1 Windowsの場合

✚Pythonのインストール

以下のサイトからAnacondaディストリビューションをインストールしましょう。

https://www.anaconda.com/distribution/

◉Anacondaの利用

通常、Pythonを使う場合はPython本体をインストール後、必要なパッケージをそ
の都度インストールする必要があります。これに対し、AnacondaにはPythonの環境
とPythonでよく利用されるパッケージが最初からインストールされています。

Anaconda 2019.07 for Windows InstallerのPython 3.7 versionをダウンロード
します。

A.1 | Pythonの環境構築

図A.1.1 Anacondaのインストール

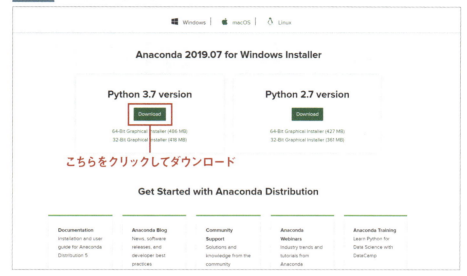

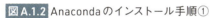
こちらをクリックしてダウンロード

ダウンロード後、ダウンロードしたファイルを開きインストールを進めていきます。以下の画像を参考にしながら進めていきましょう。

図A.1.2 Anacondaのインストール手順①

クリック

Appendix│付　録

図A.1.3 Anacondaのインストール手順②

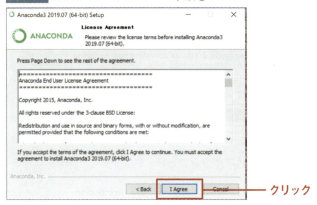

図A.1.4 Anacondaのインストール手順③

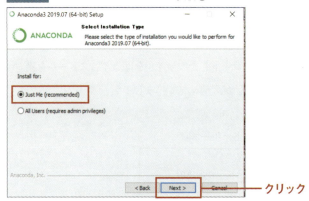

図A.1.5 Anacondaのインストール手順④

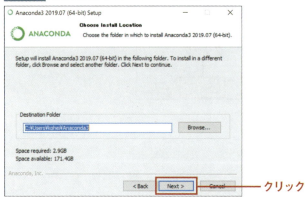

A.1 | Pythonの環境構築

図 A.1.6 Anacondaのインストール手順⑤

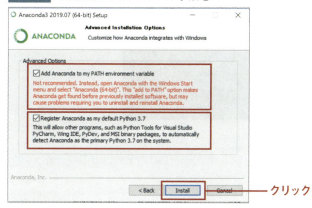

クリック

図 A.1.7 Anacondaのインストール手順⑥

クリック

◉ **インストールできたかの確認**

Windows PowerShellを開き、以下のコマンドを入力してからEnterを押してください。

Windowsの「スタート」メニューで「Power Shell」を検索すると起動メニューがでます。後述するAnaconda Promptを起動してもOKです。

```
python --version
```

439

Appendix｜付　録

図 A.1.8 Pythonがインストールできたかの確認

```
Windows PowerShell
PS C:¥Users¥kohei> python --version
Python 3.7.3
PS C:¥Users¥kohei>
```

　「Python 3.7.3」のようにインストールされたPythonのバージョンが表示されれば
OKです。

＋必要なパッケージのインストール

　最後に、本書を読み進めていくにあたり必要なPythonの便利なツール群をインス
トールしておきましょう。

　Pythonの便利なツール群とは、正式名称で**パッケージ**と呼ばれるものであり、
パッケージに関しては本書内でお伝えしておりますので、説明は割愛いたします。

　Anacondaをインストールしたタイミングで、よく用いるパッケージはすでにインス
トールされております。デフォルトでインストールされていないパッケージをインストー
ルします。

◉PyStanのインストール

　PyStanは**3.3**「気象情報を考慮して電力需要を推論してみよう！」を実施する際
に必要になりますが、それ以前の章ではインストールの必要がありませんので、始め
はこのステップを飛ばしていただいても結構です。

　Prophetという時系列解析向けのパッケージをインストールするためにPyStanをイ
ンストールする必要があります。Windows PowerShellを管理者として実行し、以下
のコマンドを打ちましょう。

```
conda install pystan
```

A.1 Pythonの環境構築

図A.1.9 PyStanのインストール

```
選択Windows PowerShell
PS C:¥Users¥kohei> conda install pystan
Collecting package metadata (current_repodata.json): done
Solving environment: done

## Package Plan ##

  environment location: C:¥Users¥kohei¥Anaconda3

  added / updated specs:
    - pystan

The following packages will be downloaded:
```

以下のように聞かれたら、yを入力しEnterを押しましょう。

```
Proceed ([y]/n) ?
```

◉ Prophetのインストール

Prophetは、**3.3**「気象情報を考慮して電力需要を推論してみよう!」を実施する際に必要になりますが、それ以前の章ではインストールの必要がありませんので、始めはこのステップを飛ばしていただいても結構です。

Prophetは、以下のコマンドでインストールします。

```
conda install -c conda-forge fbprophet
```

以下のように聞かれたら、yを入力しEnterを押しましょう。

```
Proceed ([y]/n) ?
```

◉ インストールされたか確認

2つのパッケージがインストールされたかを確認しましょう。

Windows PowerShellにて「python」と打ち、以下の画像のように「>>>」と表示されたら、以下のコードを1行ずつ打ってください。

```
import pystan
from fbprophet import Prophet
```

441

Appendix | 付　録

図 A.1.10 Prophet のインストール

```
Windows PowerShell
PS C:¥Users¥kohei> python
Python 3.7.3 (default, Apr 24 2019, 15:29:51) [MSC v.1915 64 bit (AMD64)] :: Anaconda, Inc. on win32

Warning:
This Python interpreter is in a conda environment, but the environment has
not been activated.  Libraries may fail to load.  To activate this environment
please see https://conda.io/activation

Type "help", "copyright", "credits" or "license" for more information.
>>> import pystan
>>> from fbprophet import Prophet
ERROR:fbprophet:Importing plotly failed.  Interactive plots will not work.
>>>
```

　「ERROR: ~~」と出ていますが、上記のエラーは特に問題ないので、スルーしていただいて大丈夫です。

　上記のようになればインストール成功なので、準備完了です。

A.1.2 Mac の場合

　大きく分けて以下の流れで進めていきます。

- Homebrewのインストール
- Python3のインストール
- 必要なパッケージのインストール

╋Homebrew のインストール

　まずはHomebrewの公式サイトにアクセスします。

https://brew.sh/index_ja

図 A.1.11 Homebrewのインストール

上記のコードをコピーしてください。

● ターミナルを使用

　Control＋スペース でSpotlightを呼び出し「ターミナル」と検索し、ターミナルというアプリケーションを開いてください。Spotlightをお使いでない方は、Finderのアプリケーションより「ターミナル」を起動してください。

図 A.1.12 ターミナルと検索

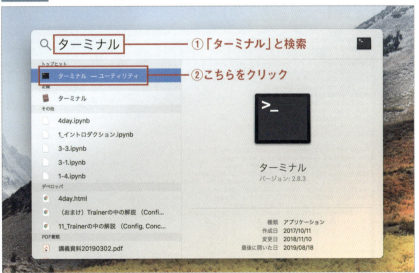

Appendix | 付　録

ターミナルとは、コマンドを用いてMacの操作や設定を行うアプリケーションです。プログラミングを行う際にはよく使うものの、初学者の方にはやや抵抗感のあるツールですが、慣れてくれば非常に便利です。

今回はターミナルの詳しい操作方法に関しては割愛いたします。

先程、Homebrewのサイトにてコピーしたコードをペーストしてreturnを押してください。

図 A.1.13 コードをコピー

図 A.1.14 Homebrewのインストール開始

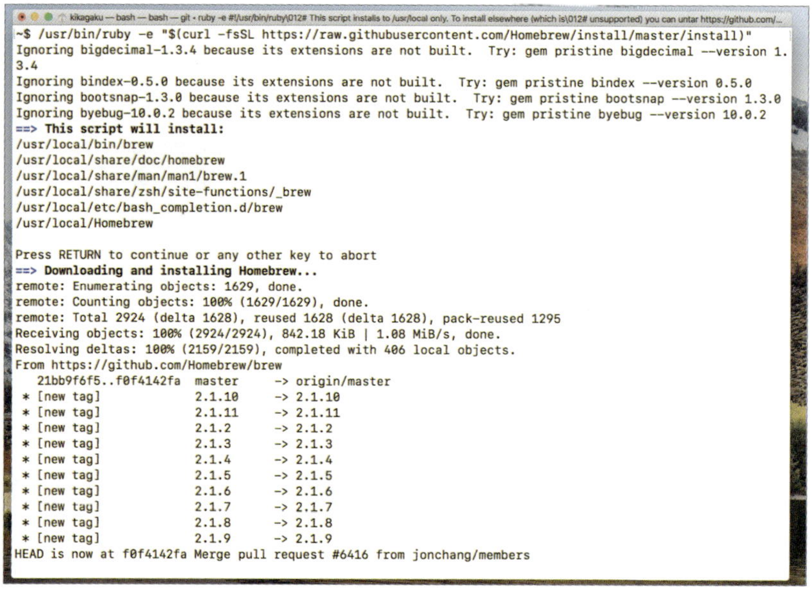

途中で「Press RETURN to continue or any other key to abort」と出てきますので、returnを押して、処理を続けてください。

また、処理中にパスワードの入力を求められると思います。その場合にはMacで設定しているパスワードを入力してください。文字を入力しても反応がないように思いますが、実はちゃんと入力されているので安心してください。パスワードが間違っていなければ次の処理に進むと思います。

◉ Homebrew が入っているかの確認

Homebrew が正しくインストールされているかを確認しましょう。ターミナルにて以下のコマンドを打ってください。

```
which brew
```

図 A.1.15 Homebrew が入っているかの確認

上記のレスポンスはHomebrewの格納先を示しており、無事にインストールされていることが確認できました。

Appendix｜付　録

✚Python3のインストール

◉Python3が入っているかの確認

まずは、Python3が入っているかを以下のコマンドで確認してみましょう。

```
which python3
```

何もレスポンスが返ってこない場合はPython3が入っていないため、以下の手順に沿ってインストールを進めていきます。「/usr/local/bin/python3」のようにレスポンスが返ってきた方は、すでにPython3が入っているため、以下の手順を読み進める必要はありません。

◉HomebrewでPython3をインストール

Homebrewを使用すれば、以下のコマンド一つでインストールが完了します。

```
brew install python3
```

Homebrewは、基本的に以下のようにコマンドを打つことで、様々なソフトウェアを簡単にインストールすることができます。

```
brew install ソフトウェア名
```

様々な処理が走りますが、基本的にはreturnを押して処理を進めてください。

◉インストールできたかの確認

処理完了後、ターミナルにて再度以下のコマンドを打ち、インストールできたかを確認してください。

```
which python3
```

図A.1.16 Pythonが入っているかの確認

上記のようにレスポンスが返ってきていればインストール成功です。

✚ 必要なパッケージのインストール

最後に、本書を読み進めていくにあたり必要なPythonの便利なツール群をインストールしておきましょう。

なお、Pythonの便利なツール群とは、正式名称で**パッケージ**と呼ばれるものであり、パッケージに関しては本書内でお伝えしておりますので説明は割愛いたします。

パッケージのインストールには**pip3**というコマンドを用いますが、こちらはPython3をインストールしたタイミングで一緒にインストールされております。こちらも同様に以下のコマンドで確認してみてください。

```
which pip3
```

レスポンスが返ってくればしっかりとインストールされています。

それでは、いくつかのパッケージをインストールしますが、詳しい説明は本書内で行いますので、まずはインストールだけ先に行っておきましょう。

以下のコマンドを1行ずつターミナルに打ち込んでreturnを押してください。

Appendix | 付 録

```
pip3 install numpy
pip3 install pandas
pip3 install matplotlib
pip3 install pystan
pip3 install fbprophet
pip3 install scikit-learn
```

> **note**
>
> Python 2とPython 3の共存環境ではpipがPython 2、pip3がPython 3にインストールすることとなりますが、Python 3しか入っていなければ、どちらを呼んでも同じです。
>
> pip3 install pystanとpip3 install fbprophetは、**3.3**「気象情報を考慮して電力需要を推論してみよう！」を実施する際に必要になりますが、それ以前の章ではインストールの必要がありませんので、始めは飛ばしていただいても結構です。

図 A.1.17 時系列パッケージ Prophet のインストール

「Successfully installed ~~」と出てくればインストール完了です。全てのパッケージをインストールしてください。

448

A.2 Tabpy Server インストール方法

A.2.1 Windowsの場合

❶ **A.1**「Pythonの環境構築」を参照し、Python環境を構築します。

❷ Anaconda Promptを開きます。Anaconda PromptはWindowsのスタートメニューから「Anaconda3」⇒「Anaconda Prompt」を選択します。

　Windows PowerShell から実行しても同様です。Windows の「スタート」メニューで「Power Shell」を検索すると起動メニューがでます。

図**A.2.1** Anaconda Promptを開く

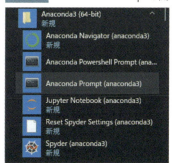

❸ Tabpy環境用のディレクトリ（今回はc:¥tabpy）を作成し、作成したディレクトリに移動します。

```
mkdir c:¥tabpy
cd c:¥tabpy
```

図**A.2.2** Tabpy環境ディレクトリへの移動

Appendix | 付　録

❹ Pythonの仮想環境を利用するため virtualenv をインストールします。

```
pip install virtualenv
```

図 A.2.3 virtualenv のインストール

```
c:\tabpy>pip install virtualenv
Requirement already satisfied: virtualenv in c:\programdata\anaconda3\lib\site-packages (16.7.4)
You are using pip version 10.0.1, however version 19.2.3 is available.
You should consider upgrading via the 'python -m pip install --upgrade pip' command.
```

※ Windows環境でAnacondaを利用している場合、pipが見つからない（パスが通っていないため）場合があります。その場合、「Anaconda Prompt」からpipコマンドを実行してください。

※前提条件としてipykernelのインストールが必要であるというメッセージが出る場合、ipykernel をインストールします。

```
pip install ipykernel
```

図 A.2.4 ipykernel のインストール

```
c:\tabpy>pip install virtualenv
Requirement already satisfied: virtualenv in c:\programdata\anaconda3\lib\site-packages (16.7.4)
notebook 5.4.3 requires ipykernel, which is not installed.
jupyter 1.0.0 requires ipykernel, which is not installed.
jupyter-console 5.2.0 requires ipykernel, which is not installed.
ipywidgets 7.1.1 requires ipykernel>=4.5.1, which is not installed.
You are using pip version 10.0.1, however version 19.2.3 is available.
You should consider upgrading via the 'python -m pip install --upgrade pip' command.

c:\tabpy>pip install ipykernel
Collecting ipykernel
  Using cached https://files.pythonhosted.org/packages/d4/16/43f51f65a8a08addf04f909a0938b06ba1ee1708b398a9282474531bd89
3/ipykernel-5.1.2-py3-none-any.whl
Requirement already satisfied: jupyter-client in c:\programdata\anaconda3\lib\site-packages (from ipykernel) (5.2.2)
Requirement already satisfied: ipython>=5.0.0 in c:\programdata\anaconda3\lib\site-packages (from ipykernel) (6.2.1)
Requirement already satisfied: tornado>=4.2 in c:\programdata\anaconda3\lib\site-packages (from ipykernel) (4.5.3)
Requirement already satisfied: traitlets>=4.1.0 in c:\programdata\anaconda3\lib\site-packages (from ipykernel) (4.3.2)
Requirement already satisfied: jupyter_core in c:\programdata\anaconda3\lib\site-packages (from jupyter-client->ipykerne
l) (4.4.0)
Requirement already satisfied: pyzmq>=13 in c:\programdata\anaconda3\lib\site-packages (from jupyter-client->ipykernel)
(16.0.3)
Requirement already satisfied: python-dateutil>=2.1 in c:\programdata\anaconda3\lib\site-packages (from jupyter-client->
ipykernel) (2.6.1)
Requirement already satisfied: setuptools>=18.5 in c:\programdata\anaconda3\lib\site-packages (from ipython>=5.0.0->ipyk
ernel) (38.4.0)
Requirement already satisfied: jedi>=0.10 in c:\programdata\anaconda3\lib\site-packages (from ipython>=5.0.0->ipykernel)
```

❺ virtualenv によるpythonの仮想環境を作成します（以下の例では my-tabpy-env という名前で作成します）。

```
virtualenv my-tabpy-env
```

図 A.2.5 virtualenvによる仮想環境の作成

```
c:\tabpy>virtualenv my-tabpy-env
Using base prefix 'c:\\programdata\\anaconda3'
  No LICENSE.txt / LICENSE found in source
New python executable in c:\tabpy\my-tabpy-env\Scripts\python.exe
Installing setuptools, pip, wheel...
done.
```

A.2 | Tabpy Server インストール方法

❻作成した環境をアクティベートします。

```
my-tabpy-env¥Scripts¥activate
```

成功すると、プロンプトの先頭に仮想環境がカッコつきで表示されます。

図A.2.6 仮想環境のアクティベート

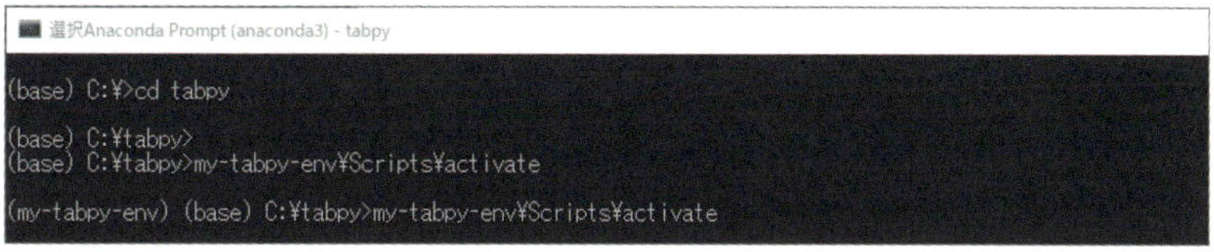

❼最低限必要なモジュールを入れます。

```
pip install numpy
pip install pandas
pip install sklearn
```

❽tabpy をインストールします。

```
pip install tabpy
```

図A.2.7 tabpy のインストール

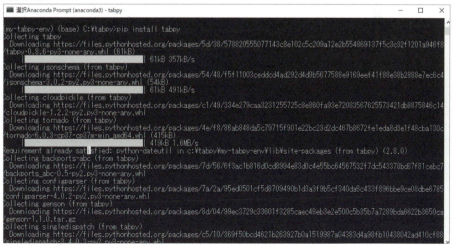

Appendix｜付　録

図A.2.8 tabpyのインストール（続き）

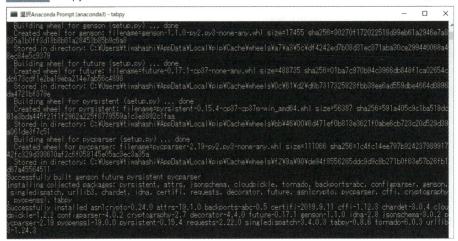

❾ tabpy serverを起動します。

```
tabpy
```

図A.2.9 Tabpy Serverの起動

※ファイアーウォールの警告が出る場合は、アクセスを許可します。

A.2 | Tabpy Server インストール方法

図 A.2.10 ファイアーウォールの警告

❿ Tableau Desktop から Tabpy Server への接続確認をします。

Ⅰ. Tableau Desktop を開き、「ヘルプ」→「設定とパフォーマンス」→「外部サービス接続の管理」を選択します。

図 A.2.11 外部サービス接続

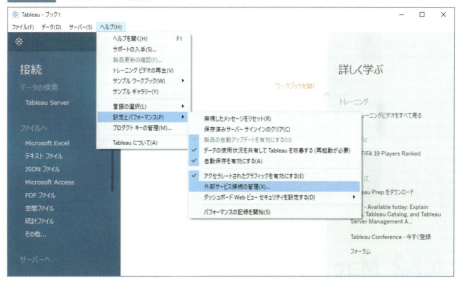

Ⅱ．「Tabpy/External API」、サーバー：http://localhost、ポート:9004が指定されていることを確認し「テスト接続」を実施します。

図A.2.12 外部サービス接続（Tabpy選択）

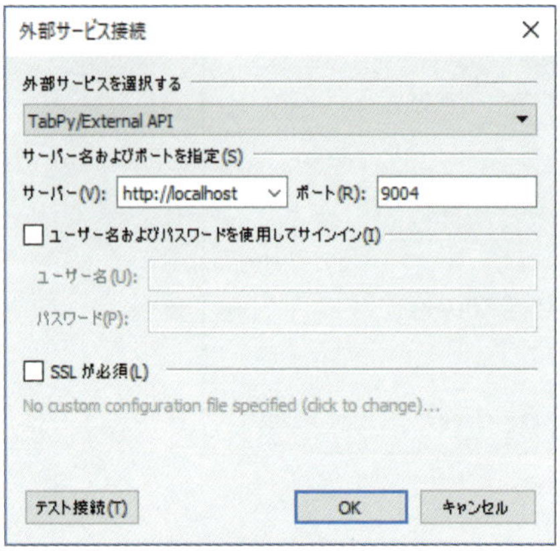

テスト接続が完了することを確認します。

図A.2.13 外部サービス接続（Tabpyテスト接続完了）

A.2.2 Macの場合

❶A.1「Pythonの環境構築」を参照し、Python環境を構築します。

A.2 | Tabpy Server インストール方法

❷ターミナルを開きます。

図 A.2.14 ターミナルを開く

```
●●●                    🏠 iwahashitomohiro — -bash — 80×24
Last login: Sun Sep 29 18:45:19 on ttys000
(base) iwahashitomohironoMacBook:~ iwahashitomohiro$ █
```

❸作業用のディレクトリを作成します。

　ここではユーザーディレクトリの下にtabpyというディレクトリを作ります。作成した
ディレクトリに移動します。

```
mkdir tabpy
cd tabpy
```

図 A.2.15 作業用ディレクトリに移動(MAC)

```
(base) iwahashitomohironoMacBook:~ iwahashitomohiro$ mkdir tabpy
(base) iwahashitomohironoMacBook:~ iwahashitomohiro$ cd tabpy
(base) iwahashitomohironoMacBook:tabpy iwahashitomohiro$ pwd
/Users/iwahashitomohiro/tabpy
```

❹Pythonの仮想環境を利用するため virtualenv をインストールします。

```
pip install virtualenv
```

図 A.2.16 virtualenv のインストール

```
(base) iwahashitomohironoMacBook:tabpy iwahashitomohiro$ pip install virtualenv
Collecting virtualenv
  Downloading https://files.pythonhosted.org/packages/8b/12/8d4f45b8962b03ac9efe
fe5ed5053f6b29334d83e438b4fe379d21c0cb8e/virtualenv-16.7.5-py2.py3-none-any.whl
(3.3MB)
    100% |████████████████████████████████| 3.3MB 4.1MB/s
Installing collected packages: virtualenv
Successfully installed virtualenv-16.7.5
```

❺virtualenv によるpythonの仮想環境を作成します。

455

Appendix│付　録

以下の例では my-tabpy-env という名前で作成します。

```
virtualenv my-tabpy-env
```

図A.2.17 virtualenv 仮想環境の作成

```
(base) iwahashitomohironoMacBook:tabpy iwahashitomohiro$ virtualenv my-tabpy-env

Using base prefix '/Users/iwahashitomohiro/anaconda3'
New python executable in /Users/iwahashitomohiro/tabpy/my-tabpy-env/bin/python
Installing setuptools, pip, wheel...
done.
```

❻作成した環境をアクティベートします。

```
source my-tabpy-env/bin/activate
```

成功すると、プロンプトの先頭に仮想環境がカッコつきで表示されます。

図A.2.18 virtualenv 仮想環境のアクティベート

```
You must source this script: $ source my-tabpy-env/bin/activate
(base) iwahashitomohironoMacBook:tabpy iwahashitomohiro$ source my-tabpy-env/bin/
/activate
(my-tabpy-env) (base) iwahashitomohironoMacBook:tabpy iwahashitomohiro$
```

もし「-bash: my-tabpy-env/bin/activate: Permission denied」というメッセージ
が出る場合は、activate に実行権限を与えます。

```
chmod a+x my-tabpy-env/bin/activate
```

図A.2.19 activateファイルへの権限追加

```
(base) iwahashitomohironoMacBook:tabpy iwahashitomohiro$ chmod a+x my-tabpy-env/bin/activat
e
(base) iwahashitomohironoMacBook:tabpy iwahashitomohiro$ ls -l my-tabpy-env/bin/activate
-rwxr-xr-x  1 iwahashitomohiro  staff  2231  9 29 18:58 my-tabpy-env/bin/activate
(base) iwahashitomohironoMacBook:tabpy iwahashitomohiro$
```

❼最低限必要なモジュールを入れます。

```
pip install numpy
pip install pandas
```

A.2 | Tabpy Server インストール方法

```
pip install sklearn
```

❽ tabpy をインストールします。

```
pip install tabpy
```

❾ tabpy server を起動します。

```
tabpy
```

図A.2.20 tabpy Server の起動

```
●●●                      tabpy — tabpy — 91×43
(my-tabpy-env) (base) iwahashitomohironoMacBook:tabpy iwahashitomohiro$ tabpy
2019-09-29,19:12:48 [DEBUG] (app.py:app:203): Parameter port set to "9004" from default val
ue
2019-09-29,19:12:48 [DEBUG] (app.py:app:203): Parameter server_version set to "0.8.6" from
default value
2019-09-29,19:12:48 [DEBUG] (app.py:app:203): Parameter evaluate_timeout set to "30" from d
efault value
2019-09-29,19:12:48 [DEBUG] (app.py:app:203): Parameter upload_dir set to "/Users/iwahashit
omohiro/tabpy/my-tabpy-env/lib/python3.6/site-packages/tabpy/tmp/query_objects" from defaul
t value
2019-09-29,19:12:48 [DEBUG] (app.py:app:203): Parameter transfer_protocol set to "http" fro
m default value
2019-09-29,19:12:48 [DEBUG] (app.py:app:209): Parameter certificate_file is not set
2019-09-29,19:12:48 [DEBUG] (app.py:app:209): Parameter key_file is not set
2019-09-29,19:12:48 [DEBUG] (app.py:app:203): Parameter state_file_path set to "/Users/iwah
ashitomohiro/tabpy/my-tabpy-env/lib/python3.6/site-packages/tabpy/tabpy_server" from defaul
t value
2019-09-29,19:12:48 [DEBUG] (app.py:app:265): File /Users/iwahashitomohiro/tabpy/my-tabpy-e
nv/lib/python3.6/site-packages/tabpy/tabpy_server/state.ini not found, creating from templa
te /Users/iwahashitomohiro/tabpy/my-tabpy-env/lib/python3.6/site-packages/tabpy/tabpy_serve
r/state.ini.template...
2019-09-29,19:12:48 [INFO] (app.py:app:269): Loading state from state file /Users/iwahashit
omohiro/tabpy/my-tabpy-env/lib/python3.6/site-packages/tabpy/tabpy_server/state.ini
2019-09-29,19:12:48 [DEBUG] (app.py:app:203): Parameter static_path set to "./" from defaul
t value
2019-09-29,19:12:48 [DEBUG] (app.py:app:281): Static pages folder set to "/Users/iwahashito
mohiro/tabpy"
2019-09-29,19:12:48 [DEBUG] (app.py:app:209): Parameter TABPY_PWD_FILE is not set
2019-09-29,19:12:48 [INFO] (app.py:app:300): Password file is not specified: Authentication
 is not enabled
2019-09-29,19:12:48 [DEBUG] (app.py:app:203): Parameter log_request_context set to "false"
from default value
2019-09-29,19:12:48 [INFO] (app.py:app:316): Call context logging is disabled
2019-09-29,19:12:48 [INFO] (app.py:app:89): Initializing TabPy...
2019-09-29,19:12:48 [DEBUG] (selector_events.py:selector_events:54): Using selector: Kqueue
Selector
2019-09-29,19:12:48 [INFO] (callbacks.py:callbacks:42): Initializing TabPy Server...
2019-09-29,19:12:48 [DEBUG] (state.py:state:147): Collected endpoints: {}
2019-09-29,19:12:48 [INFO] (app.py:app:92): Done initializing TabPy.
2019-09-29,19:12:48 [INFO] (callbacks.py:callbacks:62): Initializing models...
2019-09-29,19:12:48 [DEBUG] (state.py:state:147): Collected endpoints: {}
2019-09-29,19:12:48 [INFO] (app.py:app:84): Web service listening on port 9004
```

ネットワーク接続許可を求められる場合は「許可」をクリックします。

457

図A.2.21 ネットワーク受信接続許可

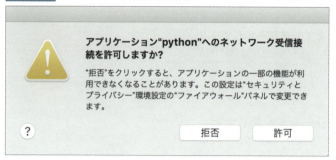

❿ Tableau DesktopからTabpy Serverへの接続確認をします。

　最新のTabpyインストール情報については、以下のGitHubページを参照してください。

Running TabPy in Python Virtual Environment

https://github.com/tableau/TabPy/blob/master/docs/tabpy-virtualenv.md

A.3 Tabpy 利用方法の基礎

Tabpyを使用するとTableauからデータを渡し、Pythonにて計算処理をさせることが可能です。

ここでは、Tabpyを使用してTableauからデータをPythonに送信し、Pythonで処理された計算結果を再びTableauで表示してみましょう。

Tableau + Python 連携では下の流れで処理が行われます。

❶ Tableau から Tabpy サーバーに入力データを送る。
❷ Tableau の計算フィールドに書かれた Python スクリプトを実行する。
❸ Tableau が計算された結果を受け取って新しいメジャーまたはディメンションとして表示する。

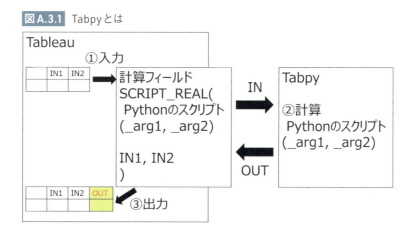

図 A.3.1 Tabpyとは

Tabpyの理解を深めるために、実際にTabpyに計算を実行させる計算式を作成してみましょう。

Appendix｜付　録

A.3.1 Tabpy Serverの起動と接続確認

❶ **Tabpyを起動します。A.2**「Tabpy Serverインストール方法」を参照してください。
　Anaconda Promptにて「cd c:¥tabpy」「my-tabpy-env¥Scripts¥activate」「tabpy」で起動できましたよね。

図 A.3.2 Tabpy Serverの起動

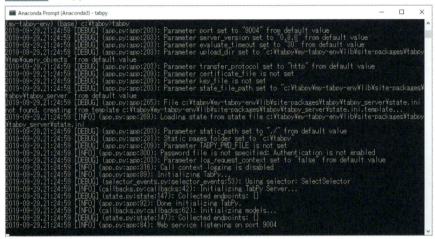

❷ Tableau Desktopを起動します。

❸「ヘルプ」→「設定とパフォーマンス」→「外部サービス接続の管理」を選択します。

図 A.3.3 外部サービス接続管理

460

❹「Tabpy/External API」、サーバー：http://localhost、ポート:9004でが指定されていることを確認し「テスト接続」を実施します。

図A.3.4 外部サービス接続

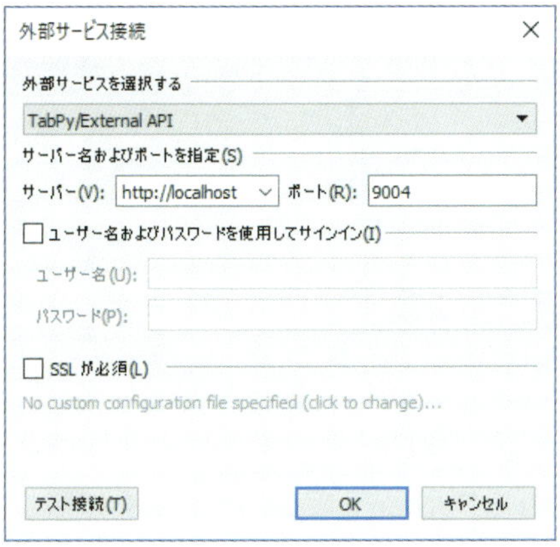

正常に接続できることを確認します。

図A.3.5 外部サービスへの正常接続

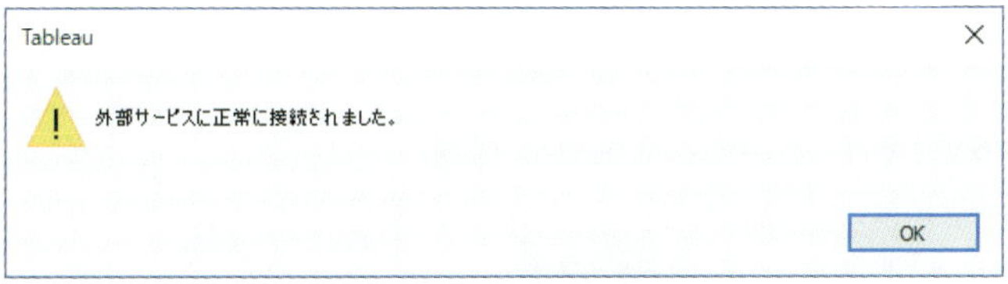

A.3.2 Tabpy Desktop から Python スクリプトを実行する

❶本書のサポートサイト（https://www.shuwasystem.co.jp/support/7980html/6025.html）から、「Tabpyの基礎.twbx」をダウンロードして、Tableau Desktop から開きます。

　以下のように「外部スクリプトを使用する計算フィールドが含まれる」という趣旨のメッセージが表示されます。OKをクリックします。

図A.3.6 外部サービスのスクリプトの実行確認画面

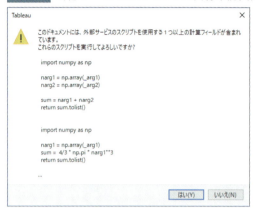

このワークブックの中には、太陽系の惑星ごとの半径の値が格納されています。

このデータを使用して、TableauでPythonを呼び出す部分を体験してみましょう。

❷「惑星の半径や外周を確認」シートにて、ディメンション「惑星」を行に、メジャー「半径(単位:1,000km)」をテキストにドラッグします。

メジャーの名前にも記載がありますが、太陽の半径は約70万kmですので、単位は1,000kmのデータとなっています。

図A.3.7「惑星」を行に、「半径」をテキストに設定

❸では、半径のデータから外周をPythonで計算して表示させる計算フィールドを作成してみましょう。

「半径(単位:1,000km)」を右クリックして、「作成」→「計算フィールド」を選択してください。

A.3 | Tabpy 利用方法の基礎

図 A.3.8 計算フィールド作成

計算フィールドの中に以下を記載してみましょう。円周は2 × π × 半径でしたね。

- 計算フィールド名：外周 (2πr)

```
SCRIPT_REAL( //外部サービスを呼び出すことを宣言（返り値はREAL型）

//Pythonコードをここに書く。

'
 import numpy as np
 a_arg1 = np.array(_arg1) #"_arg1"でTableauからの入力を受け取る。
 periphery = 2 * np.pi * a_arg1 #円周=2πr
 return periphery.tolist() #tolist でリスト型に変更する
'

//Pythonコードの終わり

,

SUM([半径(単位:1,000km)])) //Tableauからの入力
```

> **note**
> 上記の計算フィールドについて。
> // 以降はTableau 計算フィールドのコメントですので、省略可能です。
> # 以降はPythonのコメントですので、省略可能です。

図 A.3.9 外周（2πr）の計算式

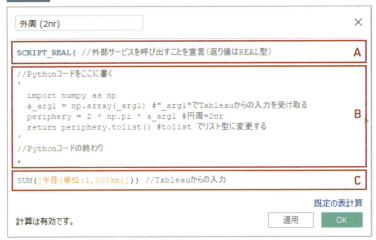

- （A）SCRIPT_REAL は Tabpy を経由して Python コードを実行し、その返り値が REAL 型（浮動小数点数）であることを宣言しています。
- （B）次のセクションで Python コードを記述します。
- （C）Tableau から入力するメジャーを記載します。

❹ 作成した計算フィールド「外周（2πr）」をダブルクリックすると、「半径（単位:1,000km」の隣に惑星の外周が表示されます。

図 A.3.10 惑星の半径と外周

無事に「Pythonで計算した」惑星の外周を表示することができましたね。

A.3.3 Pythonコードの中で何が行われているか確認する

ここからはJupyter Notebookを起動して、Tableauの計算フィールドに記述したPythonコードがどのように動いているのかを、ステップバイステップで確認してみましょう。

> **note**
> 起動方法が分からない方は以下のどちらかを試してみてください。
> (a) terminalやPowerShell等でjupyter notebookを起動してください。
> (b) Windowsのプログラムの中から「Anaconda 3(64-bit)」→「Jupyter Notebook (Anaconda3)」を選択してみてください。

起動できましたら、「New」から「Python 3」を選択してください。

図A.3.11 Jupyter Notebook

すると入力画面が表示されますので、以下のコードを入力してみてください。

```
#Tableau からの入力を想定するradiusには惑星の半径データが入っているとします。
r = [690.00,2.44,6.05,6.38,3.40,71.49]
```

入力できましたら、Shift +リターンキーを押下してください。

図A.3.12 半径データの入力

次は以下のコードを入力して、同じようにShift＋リターンキーを押下してください。

```
#r はlist型です
type(r)
```

図A.3.13 半径データの型の表示

続けて以下のコードを入力してみましょう。Shift＋リターンキーを押下するところは以下同様です。

```
# Tableau の計算フィールドの中でどんなことが起こっているのかイメージを確認していきましょう。

#numpyをimportします。
import numpy as np
```

図A.3.14 numpyライブラリの読み込み

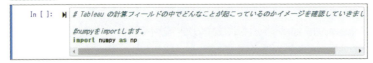

以下のコードでTableauからの入力を受け取っています。

```
#"_arg1"でTableauからの入力を受け取ります。
```

A.3 | Tabpy 利用方法の基礎

```
_arg1 = r
```

図A.3.15 Tableauからの入力の受取

```
In [ ]:    #"_arg1"でTableauからの入力を受け取ります。
           _arg1 = r
```

list 型のままでは計算ができません。

例えば 2 *list型 とすると、数列が2倍の長さになってしまいます。

```
#list型を2倍にした場合のテスト
print(2 * _arg1 )
```

図A.3.16 list型の掛け算

```
In [5]:    #list型を2倍にした場合のテスト
           print(2 * _arg1 )

           [690.0, 2.44, 6.05, 6.38, 3.4, 71.49, 690.0, 2.44, 6.05, 6.38, 3.4, 71.49]
```

list型のままでは計算できないことが確認できましたね。

では計算を行うためにarray型に変換してみましょう。

```
# 一度  numpyのarray 型に変換します。
a_arg1 = np.array(_arg1)
type(a_arg1)
```

図A.3.17 array型に変換

```
In [6]:    # 一度  numpyのarray 型に変換します。
           a_arg1 = np.array(_arg1)
           type(a_arg1)

   Out[6]:  numpy.ndarray
```

外周（円周）＝2× π × 半径でしたね。

```
#外周: periphery は  2 * (arrayに変換した)半径r * π(pi) です。
periphery = 2 * a_arg1 * np.pi
```

Appendix | 付　録

図 A.3.18 外周の計算

```
In [ ]: ▶ #外周: periphery は 2 * (arrayに変換した)半径r * π(pi) です。
           periphery = 2 * a_arg1 * np.pi
```

計算した外周の中身を確認してみましょう

```
#periphery（外周）の中身を見てみます。
print(periphery)
```

図 A.3.19 外周の計算結果

```
In [8]: ▶ #periphery (外周) の中身を見てみます。
           print(periphery)

           [4335.39786195   15.33097215   38.01327111   40.08672226   21.36283004
             449.18491761]
```

実は、Tableauに返す際には、再度list型に変換する必要があります。
こちらはルールになっております。

```
# もう一度list型に変更します。
l_periphery = periphery.tolist()
type(l_periphery)
```

図 A.3.20 list型への再変更

```
In [9]: ▶ # もう一度list型に変更します。
           l_periphery = periphery.tolist()
           type(l_periphery)

Out[9]: list
```

list型に変換した後の値を確認してみましょう。この値がTableauのメジャーとなります。

```
#中身には外周 2 * π(pi) * r(半径)が計算されています。これらの値がTableauのメジャー
として帰るイメージです。

#外周
print(l_periphery)
```

A.3 | Tabpy 利用方法の基礎

図 A.3.21 外周

```
In [10]:   #外周
           print(l_periphery)

           [4335.397861953915, 15.33097214951819, 38.0132711084365, 40.08672225980576, 21.362830
           044410593, 449.1849176102686]
```

　一連の処理を関数としてまとめてみましょう。def以降の行はTabでインデントしておきましょう。

```
#関数化
def l_periphery(_arg1) :
    import numpy as np
    a_arg1 = np.array(_arg1) #"_arg1"でTableauからの入力を受け取る
    periphery= 2 * a_arg1 * np.pi
    return periphery.tolist() #tolist でリスト型に変更する
```

図 A.3.22 関数

```
In [ ]:   #関数化
          def l_periphery(_arg1) :
              import numpy as np
              a_arg1 = np.array(_arg1) #"_arg1"でTableauからの入力を受け取る
              periphery= 2 * a_arg1 * np.pi
              return periphery.tolist() #tolist でリスト型に変更する
```

　関数にr（半径）を代入していると考えると分かりやすいかもしれませんね。

```
#計算結果
print(l_periphery(r))
```

図 A.3.23 関数の呼び出し結果

```
In [12]:   #計算結果
           print(l_periphery(r))

           [4335.397861953915, 15.33097214951819, 38.0132711084365, 40.08672225980576, 21.362830
           044410593, 449.1849176102686]
```

　以上でTabpy連携にてTableauからPythonコードが実行される仕組みを理解できたかと思います。

　同様にして、惑星の表面積（4×π×半径の2乗）も計算可能です。

図 A.3.24　惑星の表面積の計算式

また、体積（4/3×π×半径の3乗）も計算できます。

図 A.3.25　惑星の表面積の計算式

惑星ごとの体積を可視化することもできますね。

全て表示すると太陽がとても大きく、惑星はとても小さいことがわかります。

「惑星」シートに移動して、行に「体積」、列に「半径」を設定して、「惑星」を色とラベルに設定してみましょう。

仕上げに「体積」をサイズにも設定してみましょう。マークを「円」に変更して、色やサイズを微調整すると以下のようになります。

図 A.3.26 惑星の体積の可視化

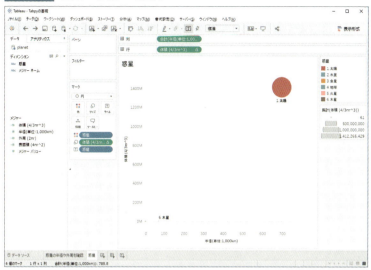

太陽や木星はかなり大きいので、「惑星」フィルタに設定して太陽と木星を除外してみましょう（「惑星」をフィルタにドラッグ＆ドロップして、「1.太陽」「6.木星」のチェックマークを外してみてください）。

図 A.3.27 惑星の体積の可視化（太陽と木星を除外）

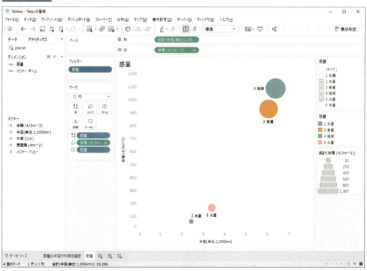

以上です。Tabpyを利用してPythonコードを実行するための基礎知識を学習しました。

A.4 | Tabpy Client 実行の仕方

Tabpy連携を行うときに、Tableauの計算式にたくさん処理を書かなければいけない場合や、前もって訓練データから学習したモデルを再利用したい場合があります。そのような時はTabpy Clientを利用すると、事前に定義した関数をTabpy Server上に保存（deploy）し、クライアントからこれを呼び出して再利用することができます。

利用のステップは以下になります。

❶ Tabpy を起動する
❷ Jupyter notebook で事前に関数を定義し、Tabpy にデプロイする
❸ Tabpy にデプロイされた関数にインプットを代入する計算フィールドを
　 Tableau Desktopで作成する
❹ Tabpy からの戻り値を可視化に利用する

次に具体的なステップを見ていきましょう。

まず下準備として、利用するPython環境に tabpy-client がインストールされている必要があります。Anaconda Promptにて「cd c:¥tabpy」「my-tabpy-env¥Scripts¥activate」実行後に以下のコマンドを入力し、tabpy-clientをインストールしておきます。

Windows PowerShellから実行しても同様です。

```
pip install tabpy-client
```

✚仮想環境のアクティベート

A.2「Tabpy Serverインストール方法」で利用したTabpy 用の仮想環境をアクティベートし、この仮想環境にtabpy-client をインストールしましょう！

Windowsの場合

```
my-tabpy-env¥Scripts¥activate
```

Macの場合

```
source my-tabpy-env/bin/activate
```

図 A.4.1 Tabpy Clientのインストール

次に、簡単な2つの入力を足して結果を返す関数を定義してみましょう。

A.4.1 Tabpyを起動する

　Tabpyのインストールと起動方法は**A.2**「Tabpy Serverインストール方法」を参照してください。Anaconda Promptにて「cd c:¥tabpy」「my-tabpy-env¥Scripts¥activate」「tabpy」で起動できましたよね。

　新しいコマンドプロンプト、またはターミナルをTabpy Server起動用に開き、tabpyコマンドで起動します。

Appendix | 付　録

図 A.4.2 Tabpyの起動

A.4.2 Jupyter Notebookで事前に関数を定義しTabpy Serverにデプロイする

Jupyter Notebookを開いてください。

> **note**
> 起動方法が分からない方は以下のどちらかを試してみてください。
> (a) terminalやPowerShell等でjupyter notebookを起動してください。
> (b) Windowsのプログラムの中から「Anaconda 3(64-bit)」→「Jupyter Notebook (Anaconda3)」を選択してみてください。

起動できましたら、「New」から「my-tabpy-env」を選択してください。

A.4 | Tabby Client 実行の仕方

図A.4.3 Jupyter Notebook

※ Jupyter Notebookに「my-tabpy-env」が適用されていない場合は、以下のコマンドを実行してください。

```
ipython kernel install --user --name=my-tabpy-env
```

図A.4.4 Jupyter Notebookへの「my-tabpy-env」の適用

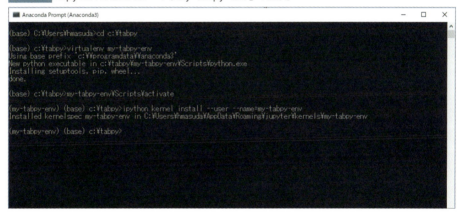

tabpy_clientをimportし、接続先のTabpyを指定してみましょう。

以下のコードを入力してみてください。

```
#ライブラリのインポート
import tabpy_client
#Tabpy Server 接続先アドレス、ポートを指定
client = tabpy_client.Client('http://localhost:9004/')
```

Appendix｜付　録

図A.4.5 ライブラリのインポート

```
In [ ]:   ▶   #ライブラリのインポート
              import tabpy_client
              #Tabpy Server 接続先アドレス、ポートを指定
              client = tabpy_client.Client('http://localhost:9004/')
```

　足し算をするための「add」という関数を定義します。最後の行の「.tolist」でlist型に変換するのは、Tabpy連携でTableauから可視化する際のルール（リスト型で返すという決まり）なので、こういうものということで扱います。

　def以降の行はTabでインデントしておきましょう。

```
#簡単な足し算をする関数を定義
def add(x,y):
    import numpy as np
    return np.add(x, y).tolist()
```

図A.4.6 関数の定義

```
In [ ]:   ▶   #簡単な足し算をする関数を定義
              def add(x,y):
                  import numpy as np
                  return np.add(x, y).tolist()
```

　Tabpyに「add」という名前で作成した関数（エンドポイント）を保存（deploy）します。override = True としておくと何度も上書きでデプロイできます。

```
#デプロイの実施
client.deploy('add', add, 'Adds two numbers x and y',override=True)
```

図A.4.7 デプロイ

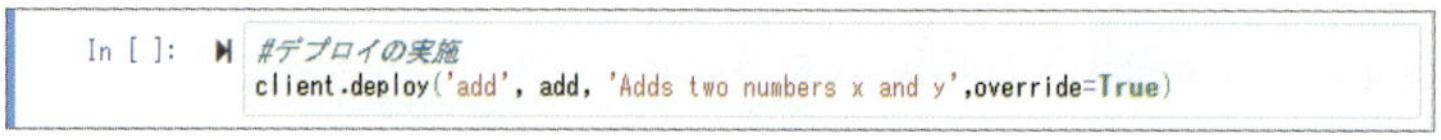

```
In [ ]:   ▶   #デプロイの実施
              client.deploy('add', add, 'Adds two numbers x and y',override=True)
```

　関数が機能するか試してみましょう。

　例えば以下のように「client.query( )」でインプットを代入し、結果を［'response'］で得ます 。

```
# x と y に適当な値を入れる
x = [6.35, 6.40, 6.65, 8.60, 8.90, 9.00, 9.10]
```

```
y = [1.95, 1.95, 2.05, 3.05, 3.05, 3.10, 3.15]

# デプロイした関数にxとyを私足し算した結果をresultで受け取る
results = client.query('add', x, y)['response']
```

図 A.4.8 add関数のテスト

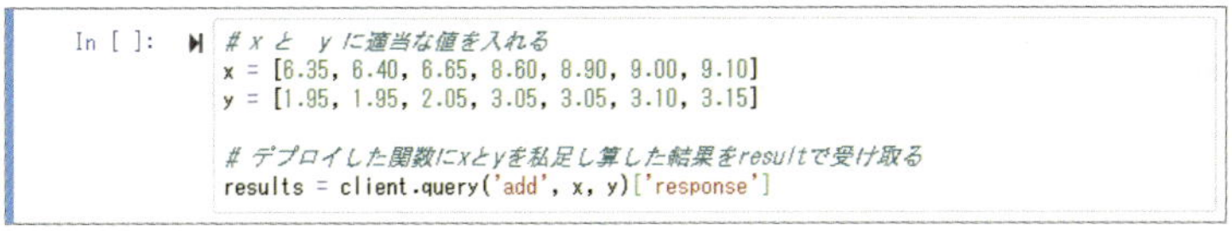

```
In [ ]:  ▶  # x と  y に適当な値を入れる
            x = [6.35, 6.40, 6.65, 8.60, 8.90, 9.00, 9.10]
            y = [1.95, 1.95, 2.05, 3.05, 3.05, 3.10, 3.15]

            # デプロイした関数にxとyを私足し算した結果をresultで受け取る
            results = client.query('add', x, y)['response']
```

results には足し算した結果が入っています。確認してみましょう。

```
results
```

図 A.4.9 result

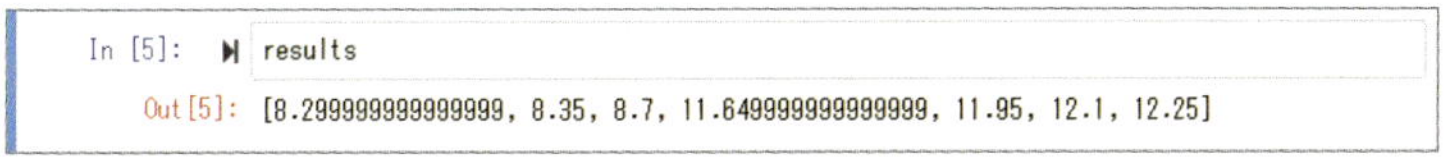

```
In [5]:  ▶  results
   Out[5]:  [8.299999999999999, 8.35, 8.7, 11.649999999999999, 11.95, 12.1, 12.25]
```

出力が「8.30」ではなく「8.299999999999999」となっているのは、浮動小数点のためです。

次に型を確認してみましょう。

```
type(results)
```

図 A.4.10 result の型の確認

```
In [ ]:  ▶  type(results)
```

リスト型で返されていることがわかりますね。

A.4.3 Tableau Desktopでの計算式の作成

デプロイされたPythonコードを確認するために、Tableau Desktopを起動して、サポートサイト（https://www.shuwasystem.co.jp/support/7980html/6025.html）

Appendix 付 録

からダウンロードした「TabpyClientの利用方法.twbx」のファイルを開いてみましょう。外部サービスに関するメッセージが表示されたら「はい」を選択してください。

次に計算フィールド「tabpy_query_足し算」を作成し、Tabpy Serverにデプロイされた関数「add」を呼び出し、xとyを入力として代入します。

計算フィールド名：tabpy_query_足し算

内容：
```
SCRIPT_REAL(
"
return tabpy.query('add',_arg1,_arg2)['response']
"
,
SUM([x]), SUM([y])
)
```

図A.4.11 Tabpy Clientを使用した足し算の計算フィールド

A.4.4 Tabpy Serverからの戻り値を可視化に利用

ステップは以下の通りです。

❶「ID」を行にドラッグします。
❷「x」をダブルクリックすると自動的にテキストとして表示されます。
❸「y」をダブルクリックすると自動的にテキストとして表示されます。
❹「tabpy_query_足し算」をダブルクリックすると自動的にテキストとして

表示されます。

❺「幅を合わせる」に設定します。

Tableauのワークシートに結果を表示します。x、y、そしてx と y を足し合わせた（Tabpy Serverにデプロイされた関数を通して返された）結果が表示されています。

図 A.4.12 Tabpy Client を使用した簡単な足し算

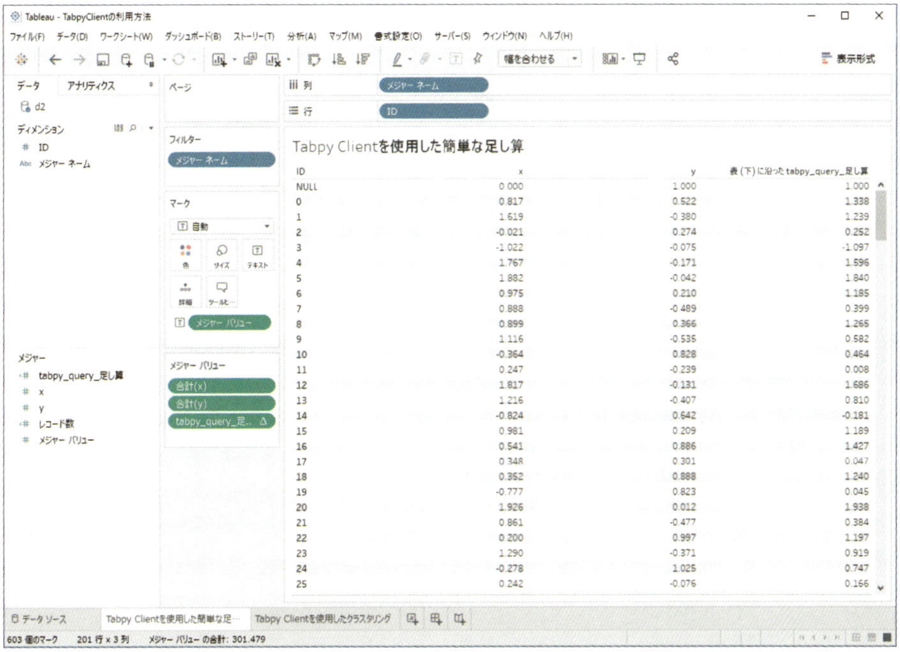

もう一つ、例を取り上げてみます。

次はDBSCAN (Density-based spatial clustering of applications with noise) というアルゴリズムを使ったクラスタリングの例です。

このような入り組んだ半月型をクラスタリングしてみます（次ページは完成図のイメージです）。

図A.4.13 DBSCANによるクラスタリング完成図

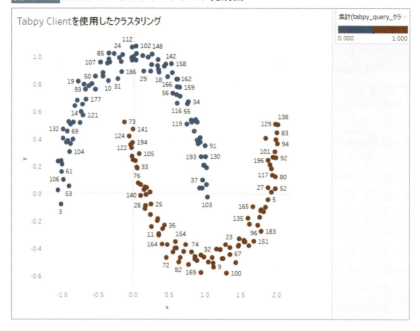

　以下のようにJupyter NotebookからDBSCANの関数を定義して、Tabpy clientからTabpy Serverにデプロイします。

　先ほどのJupyter Notebookの続きに、以下のコードを記入してみましょう。

　「x」と「y」の値をデータフレームに格納して、DBSCANのインプットとして格納しています。

```
#クラスタリングをする関数を定義
def dbscan(x,y):
    import pandas as pd
    from sklearn.cluster import DBSCAN
    X = pd.DataFrame(x)
    Y = pd.DataFrame(y)
    d = pd.concat([X,Y] , axis=1)
    db = DBSCAN(eps=0.2, min_samples=5, metric="euclidean")
    y_db = db.fit_predict(d)
    return y_db.tolist()
```

A.4 | Tabpy Client 実行の仕方

図 A.4.14 クラスタリング用の関数定義

```
In [ ]:  ▶  #クラスタリングをする関数を定義
            def dbscan(x,y):
                import pandas as pd
                from sklearn.cluster import DBSCAN
                X = pd.DataFrame(x)
                Y = pd.DataFrame(y)
                d = pd.concat([X,Y] , axis=1)
                db = DBSCAN(eps=0.2, min_samples=5, metric="euclidean")
                y_db = db.fit_predict(d)
                return y_db.tolist()
```

DBSCANの関数についてもデプロイしてみましょう。

```
#関数のデプロイ
client.deploy('dbscan', dbscan,
              'Returns cluster Ids for each data point specified by the
              pairs in x and y',
              override=True)
```

図 A.4.15 関数のデプロイ

```
In [ ]:  ▶  #関数のデプロイ
            client.deploy('dbscan',
                          dbscan,
                          'Returns cluster Ids for each data point specified by the pairs in x a
            ◀                                                                                    ▶
```

デプロイされていることを確認してみましょう。

```
#デプロイの確認
client.get_endpoints()['dbscan']
```

図 A.4.16 関数のデプロイ結果の確認

```
In [9]:  ▶  #デプロイの確認
            client.get_endpoints()['dbscan']

Out[9]:  {'dependencies': [], 'type': 'model', 'version': 1, 'description': 'Returns cluster I
          ds for each data point specified by the pairs in x and y', 'schema': None, 'name': 'd
          bscan', 'last_modified_time': datetime.datetime(2019, 9, 29, 16, 56, 54), 'creation_t
          ime': datetime.datetime(2019, 9, 29, 16, 56, 54)}
```

DBSCANの関数を Tabpy Client にデプロイできましたので、Tableau Desktop に戻りましょう。

「Tabpy Client を使用したクラスタリング」のシートを使用しましょう。

Tableau Desktop からデプロイした関数を利用する計算フィールドを作成します。

481

XとYの値を入力として、DBSCANの関数を呼び出すための以下のような計算式を書きます。

- 計算フィールド名：tabpy_query_クラスタリング

```
SCRIPT_INT(
"
return tabpy.query('dbscan',_arg1,_arg2)['response']
"
,
SUM([x]), SUM([y])
)
```

図 A.4.17 Tabpy Client を使用したクラスタリングの計算フィールド

稼働確認をしてみましょう。

ステップは以下の通りです。

❶「x」を列にドラッグします
❷「y」を行にドラッグします
❸「ID」を詳細にドラッグします

以下のような警告が表示されたら「全てのメンバーを追加」を選択してください。

A.4 | Tabpy Client 実行の仕方

図 A.4.18 警告

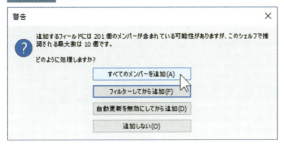

図 A.4.19 散布図（マークを「円」に変更後）

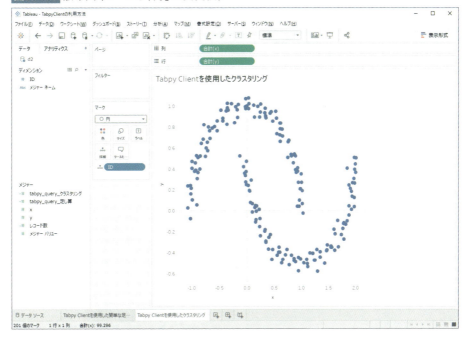

ここまでできたら、実際にクラスタリングしてみましょう。

- 色に計算式「tabpy_query_クラスタリング」をドラッグします。
- 色に配置した「tabpy_query_クラスタリング」を右クリックし、「次を使用して計算」で「ID」を指定します（IDごとそれぞれに計算するという意味になりますのでこれを指定しましょう）。

Appendix | 付　録

図 A.4.20 計算方法を ID に修正

色を変更しておくとわかりやすいので、「オレンジ - 青の分化」等に変更してみましょう。

改めて、クラスタリング前後で比較してみましょう。

図 A.4.21 Tabpy Client を使用したクラスタリング（クラスタリング前）

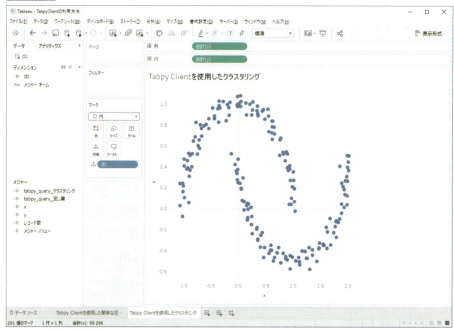

図 A.4.22 Tabpy Clientを使用したクラスタリング（クラスタリング後）

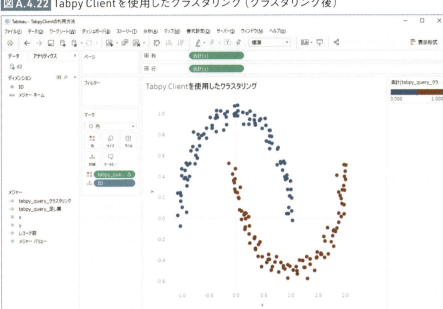

Tabpy Clientを使うと、複雑な計算式をTablau Desktopから書く必要がなくなることがわかりましたね。関数の再利用も容易なのでおススメです。以上、Tabpy Clientの利用方法でした。

A.5 | Graphvizの インストールについて

+++ +tableau

Graphvizというグラフを描画するソフトをインストール方法を紹介します。

A.5.1 Windowsの場合

❶ Graphvizのダウンロードページ (https://graphviz.gitlab.io/download/) を開く

❷ ページ中部のwindowsの下にあるStable 2.38 Windows Install packagesを クリック

❸ graphviz-2.38.msiをダウンロードし、ガイドに従ってインストール

❹ graphvizのパスを環境変数に設定

Windowsを検索→システム→システムの詳細設定→システムのプロパティ→詳細 設定タブ→ユーザー変数内のPathを選択し編集⇒graphvizのパスを追加します。

> **note**
>
> ※インストール先を変更していなければ、「C:¥Program Files (x86)¥Graphviz 2.38¥bin」を追加します。
>
> ※Windowsが32 bitの場合は、「C:¥Program Files¥Graphviz2.38¥bin」を追加します。

A.5 | Graphvizのインストールについて

図A.5.1 システムの詳細設定

図A.5.2 システム変数内のPathを編集

Appendix｜付　録

図A.5.3 システム変数PathにGraphvizのパスを追加

❺ コンピューターの再起動

❻ Anacondaプロンプトを開き、以下を実行

```
pip install graphviz
```

図A.5.4 graphvizのインストール

```
pip install pydotplus
```

図A.5.5 pydotplusのインストール

❼ **3.1**「銀行顧客の定期預金申し込みを推論してみよう！」に戻り、決定木がグラ

フ化されることを確認する

図A.5.6 Jupyter Notebookから決定グラフの表示

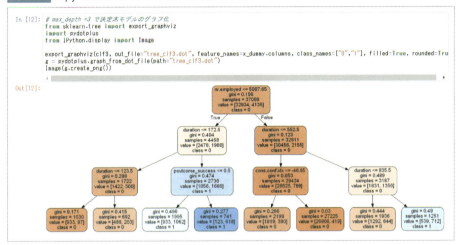

A.5.2 Macまたは上の手順が うまく行かない場合

　下記サイトを利用することで、GraphvizのモジュールをローカルのPCにインストールせず、Web上でGraphvizのツリー図を描画することができます。

Webgraphviz

http://www.webgraphviz.com/

Graphviz Online

https://dreampuf.github.io/GraphvizOnline/

◉ 利用手順

❶ export_graphviz関数でdotファイルを出力
❷ フォルダ内に、tree.dotファイルがあることを確認
❸ tree.dotファイルを任意のテキストエディタで開く

❹テキストエディタに表示されるdotファイル全文をコピー
❺上記のwebgraphvizまたはGraphvizOnlineにコピーしたものを貼り付ける

例えば、**3.1**「銀行顧客の定期預金申し込みを推論してみよう!」の以下の部分では、「outfile="tree_clf3.dot"」の箇所で、グラフ定義ファイルを"tree_clf3.dot"という名前で書き出しています。

図A.5.7 Jupyter Notebookからグラフ定義コードの出力

Jupyter Notebookコマンドを実行したディレクトリに、このファイルが作成されていることを確認します。

図A.5.8 グラフ定義コードの出力ファイル(.dot)の確認

右クリックし、Ctrl+Aで全てを選択し、Ctrl+Cで全文をコピーします。

A.5 | Graphvizのインストールについて

図A.5.9 グラフ定義コードの出力ファイルの内容コピー

WebGraphviz（http://www.webgraphviz.com/）をブラウザーで表示し、コピーしたコードを貼り付けます。「Generate Graph!」のボタンをクリックするとグラフが表示されます。

図A.5.10 WebGraphvizによる表示

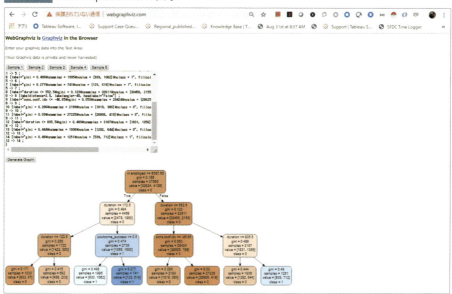

491

Appendix | 付　録

　Graphviz Online（https://dreampuf.github.io/GraphvizOnline/）の場合も同様に、コードを張り付けます。

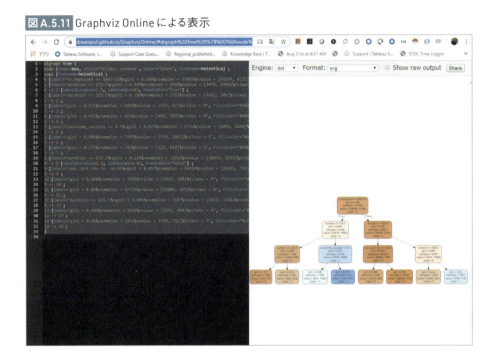

図 A.5.11 Graphviz Online による表示

参考文献

尾崎 隆、『ビジネスに活かすデータマイニング』、技術評論社、2014年

塚本 邦尊、山田 典一、大澤 文孝（著）、中山 浩太郎（監修）、松尾 豊（監修）、『東京大学のデータサイエンティスト育成講座』、マイナビ出版、2019年

松島 七衣、『Tableauによる最強・最速のデータ可視化テクニック ～データ加工からダッシュボード作成まで～』、翔泳社、2019年

Udemy講座：【ゼロから始めるデータ分析】ビジネスケースで学ぶPythonデータサイエンス入門、株式会社SIGNATE、高田朋貴

Udemy講座：【キカガク流】人工知能・機械学習 脱ブラックボックス講座 - 初級編 -、株式会社キカガク

著者紹介

岩橋 智宏（いわはし　ともひろ）

Tableau Japan株式会社　セールスコンサルタント

日本アイ・ビー・エムでデータベース基盤エンジニアとして活躍後、2016年にTableau Japanに移籍。テクニカルサポートとして日本・アジア地域への技術サポートを行う。2019年よりセールスコンサルタントとして、データ分析の現場に近いところからTableau導入支援や、Tableauと先進技術を連携したソリューションの開発・提案を実施。

今西 航平（いまにし　こうへい）

株式会社キカガク取締役副社長 / 東北大学大学院医学系研究科 非常勤講師

AI・機械学習領域の研修にて講師を務める。オンライン動画学習サービス「Udemy」でも複数講座を開講しており、デビュー作は開講2ヶ月で受講生1000名、2作目は1ヶ月で1000名超えの人気講師として4000名以上の受講生を輩出。Python、AI・機械学習のミニ講座を配信する「キカガクチャンネル」（YouTube）を運営している。

増田 啓志（ますだ　ひろし）

Tableau Japan株式会社　アソシエイトセールスコンサルタント

九州大学大学院修了。グロービス経営大学院修了(MBA)。2009年に日本アイ・ビー・エムに新卒で入社。SEやコンサルタントとして、管理会計の見える化や経営管理システムの導入を担当。2018年にTableau Japanに移籍。現在は技術支援を通じて、日本のお客様のデータドリブンカルチャーの醸成に従事。趣味は映画とアロマテラピー。

Tableauで始めるデータサイエンス

発行日	2019年 11月 5日	第1版第1刷
著　者	岩橋　智宏／今西　航平／増田　啓志	

発行者　　　斉藤　和邦
発行所　　　株式会社　秀和システム
　　　　　　〒104-0045
　　　　　　東京都中央区築地2丁目1−17　陽光築地ビル4階
　　　　　　Tel 03-6264-3105(販売)　Fax 03-6264-3094
印刷所　　　三松堂印刷株式会社

©2019 Tomohiro Iwahashi, Kohei Imanishi, Hiroshi Masuda
Printed in Japan
ISBN978-4-7980-6025-5 C3055

定価はカバーに表示してあります。
乱丁本・落丁本はお取りかえいたします。
本書に関するご質問については、ご質問の内容と住所、氏名、電話番号を明記のうえ、当社編集部宛FAXまたは書面にてお送りください。お電話によるご質問は受け付けておりませんのであらかじめご了承ください。